掌握Photoshop的基本操作
为图像置入矢量素材
视频位置：视频文件/第2章

滤镜
使用浮雕滤镜制作流淌文字
视频位置：视频文件/第14章

6章 数码照片修饰
使用修补工具去除文字
视频位置：视频文件/第6章

14章 滤镜
使用滤镜库制作插画效果
视频位置：视频文件/第14章

5章 绘画工具的使用
使用颜色替换工具改变衣服颜色
视频位置：视频文件/第5章

10章

图层的高级操作
制作卡通海报
视频位置：
视频文件/第10章

10章

图层的高级操作
使用混合模式制作炫彩
效果
视频位置：
视频文件/第10章

Art Poster

5章　绘画工具的使用
　　　有趣的卡通风景画
　　　视频位置：视频文件/第5章

10章　图层的高级操作
　　　使用图层样式制作缤纷文字招贴
　　　视频位置：视频文件/第10章

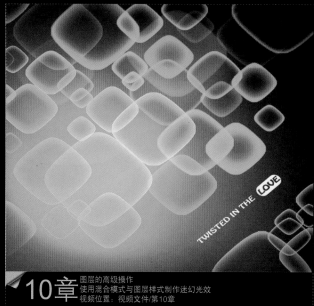

10章　图层的高级操作
　　　使用混合模式与图层样式制作迷幻光效
　　　视频位置：视频文件/第10章

10章 图层的高级操作
视频课堂——使用混合模式打造创意饮品合成
视频位置：视频文件/第10章

5章 绘画工具的使用
粉紫色梦幻效果
视频位置：视频文件/第5章

13章 调色技术
淡雅色调
视频位置：视频文件/第13章

15章 数码照片处理
婚纱照处理——梦幻国度
视频位置：视频文件/第15章

2章
掌握Photoshop的基本操作
视频课堂——制作混合插画
视频位置：
教学视频第2章

3章
常用的图像编辑方法
利用自由变换将照片放到相框中
视频位置：
视频文件/第3章

5章
绘画工具的使用
定义图案并制作可爱卡片
视频位置：视频文件/第5章

10章
图层的高级操作
使用混合模式与图层蒙版制作瓶中风景
视频位置：视频文件/第10章

13章 调色技术
使用替换颜色改变美女衣服颜色
视频位置：视频文件/第13章

10章 图层的高级操作
使用样式面板制作水花飞溅的字母
视频位置：视频文件/第10章

4章 选区的创建与编辑
使用磁性套索工具换背景
视频位置：视频文件/第4章

6章 数码照片修饰
使用减淡工具美白人像
视频位置：视频文件/第6章

12章 蒙版与合成
使用蒙版制作菠萝墙
视频位置：视频文件/第12章

FASCINATION

You are the joy of my life

4章 选区的创建与编辑
使用魔棒工具换背景
视频位置：视频文件/第4章

14章

滤镜
使用液化滤镜为美女
瘦身
视频位置:
视频文件/第14章

INDACLUB
always party

5章 绘画工具的使用
使用画笔制作唯美散景效果
视频位置：视频文件/第5章

6章 数码照片修饰
加深减淡制作流淌的橙子
视频位置：视频文件/第6章

15章 数码照片处理
炫彩动感妆容
视频位置：视频第15章

3章 常用的图像编辑方法
利用通道保护功能保护特定对象
视频位置：视频文件/第3章

15章 数码照片处理
写真精修——打造金发美人
视频位置：视频文件/第15章

9章 图层基本操作
使用渐变填充图层制作饮品菜单
视频位置：视频文件/第9章

9章 图层基本操作
使用自动混合命令合成图像
视频位置：视频文件/第9章

11章 通道的编辑与高级操作
课后练习——使用通道制作水彩画效果
视频位置：视频文件/第11章

13章 调色技术
视频课堂——制作视觉杂志
视频位置：视频文件/第13章

8章 文字的编辑与应用
杂志版式的制作
视频位置：视频文件/第8章

6章　数码照片修饰
视频课堂——利用加深减淡工具进行通道抠图
视频位置：视频文件/第6章

6章　数码照片修饰
视频课堂——使用涂抹工具制作炫彩妆面
视频位置：视频文件/第6章

5章　绘画工具的使用
课后练习——照片添加绚丽光斑
视频位置：视频文件/第5章

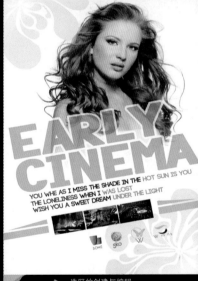

4章　选区的创建与编辑
视频课堂——制作简约海报
视频位置：视频文件/第4章

11章　通道的编辑与高级操作
使用通道为透明婚纱换背景
视频位置：视频文件/第11章

3章　常用的图像编辑方法
制调整画面构图
视频位置：视频文件/第3章

11章　通道的编辑与高级操作
将图像粘贴到通道中
视频位置：视频文件/第11章

11章 通道的编辑与高级操作
模拟3D电影效果
视频位置：视频文件/第11章

4章 选区的创建与编辑
使用磁性套索换背景制作卡通世界
视频位置：视频文件/第4章

11章

通道编辑与高级操作
通道抠图为长发美女换背景
视频位置：
视频文件/11章

13章 调色技术
使用阴影高光还原暗部细节
视频位置：视频文件/第13章

6章

数码照片修饰
课后练习——去除皱纹还原
年轻态
视频位置：
视频文件/6章

12章 蒙版与合成
视频课堂——炸开的破碎效果
视频位置：视频文件/第12章

14章 滤镜
动感模糊滤镜制作动感光效人像
视频位置：视频文件/第14章

6章 数码照片修饰
快速去掉照片中的红眼
视频位置：视频文件/第6章

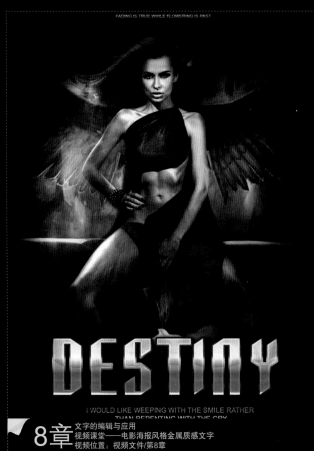

10章 图层的高级操作
课后练习——制作杂志风格空心字
视频位置：视频文件/第10章

8章 文字的编辑与应用
视频课堂——电影海报风格金属质感文字
视频位置：视频文件/第8章

9章 图层基本操作
视频课堂——制作无景深的风景照片
视频位置：视频文件/第9章

3章 常用的图像编辑方法
课后练习——利用自由变换制作
飞舞的蝴蝶
视频位置：视频文件/第3章

2章 掌握Photoshop的基本操作
视频课堂——利用历史记录面板还原
错误操作
视频位置：视频文件/第2章

13章 调色技术
课后练习——打造高彩外景
视频位置：视频文件/第13章

9章 图层基本操作
自动对齐制作全景图
视频位置：视频文件/第9章

16章 平面设计
书籍装帧设计
视频位置：视频文件/第16章

14章
滤镜
视频课堂——使用滤镜制作
冰美人
视频位置：
视频文件/第14章

5章 绘画工具的使用
视频课堂——绘制像素图画
视频位置：视频文件/第5章

3章
常用的图像编辑方法
视频课堂——利用缩放和扭
曲制作书籍包装
视频位置：视频文件/第3章

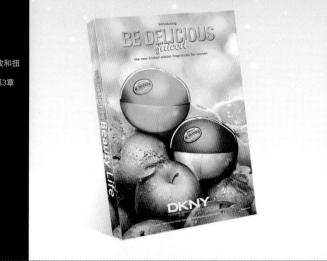

10章

图层的高级操作
使用线性加深混合模式制作电效果
视频位置：视频文件/第10章

2章

掌握Photoshop的基本
操作
课后练习——DIY电脑壁纸
视频位置：视频文件/第2章

9章

图层基本操作
课后练习——编辑智能对象
视频位置：视频文件/第9章

5章

绘画工具的使用
视频课堂——为婚纱照换
背景
视频位置：视频文件/第5章

13章

调色技术
模拟外景光照效果
视频位置：视频文件/第13章

13章 调色技术
视频课堂——制作绚丽的夕阳火烧云效果
视频位置：视频第13章

13章
调色技术
复古棕色调
视频位置：视频第13章

6章
数码照片修饰
使用仿制源面板与仿制图章工具
视频位置：视频第6章

12章
蒙版与合成
课后练习——使用剪贴蒙版制作撕纸人像
视频位置：视频第12章

13章

调色技术
课后练习——制作水彩
色调
视频位置：
视频文件/第13章

3章

常用的图像编辑方法
制作合适尺寸的文档
视频位置：
视频文件/第3章

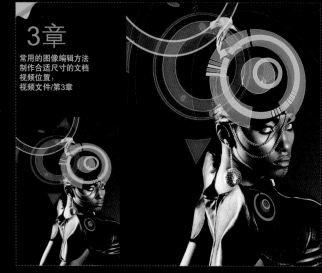

9章

图层基本操作
使用对齐与分布制作杂志
版式
视频位置：
视频文件/第9章

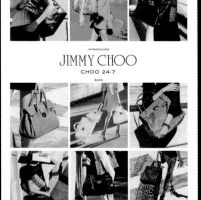

13章

调色技术
使用黑白命令制作层次
丰富的黑白照片
视频位置：
视频文件/第13章

13章

调色技术
使用可选颜色命令调整色调
视频位置：
视频文件/第13章

6章

数码照片修饰
使用修复画笔去除面部细纹
视频位置：
视频第6章

10章

图层的高级操作
使用混合模式打造粉紫色
梦幻
视频位置：
视频文件/第10章

11章

通道的编辑与高级操作
课后练习——保留细节的通道
计算磨皮法
视频位置：
视频文件/第11章

14章

滤镜
课后练习——利用查找边缘
滤镜制作彩色速写
视频位置：
视频文件/第14章

8章

文字的编辑与应用
使用文字工具制作文字
海报
视频位置：
视频文件/第8章

15章

数码照片处理
风景照片处理——意境
山水
视频位置：
视频文件/第15章

3章

常用的图像编辑方法
使用污点修复画笔为美
女祛斑
视频位置：
视频文件/第3章

4章

选区的创建与编辑
视频课堂——利用多边形套索工具选
择照片
视频位置：视频第06章

9章

图层基本操作
替换智能对象内容
视频位置：视频第9章

4章

选区的创建与编辑
使用填充与描边制作风景明
信片

14章

滤镜
使用高斯模糊降噪
视频位置：视频第14章

8章

文字的编辑与应用
创建工作路径制作云朵文字
视频位置：视频第8章

4章

选区的创建与编辑
利用色彩范围打造薰衣草海洋
视频位置：视频第4章

8章

文字的编辑与应用
草地上的木质文字
视频位置：视频第8章

14章

滤镜
倾斜偏移滤镜制作移轴摄影
视频位置：视频第14章

3章

常用的图像编辑方法
视频课堂——自由变换制作水
果螃蟹
视频位置：视频第20章

12章

蒙版与合成
使用画笔与图层蒙版制作
视频位置：视频第12章

10章

图层的高级操作
课后练习——混合模式制作手
掌怪兽
视频位置：视频第10章

4章

选区的创建与编辑
使用多边形套索制作折纸文字
视频位置：视频第 4章

8章

文字的编辑与应用
将文字转换为形状制作艺术字
视频位置：视频第8章

13章

调色技术
矫正偏色照片
视频位置：视频第13章

8章

文字的编辑与应用
使用文字工具制作网站Banner
视频位置：视频第09章

13章

调色技术
梦幻蓝色调
视频位置：视频第13章

6 章

数码照片修饰
使用海绵工具制作复古效果
视频位置：视频第6章

10章

图层的高级操作
使用渐变叠加制作多彩质感
文字
视频位置：视频第10章

13章

调色技术
使用变化命令制作四色风景
视频位置：视频第13章

11章

通道的编辑与高级操作
使用Lab模式制作复古青红调
视频位置：视频第11章

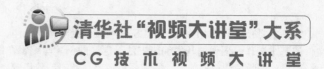

清华社"视频大讲堂"大系

CG技术视频大讲堂

Photoshop CS6中文版 从入门到精通

（微课视频实例版）

亿瑞设计　编著

清华大学出版社

北京

内 容 简 介

本书主要介绍了使用Photoshop CS6进行图像处理快速入门、提高的方法和技巧，其内容包括Photoshop CS6的基础知识，文件的基本操作，图像的基本编辑方法，选区的创建与编辑，图像的绘制与编辑，矢量工具与图形绘制，文字的编辑与应用，图层、蒙版和通道的使用，图像颜色调整，滤镜的使用等。最后3章通过具体的案例，介绍Photoshop在数码照片处理、平面设计及图像合成等方面的应用，引领读者为以后的实际工作提前"练兵"。

本书适合于Photoshop初学者，可作为广告设计和图形图像处理相关人员自学Photoshop的参考书，也可作为计算机培训学校的教学用书。

本书有以下显著特点：

1. 187集同步教学微视频+104集入门扫盲微视频+ 18集Camera RAW新手学精讲视频，让学习更轻松、更高效！

2. 30篇操作技巧微阅读，让读者熟练掌握Photoshop操作。

3. 8大商业核心案例63讲，积累实战经验，为工作就业搭桥。

4. 6大类库文件、21类设计素材，共1100+，拿来即用，提高做图效率。

5. 9本设计电子书（构图、色彩、平面等）+常用颜色色谱表，更多资源，修炼设计内功。

本书封面贴有清华大学出版社防伪标签，无标签者不得销售。

版权所有，侵权必究。侵权举报电话：010-62782989　13701121933

图书在版编目（CIP）数据

Photoshop CS6中文版从入门到精通：微课视频实例版 /亿瑞设计编著.—北京：清华大学出版社，2018（2018.9 重印）

（清华社"视频大讲堂"大系　CG技术视频大讲堂）

ISBN 978-7-302-49561-1

I. ①P…　II. ①亿…　III. ①图像处理软件　IV. ①TP391.413

中国版本图书馆CIP数据核字（2018）第027576号

责任编辑：贾小红
封面设计：张丽娟
版式设计：楠竹文化
责任校对：何士如
责任印制：宋　林

出版发行：清华大学出版社
　　　　网　　　址：http://www.tup.com.cn，http://www.wqbook.com
　　　　地　　　址：北京清华大学学研大厦A座　　　　　　　　　邮　　编：100084
　　　　社 总 机：010-62770175　　　　　　　　　　　　　　　邮　　购：010-62786544
　　　　投稿与读者服务：010-62776969，c-service@tup.tsinghua.edu.cn
　　　　质量反馈：010-62772015，zhiliang@tup.tsinghua.edu.cn
印 装 者：北京博海升彩色印刷有限公司
经　　销：全国新华书店
开　　本：203mm×260mm　　印　张：26.5　　插　页：12　　字　　数：1056千字
版　　次：2018年7月第1版　　　　　　　　　　　　　　　印　　次：2018年9月第2次印刷
印　　数：6001～10000
定　　价：99.80元

产品编号：078771-01

前 言
Preface

Photoshop是Adobe公司旗下最著名的图像处理软件，其应用范围覆盖数码照片处理、平面设计、视觉创意合成、数字插画创作、三维设计、网页设计、交互界面设计等几乎所有设计方向，深受广大艺术设计人员和计算机美术爱好者的喜爱。

本书内容编写特点

1．零起点、入门快

本书以初学者为主要读者对象，对基础知识进行细致入微的介绍，辅助以图示效果，结合中小实例，对常用工具、命令、参数等做了详细的介绍，同时给出了技巧提示，确保读者零起点、轻松、快速入门。

2．内容细致、全面

本书内容涵盖了Photoshop CS6几乎所有工具、命令等常用的相关功能，是市面上内容最为全面的图书之一，可以说是初学者的百科全书、有基础者的参考手册。

3．实例精美、实用

本书的实例均经过精心挑选，确保实用、精美，一方面培养读者朋友的美感，另一方面让读者在学习中享受美的世界。

4．编写思路符合学习规律

本书在讲解过程中采用了"知识点+理论实践+实例练习+综合实例+技术拓展+技巧提示"的模式，符合轻松易学的学习规律。

5．随时随地扫码学习

本书配套教学视频均可在手机上观看，拿出手机，扫一扫二维码，轻松看教程。

本书显著特色

1．同步视频讲解，让学习更轻松高效

187节大型高清同步自学视频，涵盖全书几乎所有实例，让学习更轻松、更高效。

2．资深作者编著，质量更有保障

作者是经验丰富的专业设计师和资深讲师，确保图书实用和易学。

3．大量中小实例，通过多动手加深理解

讲解极为详细，中小实例达到187个，为的是能让读者深入理解、灵活应用。

4．多种商业案例，让实战成为终极目的

书后给出不同类型的综合商业案例，以便读者积累实战经验，为工作、就业搭桥。

5．超值学习套餐，让学习更方便快捷

本书附送6大不同类型的笔刷、图案、样式等库文件；21类经常用到的设计素材，总计1106个；9本实用平面设计与制图电子书；常用颜色色谱表；Photoshop教学PPT；PS五大核心技术实战案例；三大热门行业实战案例。

本书配套资源

本书提供了丰富的配套学习资源，可通过二维码扫码下载，还可访问www.tup.com.cn，在右上角搜索框中输入本书封底的ISBN号（例如"9787302447801"），或输入本书关键词，找到本书后单击"资源下载→网络资源"下载本书资源包，内容包括：

（1）书中实例的视频教学录像、源文件、素材文件，读者可观看视频，调用资源包中的素材，完全按照书中的步骤进行操作。

（2）Photoshop 5大核心技术（合成、抠图、特效、调色、修图）案例49个，包括教学视频、素材、源文件、效果图。

（3）3大热门行业（UI界面设计、VI品牌设计、淘宝美工设计）实战案例14个，包括教学视频、素材、源文件、效果图。

（4）6大不同类型的笔刷、图案、样式等库文件以及21类常用设计素材1106个，方便读者使用。

（5）104集Photoshop CS6新手学视频精讲课堂，囊括Photoshop CS6基础操作所有知识。

（6）18集Camera RAW入门精讲视频，及相应练习素材，掌握Camera RAW常用操作，提高修图能力。

（7）附赠《构图技巧实用手册》《色彩设计搭配手册》《设计&色彩实用手册》《色彩印象实用手册》和常用颜色色谱表，平面设计版式构图、色彩搭配不再烦恼。

（8）附赠《平面设计制图技法一本通》《Camera RAW学习手册》《Photoshop 3D功能学习手册》《Photoshop视频与动态文件处理学习手册》《Photoshop网页图形处理学习手册》，扩展设计制图学习广度。

本书服务

1．Photoshop CS6软件获取方式

本书未提供Photoshop CS6软件，读者可通过以下方式获取：

（1）在网上购买正版软件或下载试用版，可登录http://www.adobe.com/cn/。

（2）到当地电脑城咨询，一般软件专卖店有售。

2．交流答疑QQ群

为了方便解答读者提出的问题，我们特意建立了Photoshop技术交流QQ群：125578986。如果群满，我们将建其他群，请读者留意加群时的提示。

关于作者

本书由亿瑞设计工作室组织编写，瞿颖健和曹茂鹏参与了本书的主要编写工作。另外，由于本书工作量较大，以下人员也参与了本书的编写及资料整理工作：荆爽、秦颖、柳美余、李木子、葛妍、曹诗雅、杨力、王铁成、于燕香、崔英迪、董辅川、高歌、韩雷、胡娟、矫雪、鞠闯、李化、瞿玉珍、李进、李路、刘微微、瞿学严、马啸、曹爱德、马鑫铭、马扬、瞿吉业、苏晴、孙丹、孙雅娜、王萍、杨欢、曹明、杨宗香、曹玮、张建霞、孙芳、丁仁雯、曹元钢、陶恒兵、瞿云芳、张玉华、曹子龙、张越、李芳、杨建超、赵民欣、田蕾、仝丹、姚东旭、张建宇、张芮等，在此一并表示感谢。

由于时间仓促，加之水平有限，书中难免存在错误和不妥之处，敬请广大读者批评指正。

编　者

目 录
Contents

第1章

进入Photoshop CS6的世界

本章内容简介：

首次接触Adobe Photoshop CS6可以从软件的安装与启动开始学习，再逐渐熟悉Photoshop CS6界面的布局以及操作方式，为进一步使用Photoshop的编辑功能做准备。

本章学习要点：

- 初步认识Photoshop CS6
- 熟悉Photoshop CS6的工作界面
- 掌握查看图像窗口的方法
- 了解常用辅助工具的使用方法

1.1 初识Adobe Photoshop CS6

1.1.1 什么是Photoshop

Photoshop是Adobe公司旗下最为出名的图形图像处理软件，集图像扫描、编辑修改、图像制作、广告创意及图像输入与输出于一体，深受广大平面设计人员和计算机美术爱好者的喜爱。Photoshop CS6包含Adobe Photoshop CS6（标准版）和Adobe Photoshop CS6 Extended（扩展版）两个版本，如图1-1所示。

使用Adobe Photoshop CS6可以实现出众的图像选择、图像润饰和逼真绘画的突破性功能，适用于摄影师、印刷设计人员等。而Adobe Photoshop CS6 Extended除了包含Photoshop CS6中的所有高级编辑和合成功能外，还可以进行3D对象以及视频动画的制作与编辑，适用于视频专业人士、跨媒体设计人员、Web设计人员、交互式设计人员等。

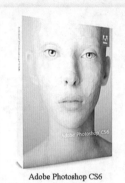 

Adobe Photoshop CS6　　　Adobe Photoshop CS6 Extended

图1-1

技巧提示

Adobe Photoshop CS6支持主流的Windows以及Mac OS操作平台。Adobe推荐使用64位硬件及操作系统，尤其是Windows 7 64-bit或Mac OS X 10.6.x、10.7.x。Photoshop CS6将继续支持Windows操作系统，但不支持非64位Mac。需要注意的是，如果在Windows操作系统下安装Photoshop CS6 Extended，3D功能和光照效果滤镜等某些需要启动GPU的功能将不可用。

1.1.2 Photoshop的应用领域

作为Adobe公司旗下最出名的图像处理软件，Photoshop的应用领域非常广泛，覆盖平面设计、数字出版、网络传媒、视觉媒体、数字绘画、先锋艺术创作等领域。

● 平面设计：平面设计师应用得最多的软件莫过于Photoshop了。在平面设计中，Photoshop的应用领域非常广泛，无论是书籍装帧、招贴海报、杂志封面，或是LOGO设计、VI设计、包装设计，都可以使用Photoshop制作或是辅助处理，如图1-2~图1-4所示。

图1-2　　　　　　　　　　图1-3　　　　　　　　　　图1-4

● 数码照片处理：在数字时代，Photoshop的功能不仅局限于对照片进行简单的图像修复，更多的时候用于商业片的编辑、创意广告的合成、婚纱写真照片的制作等。毫无疑问，Photoshop是数码照片处理的必备"利器"，它具有强大的图像修补、润饰、调色、合成等功能，通过这些功能可以快速修复数码照片上的瑕疵或者制作艺术效果，如图1-5~图1-7所示。

图1-5　　　　　　　　　　图1-6　　　　　　　　　　图1-7

● 网页设计：在网页设计中，除
了著名的"网页三剑客"——
Dreamweaver、Flash和Fireworks
外，网页中的很多元素也需要
在Photoshop中进行制作。因
此，Photoshop也是美化网页
必不可少的工具，如图1-8～
图1-10所示。

图1-8　　　　　　　　　图1-9　　　　　　　　　图1-10

● 数字绘画：Photoshop不仅可以针对已有
图像进行处理，更可以帮助艺术家创造
新的图像。Photoshop中也包含众多优秀
的绘画工具，使用Photoshop可以绘制各
种风格的数字绘画，如图1-11～图1-13
所示。

图1-11　　　　　　　　图1-12　　　　　　　　图1-13

● 界面设计：界面设计也就是通常所说
的UI（User Interface，用户界面）设
计。界面设计虽然是设计中的新兴领
域，但也越来越多地受到重视。使用
Photoshop进行界面设计制作是非常好
的选择，如图1-14～图1-16所示。

图1-14　　　　　　　　图1-15　　　　　　　　图1-16

● 三维设计：三维设计比较常见的几种
形态有室内/外效果图、三维动画电
影、广告包装、游戏制作、CG插画设
计等。其中Photoshop主要用来绘制、
编辑三维模型表面的贴图，另外还可
以对静态的效果图或CG插画进行后期
修饰，如图1-17～图1-19所示。

图1-17　　　　　　　　图1-18　　　　　　　　图1-19

● 新锐视觉艺术：这里所说的视觉艺术
是近年来比较流行的一种创意表现形
态，可以作为设计，是设计艺术的一
个分支，此类设计通常没有非常明显
的商业目的，但由于它为广大设计爱
好者提供了无限的设计空间，因此越
来越多的设计爱好者都开始注重视觉
创意，并逐渐形成属于自己的一套创
作风格，如图1-20～图1-22所示。

图1-20　　　　　　　　图1-21　　　　　　　　图1-22

- 文字设计：文字设计也是当今新锐设计师比较青睐的一种表现形态，利用Photoshop中强大的合成功能可以制作出各种质感、特效的文字，如图1-23～图1-25所示。

图1-23　　　　图1-24　　　　图1-25

 思维点拨：CS是什么意思

在Photoshop 7.0之后的8.0版本被命名为Photoshop CS。CS是Adobe Creative Suite软件中后面两个单词的缩写，表示"创作集合"，是一个统一的设计环境。2012年4月Adobe正式发布新一代面向设计、网络和视频领域的终极专业套装Creative Suite 6（简称CS6），包含4大套装和14个独立程序。

1.2 安装与卸载Photoshop CS6

想要学习和使用Photoshop CS6，首选需要学习如何正确安装该软件。Photoshop CS6的安装与卸载过程并不复杂，与其他应用软件的安装方法大致相同。由于Photoshop CS6是制图类设计软件，所以对硬件设备会有相应的配置需求。

1.2.1 安装Photoshop CS6的系统要求

Windows

- Intel® Pentium® 4 或 AMD Athlon® 64 处理器。
- Microsoft® Windows 7（装有Service Pack 1）。
- 1GB内存。
- 1GB可用硬盘空间用于安装；安装过程中需要额外的可用空间（无法安装在可移动闪存设备上）。
- 1024×768分辨率（建议使用1280×800），16位颜色和512MB的显存。
- 支持OpenGL 2.0系统。
- DVD-ROM驱动器。

Mac OS

- Intel多核处理器（支持64位）。
- Mac OS X 10.6.8或10.7版。
- 1GB内存。
- 2GB可用硬盘空间用于安装；安装过程中需要额外的可用空间（无法安装在使用区分大小写的文件系统的卷或可移动闪存设备上）。
- 1024×768分辨率（建议使用1280×800），16位颜色和512MB的显存。
- 支持OpenGL 2.0系统。
- DVD-ROM驱动器。

1.2.2 安装Photoshop CS6

（1）将安装光盘放入光驱中，然后在光盘根目录Adobe CS6文件夹中双击Setup.exe文件，或从Adobe官方网站下载试用版，运行Setup.exe文件。运行安装程序后开始初始化，如图1-26所示。

（2）初始化完成后，在"欢迎"界面中可以选择"安装"或"试用"，如图1-27所示。

图1-26

图1-27

（3）如果在"欢迎"界面中单击"安装"，则会弹出"Adobe软件许可协议"界面，阅读许可协议后单击"接受"按钮，如图1-28所示。在弹出的"序列号"界面中输入安装序列号，如图1-29所示。

如果在"欢迎"界面中单击"试用"，在弹出的"登录"界面中输入Adobe ID，并单击"登录"按钮，如图1-30所示。

<table>
<tr><td>图1-28</td><td>图1-29</td><td>图1-30</td></tr>
</table>

（4）在"选项"界面中选择合适的语言，并设置合适的安装路径，然后单击"安装"按钮开始安装，如图1-31所示。

（5）安装完成以后显示"安装完成"界面，如图1-32所示。在桌面上双击Photoshop CS6的快捷图标，即可启动Photoshop CS6，如图1-33所示。

<table>
<tr><td>图1-31</td><td>图1-32</td><td>图1-33</td></tr>
</table>

1.2.3　卸载Photoshop CS6

与卸载其他软件相同，可以打开"控制面板"窗口，然后双击"添加或删除程序"图标，打开"添加或删除程序"窗口，接着选择Adobe Photoshop CS6，最后单击"删除"按钮即可卸载Photoshop CS6，如图1-34和图1-35所示。

<table>
<tr><td>图1-34</td><td>图1-35</td></tr>
</table>

1.3 启动与退出Photoshop CS6

1.3.1 启动Photoshop CS6

成功安装Photoshop CS6之后可以单击桌面左下角的"开始"按钮，打开程序菜单并选择Adobe Photoshop CS6选项，即可启动Photoshop CS6；或者双击桌面上的Adobe Photoshop CS6快捷方式图标，也可启动该软件，如图1-36所示。

Aodbe Photoshop CS6.exe

图1-36

1.3.2 退出Photoshop CS6

若要退出Photoshop CS6，可以像退出其他应用程序一样，单击右上角的"关闭"按钮；另外，执行"文件>退出"命令或者按Ctrl+Q组合键同样可以快速退出，如图1-37所示。

图1-37

1.4 熟悉Photoshop CS6的工作界面

扫码看视频

🔘 视频精讲：超值赠送\视频精讲\1.熟悉Photoshop CS6的界面与工具.flv

随着版本的不断升级，Photoshop的工作界面布局也更加合理，更加具有人性化。启动Photoshop CS6，其工作界面由菜单栏、选项栏、标题栏、工具箱、状态栏、文档窗口以及多个面板组成，如图1-38所示。

1. 熟悉Photoshop CS6的界面与工具

🔘 **菜单栏**：Photoshop CS6 Extended的菜单栏中包含11组主菜单，分别是文件、编辑、图像、图层、文字、选择、滤镜、3D、视图、窗口和帮助。单击相应的主菜单，即可打开子菜单。如果安装的是Photoshop CS6 或在Windows 操作系统下安装Photoshop CS6 Extended，3D菜单将不可见。

🔘 **标题栏**：打开一个文件以后，Photoshop会自动创建一个标题栏。在标题栏中会显示这个文件的名称、格式、窗口缩放比例以及颜色模式等信息。

🔘 **文档窗口**：是显示打开图像的地方。

🔘 **工具箱**：其中集合了Photoshop CS6的大部分工具。工具箱可以折叠显示或展开显示。单击工具箱顶部的折叠图标 ⟩⟩，可以将其折叠为双栏；单击 ⟨⟨ 图标即可还原回展开的单栏模式。

🔘 **选项栏**：主要用来设置工具的参数选项，不同工具的选项栏也不同。

图1-38

🔘 **状态栏**：位于工作界面的最底部，可以显示当前文档的大小、文档尺寸、当前工具和窗口缩放比例等信息，单击状态栏中的三角形图标 ▶，可以设置要显示的内容。

🔘 **面板**：主要用来配合图像的编辑、对操作进行控制以及设置参数等。每个面板的右上角都有一个 ⬛ 图标，单击该图标可以打开该面板的菜单选项。如果需要打开某一个面板，可以单击菜单栏中的"窗口"菜单按钮，在展开的菜单中单击即可打开相应面板。

1.5 设置文档窗口的查看方式

扫码看视频

10.查看图像
窗口

◉ 视频精讲：超值赠送\视频精讲\10.查看图像窗口.flv

　　在Photoshop中可以通过调整图像的缩放级别、多种图像的排列形式、多种屏幕模式、使用导航器和"抓手工具"等查看图像。打开多个文件时，选择合理的方式查看图像窗口可以更好地对图像进行编辑，如图1-39和图1-40所示。

图1-39　　　　　　　　　　　　　　　　　　　　　图1-40

1.5.1 更改图像的缩放级别

◉ 技术速查：使用"缩放工具"可以放大或缩小图像的
　　显示比例。

　　使用"缩放工具"放大或缩小图像时，图像的真实大小是不会跟着发生改变的。因为使用"缩放工具"放大或缩小图像，只是改变了图像在屏幕上的显示比例，并没有改变图像的大小比例，它们之间有着本质的区别。如图1-41所示为缩小、正常与放大的图像对比效果。

缩小　　　　　　　　正常　　　　　　　　放大

图1-41

　　如图1-42所示为"缩放工具"的选项栏。单击"放大"按钮🔍可以切换到放大模式，在画布中单击可以放大图像；单击"缩小"按钮🔍可以切换到缩小模式，在画布中单击可以缩小图像。按住Alt键可以切换工具的放大或缩小模式。

图1-42

◉ 调整窗口大小以满屏显示：选中该复选框，在缩放窗口的同时自动调整窗口的大小。

◉ 缩放所有窗口：选中该复选框，同时缩放所有打开的文档窗口。

◉ 细微缩放：选中该复选框，在画面中单击并向左侧或右侧拖曳鼠标，能够以平滑的方式快速放大或缩小窗口。

◉ 实际像素：单击该按钮，图像将以实际像素的比例进行显示。也可以双击"缩放工具"来实现相同的操作。

◉ 适合屏幕：单击该按钮，可以在窗口中最大化显示完整的图像。

◉ 填充屏幕：单击该按钮，可以在整个屏幕范围内最大化显示完整的图像。

◉ 打印尺寸：单击该按钮，可以按照实际的打印尺寸来显示图像。

技巧提示

放大或缩小画面显示比例可使用快捷方式：按Ctrl++快捷键可以放大窗口的显示比例；按Ctrl+-快捷键可以缩小窗口的显示比例；按Ctrl+0快捷键可以自动调整图像的显示比例，使之能够完整地在窗口中显示出来；按Ctrl+1快捷键可以使图像按照实际的像素比例显示出来。

1.5.2 平移画面

⊙ **技术速查**：使用"抓手工具"可以平移画面，以查看画面的局部。

当放大一个图像后，可以使用"抓手工具"将图像移动到特定的区域内查看图像。"抓手工具"与"缩放工具"一样，在实际工作中的使用频率相当高。在工具箱中单击"抓手工具"按钮，可以激活"抓手工具"，如图1-43所示是"抓手工具"的选项栏。

图1-43

⊙ **滚动所有窗口**：选中该复选框，允许滚动所有窗口。
⊙ **实际像素**：单击该按钮，图像以实际像素比例进行显示。
⊙ **适合屏幕**：单击该按钮，可以在窗口中最大化显示完整的图像。
⊙ **填充屏幕**：单击该按钮，可以在整个屏幕范围内最大化显示完整的图像。
⊙ **打印尺寸**：单击该按钮，可以按照实际的打印尺寸来显示图像。

 技巧提示

在使用其他工具编辑图像时，来回切换"抓手工具"会非常麻烦。例如在使用"画笔工具"进行绘画时，可以按住Space键（即空格键）切换到抓手状态，当松开Space键时，系统会自动切换回"画笔工具"。

1.5.3 更改图像窗口排列方式

扫码学知识
不同的窗口排列方式

在Photoshop中打开多个文档时，用户可以选择文档的排列方式。执行"窗口>排列"命令，在子菜单下可以选择一个合适的排列方式，如图1-44所示。

图1-44

1.6 常用辅助工具

扫码看视频
9. 使用Photoshop辅助对象

⊙ **视频精讲**：超值赠送\视频精讲\9.使用Photoshop辅助对象.flv

Photoshop CS6常用的辅助工具包括标尺、参考线、网格和注释工具等，借助这些辅助工具可以进行参考、对齐等操作。

1.6.1　动手学：使用标尺

⊙ **技术速查**：标尺在实际工作中经常用来定位图像或元素的位置，从而让用户更精确地处理图像。

（1）执行"文件>打开"命令，打开一张图片。执行"视图>标尺"命令或按Ctrl+R快捷键，此时看到窗口顶部和左侧会出现标尺，如图1-45所示。

（2）默认情况下，标尺的原点位于窗口的左上方，用户可以修改原点的位置。将光标放置在原点上，然后使用鼠标左键拖曳原点，画面中会显示出十字线，释放鼠标左键以后，释放处便成为原点的新位置，并且此时的原点数字也会发生变化，如图1-46和图1-47所示。

图1-45

图1-46

图1-47

1.6.2　动手学：使用参考线

⊙ **技术速查**：参考线以浮动的状态显示在图像上方，可以帮助用户精确地定位图像或元素。

在Photoshop中可以轻松地移动、删除以及锁定参考线。在输出和打印图像时，参考线都不会显示出来，如图1-48和图1-49所示。

图1-48

图1-49

（1）执行"文件>打开"命令，打开一张图片，如图1-50所示。

（2）将光标放置在水平标尺上，然后使用鼠标左键向下拖曳即可拖出水平参考线，如图1-51所示。

图1-50 　　　　　　　　　　　　　　　　　图1-51

（3）将光标放置在左侧的垂直标尺上，然后使用鼠标左键向右拖曳即可拖出垂直参考线，如图1-52所示。

（4）如果要移动参考线，可以在工具箱中单击"移动工具"按钮 ，然后将光标放置在参考线上，当光标变成分隔符形状 时，使用鼠标左键即可移动参考线，如图1-53和图1-54所示。

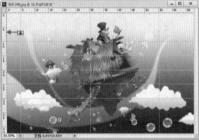

图1-52 　　　　　　　　　　图1-53 　　　　　　　　　　图1-54

技巧提示

在创建、移动参考线时，按住Shift键可以使参考线与标尺刻度进行对齐；按住Ctrl键可以将参考线放置在画布中的任意位置，并且可以让参考线不与标尺刻度进行对齐。

（5）如果使用"移动工具" 将参考线拖曳出画布之外，那么可以删除这条参考线，如图1-55和图1-56所示。

（6）如果要隐藏参考线，可以执行"视图>显示额外内容"命令或按Ctrl+H快捷键，如图1-57所示。

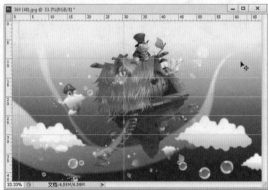

图1-55 　　　　　　　　　　　　　　　　　图1-56

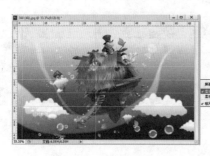

图1-57

答疑解惑——怎么显示出隐藏的参考线？

在Photoshop中，如果某菜单选项前面带有一个勾选符号✔，那么就说明该命令可以顺逆操作。

以隐藏和显示参考线为例，执行一次"视图>显示>参考线"命令可以将参考线隐藏，再次执行该命令即可将参考线显示出来。或按Ctrl+H快捷键也可以切换参考线的显示与隐藏。

（7）如果需要删除画布中的所有参考线，可以执行"视图>清除参考线"命令，如图1-58所示。

图1-58

思维点拨：参考线的作用

参考线的使用可以帮助用户规划版面的整体版式。版式设计中的整体概念分3部分：

（1）建立信息等级，以明确的主次关系传递设计主题。

（2）将编排元素抽象化，用以研究黑、白、灰的整体布局。

（3）由简洁的图形构成版式的整体感。如图1-59～图1-61所示为一些比较有代表性的版式作品。

图1-59　　　　图1-60　　　　图1-61

1.6.3　智能参考线

🔵 **技术速查：** 智能参考线可以帮助对齐形状、切片和选区。启用智能参考线后，当绘制形状、创建选区或切片时，智能参考线会自动出现在画布中。

执行"视图>显示>智能参考线"命令，可以启用智能参考线，智能参考线为粉色线条，如图1-62所示为在移动某一图层时智能参考线的状态。

图1-62

1.6.4 网格

⊙ 技术速查：网格主要用来对齐对象。显示出网格后，可以执行"视图>对齐>网格"命令，启用对齐功能，此后在创建选区或移动图像时，对象将自动对齐到网格上。

网格在默认情况下显示为不打印出来的线条，但也可以显示为点。执行"视图>显示>网格"命令，可以在画布中显示出网格，如图1-63和图1-64所示。

图1-63   图1-64

 技术拓展："参考线、网格和切片"设置详解

执行"编辑>首选项>常规"命令或按Ctrl+K快捷键，可以打开"首选项"对话框。在左侧选择"参考线、网格和切片"选项，可切换到"参考线、网格和切片"界面，如图1-65所示。

⊙ 参考线：在该选项组中可以设置参考线的颜色和样式。

⊙ 智能参考线：在该选项组中可以设置智能参考线的颜色。

⊙ 网格：在该选项组中可以设置网格的颜色以及样式，同时还可以设置网格线的间距以及子网格的数量。

图1-65

1.6.5 对齐

⊙ 技术速查："对齐"有助于精确地放置选区、裁剪选框、切片、形状和路径等。

在"视图>对齐到"菜单下可以观察到可对齐的对象包含参考线、网格、图层、切片、文档边界、全部和无，如图1-66所示。

⊙ 参考线：可以使对象与参考线进行对齐。

⊙ 网格：可以使对象与网格进行对齐。网格被隐藏时不能选择该选项。

⊙ 图层：可以使对象与图层中的内容进行对齐。

⊙ 切片：可以使对象与切片边界进行对齐。切片被隐藏时不能选择该选项。

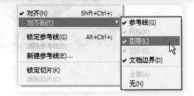

图1-66

⊙ 文档边界：可以使对象与文档的边缘进行对齐。

⊙ 全部：选择所有"对齐到"选项。

⊙ 无：取消选择所有"对齐到"选项。

 技术拓展：设置"额外内容"的显示与隐藏

Photoshop中的辅助工具都可以进行显示与隐藏的控制，执行"视图>显示额外内容"命令（使该选项处于选中状态），然后执行"视图>显示"菜单下的命令，可以在画布中显示出图层边缘、选区边缘、目标路径、网格、参考线、数量、智能参考线、切片等额外内容。

 管理Photoshop预设资源

⊙ 技术速查：在"预设管理器"窗口中可以对Photoshop自带的预设画笔、色板、渐变、样式、图案、等高线、自定形状和预设工具进行管理。

在"预设管理器"窗口中载入了某个外挂资源后，就能够在选项栏、面板或对话框等位置访问该外挂资源的项目。同时，可以使用"预设管理器"来更改当前的预设项目集或创建新库。使用Photoshop进行编辑创作的过程中，经常会用到一些外挂资源，如渐变库、图案库、笔刷库等。用户还可以自定义预设工具。如图1-67～图1-69所示分别为渐变库、图案库和笔刷库。

图1-67　　　　　　　　图1-68　　　　　　　　图1-69

 技巧提示

　　在Photoshop中，"渐变库""图案库"中的"库"主要是指同类工具或素材批量打包而成的文件，在调用时只需导入某个"库"文件，即可载入"库"中的全部内容，非常方便。

　　（1）执行"编辑>预设>预设管理器"命令，打开"预设管理器"窗口。在"预设类型"下拉列表框中有8种预设的库可供选择，其中包括画笔、色板、渐变、样式、图案、等高线、自定形状和工具，单击"预设管理器"窗口右上角的 ⚙. 按钮，还可以调出更多的预设选项，如图1-70所示。

　　（2）单击"载入"按钮可以载入外挂画笔、色板、渐变等资源，如图1-71所示。载入外挂资源后，就可以使用它来制作相应的效果（使用方法与预设类型相同）。单击"存储设置"按钮可以将资源存储起来。

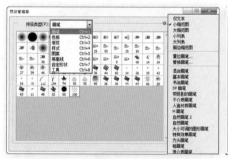

图1-70　　　　　　　　　　　　　　　　　　　　　图1-71

 1.8 清理内存

　　执行"编辑>清理"菜单下的子命令，可以清理在Photoshop制图过程中产生的还原操作、历史记录、剪贴板以及视频高速缓存，从而缓解因编辑图像的操作过多导致的Photoshop运行速度变慢的问题，如图1-72所示。在执行"清理"命令时，系统会弹出一个警告对话框，提醒用户该操作会将缓冲区所存储的记录从内存中永久清除，无法还原，如图1-73所示。

还原(U)
剪贴板(C)
历史记录(H)
全部(A)
视频高速缓存(V)

Adobe Photoshop CS6

⚠ 这个操作不能还原。要继续吗？

确定　　取消

☐ 不再显示

图1-72　　　　　　　　　　图1-73

本 章 小 结

　　本章内容比较简单，主要介绍Photoshop的基础知识，让读者熟悉Photoshop的界面。熟练掌握文档窗口的查看方式，熟悉常用辅助工具的使用方法在实际操作中非常有必要。

第2章

掌握
Photoshop的基本操作

本章内容简介：

掌握了Photoshop的安装、卸载与启动方法后，本章将开始对文件基本操作进行学习。与Microsoft Office等办公软件相似，初次进行操作时必须要创建新文档。而如果需要对已有的文件进行处理，则需要打开文件。这就涉及"新建"与"打开"功能。在文档的编辑过程中可能会出现需要添加外部文件的情况，这时就需要使用到"置入"命令。最后，当文档制作完成后，需要进行"存储"与"关闭"操作。

本章学习要点：

· 熟练掌握创建文件的流程
· 熟练掌握文件存储与关闭的方法
· 掌握撤销操作、返回操作的方法
· 熟悉文档的打印设置

2.1 新建文件

扫码看视频

2. 使用Photoshop创建新文件

○ 技术速查：使用"新建"命令可以创建新的空白文件。

○ 视频精讲：超值赠送\视频精讲\2.使用Photoshop创建新文件.flv

执行"文件>新建"命令或按Ctrl+N快捷键，打开"新建"对话框。在"新建"对话框中可以设置文件的名称、尺寸、分辨率、颜色模式等，如图2-1所示。

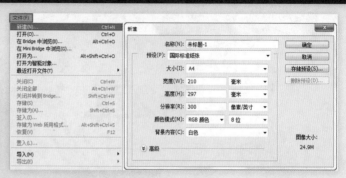

图2-1

○ 名称：设置文件的名称，默认情况下的文件名为"未标题-1"。如果在新建文件时没有对文件进行命名，可以通过执行"文件>存储为"命令对文件进行名称的修改。

○ 预设：选择一些内置的常用尺寸，预设列表中包括"剪贴板"、"默认Photoshop大小"、"美国标准纸张"、"国际标准纸张"、"照片"、Web、"移动设备"、"胶片和视频"和"自定"9个选项。

○ 大小：用于设置预设类型的大小，在设置"预设"为

"美国标准纸张""国际标准纸张""照片"Web、"移动设备"或"胶片和视频"时，"大小"选项才可用。

○ 宽度/高度：设置文件的宽度和高度，其单位有"像素""英寸""厘米""毫米""点""派卡""列"7种。

○ 分辨率：用来设置文件的分辨率大小，其单位有"像素/英寸"和"像素/厘米"两种。

思维点拨：文件的分辨率

创建新文件时，文档的宽度与高度需要与实际印刷的尺寸相同。而在不同情况下分辨率需要进行不同的设置。通常来说，图像的分辨率越高，印刷出来的质量就越好。但也并不是所有场合都需要将分辨率设置为较高的数值。

下面为常见的分辨率设置：一般印刷品分辨率为150～300dpi，高档画册分辨率为350dpi以上，大幅的喷绘广告1米以内分辨率为70～100dpi，巨幅喷绘分辨率为25dpi，多媒体显示图像分辨率为72dpi。切记，分辨率的数值并不是不变的，需要根据实际情况进行设置。

○ 颜色模式：设置文件的颜色模式以及相应的颜色深度。

○ 背景内容：设置文件的背景内容，有"白色""背景色""透明"3个选项。

○ 颜色配置文件：用于设置新建文件的颜色配置。

○ 像素长宽比：用于设置单个像素的长宽比例。通常情况下保持默认的"方形像素"即可，如果需要应用于视频文件，则需要进行相应的更改。

技巧提示

完成设置后，可以单击 存储预设(S)... 按钮，将这些设置存储到预设列表中。

2.2 打开文件

扫码看视频

3. 在Photoshop中打开文件

○ 视频精讲：超值赠送\视频精讲\3.在Photoshop中打开文件.flv

2.2.1 使用"打开"命令打开文件

🌐 **技术速查**：使用"打开"命令可以打开多种格式的图像文件。

　　在Photoshop中打开文件的方法有很多种，执行"文件>打开"命令，然后在弹出的对话框中选择需要打开的文件，接着单击"打开"按钮或双击文件即可在Photoshop中打开该文件，如图2-2和图2-3所示。

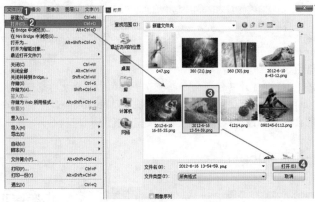

图2-2

图2-3

　　在灰色的Photoshop程序窗口中双击或按Ctrl+O快捷键，都可以弹出"打开"对话框。

🌐 **查找范围**：可以通过此处设置打开文件的路径。

🌐 **文件名**：显示所选文件的文件名。

🌐 **文件类型**：显示需要打开文件的类型，默认为"所有格式"。

 答疑解惑——为什么在打开文件时不能找到需要的文件？

　　如果出现这种问题，可能有两个原因：第1个原因是Photoshop不支持该文件格式；第2个原因是"文件类型"没有设置正确，如设置"文件类型"为JPG格式，那么在"打开"对话框中就只能显示这种格式的图像文件，这时可以设置"文件类型"为"所有格式"，就可以查看到相应的文件（前提是计算机中存在该文件）了。

　　另外，还有很多打开图像文件的快捷方式，选择一个需要打开的文件，然后将其拖曳到Photoshop的应用程序图标上，如图2-4所示。或者选择一个需要打开的文件，然后右击，在弹出的快捷菜单中选择"打开方式>Adobe Photoshop CS6"命令，如图2-5所示。

图2-4

图2-5

第2章

掌握Photoshop的基本操作

17

2.2.2 打开为智能对象

🔵 技术速查：使用"打开为智能对象"命令可以将对象作为智能对象打开。

　　智能对象是包含栅格图像或矢量图像数据的图层。智能对象将保留图像的源内容及其所有原始特性，因此无法对该图层进行破坏性编辑。执行"文件>打开为智能对象"命令，然后在弹出的对话框中选择一个文件将其打开，此时该文件将以智能对象的形式被打开，如图2-6所示。

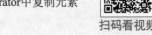

图2-6

2.2.3 打开最近使用过的文件

🔵 技术速查：使用"最近打开文件"命令可以打开最近使用的10个文件。

　　Photoshop可以记录最近使用过的10个文件，执行"文件>最近打开文件"命令，在其子菜单中选择文件名即可将其在Photoshop中打开，选择底部的"清除最近的文件列表"命令可以删除历史打开记录。当首次启动Photoshop时，或者在运行Photoshop期间已经执行过"清除最近的文件列表"命令，都会导致"最近打开文件"命令处于灰色不可用状态。

☆ 视频课堂——从Illustrator中复制元素到Photoshop

案例文件\第2章\视频课堂——从Illustrator中复制元素到Photoshop.psd
视频文件\第2章\视频课堂——从Illustrator中复制元素到Photoshop.flv

扫码看视频

思路解析：
01 在Photoshop中打开背景素材。
02 在Illustrator中打开矢量素材。选择需要使用的元素，并进行复制。
03 回到Photoshop中进行粘贴。

2.3 置入文件

扫码看视频

4.置入素材文件

🔵 技术速查：置入文件是将照片、图片或任何Photoshop支持的文件作为智能对象添加到当前操作的文档中。

🔵 视频精讲：超值赠送\视频精讲\4.置入素材文件.flv

　　执行"文件>置入"命令，然后在弹出的对话框中选择需要置入的文件，即可将其置入到Photoshop中，如图2-7所示。在置入文件时，置入的文件将自动放置在画布的中间，同时文件会保持其原始长宽比。但是如果置入的文件比当前编辑的图像大，那么该文件将被重新调整到与画布相同大小的尺寸。

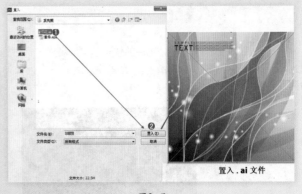

置入 .ai 文件

图2-7

📖 技巧提示

　　在置入文件后，可以对作为智能对象的图像进行缩放、定位、斜切、旋转或变形操作，并且不会降低图像的质量。
　　置入的素材作为智能对象，如果需要将其转换为普通图层，可以执行"图层>栅格化>智能对象"命令。

★ **案例实战——为图像置入矢量素材**

案例文件	案例文件\第2章\为图像置入矢量素材.psd
视频教学	视频文件\第2章\为图像置入矢量素材.flv
难易指数	★★★★★
知识掌握	掌握"置入"命令的使用

案例效果

扫码看视频

本例的原始素材是一张没有任何装饰元素的图片,本案例利用"置入"命令为其置入一张矢量花纹作为装饰,如图2-8所示。

图2-8

操作步骤

01 执行"文件>打开"命令,然后在弹出的对话框中选择本书资源包中的素材文件1.jpg,如图2-9所示。

图2-9

02 执行"文件>置入"命令,然后在弹出的对话框中选择本书资源包中的矢量文件,接着单击"置入"按钮,在弹出的"置入PDF"对话框中单击"确定"按钮,如图2-10所示。

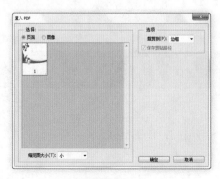

图2-10

技巧提示

只有置入的是PDF或Illustrator文件(即AI文件),系统才会弹出"置入PDF"对话框。

03 置入的文件放置在画布的中间位置,如图2-11所示,然后进行拖动调整位置,接着双击确定操作,最终效果如图2-12所示。

图2-11

图2-12

技巧提示

在进行图像编辑合成的过程中,经常会使用到矢量文件中的部分素材,这时可以首先在Illustrator中打开矢量文件,选择需要的矢量元素,并使用Ctrl+C快捷键复制。回到Photoshop中,在文档中使用Ctrl+V快捷键粘贴,在弹出的"粘贴"对话框中选择粘贴方式,并适当调整矢量对象的大小以及摆放位置。最后按Enter键完成部分矢量元素的置入操作。

Photoshop CS6中文版从入门到精通（微课视频实例版）

☆ 视频课堂——制作混合插画

扫码看视频

案例文件\第2章\视频课堂——制作混合插画.psd
视频文件\第2章\视频课堂——制作混合插画.flv
思路解析：
01 打开背景素材。
02 置入前景矢量素材。

2.4 复制文件

扫码看视频

😊 技术速查：使用"复制"命令可以将当前文件复制一份，复制的文件将作为一个副本文件单独存在。

😊 视频精讲：超值赠送\视频精讲\7.复制文件.flv

　　在Photoshop中，执行"图像>复制"命令，在弹出的对话框中设置文件名称，即可完成文件的复制，如图2-13和图2-14所示。

图2-13

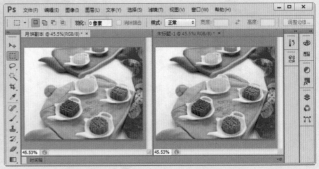

图2-14

7. 复制文件

2.5 保存文件

扫码看视频

😊 视频精讲：超值赠送\视频精讲\5.文件的储存.flv

　　使用Photoshop完成文档的编辑后就需要对文件进行保存并关闭。为了避免在遇到程序错误、意外断电等情况时造成数据丢失，在编辑过程中也需要养成经常保存的习惯。

5.文件的储存

2.5.1 存储文件

⊙ **技术速查**：使用"存储"命令可以将当前更改保存到原始文件中。

执行"文件>存储"命令或按Ctrl+S快捷键可以对文件进行保存，存储时将保留所做的更改，并且会替换掉上一次保存的文件，同时按照当前格式和名称进行保存，如图2-15所示。

如果在存储一个新建的文件时执行"文件>存储"命令，则会弹出"存储为"对话框。

图2-15

2.5.2 存储为

⊙ **技术速查**：使用"存储为"命令可以将文件保存到另一个位置或使用另一文件名进行保存。

执行"文件>存储为"命令或按Shift+Ctrl+S组合键，可以打开"存储为"对话框，如图2-16所示。

⊙ 文件名：设置保存的文件名。

⊙ 格式：选择文件的保存格式。

⊙ 作为副本：选中该复选框，可以另外保存一个副本文件。

⊙ 注释/Alpha通道/专色/图层：可以选择是否存储注释、Alpha通道、专色和图层。

⊙ 使用校样设置：将文件的保存格式设置为EPS或PDF时，该选项才可用。选中该复选框后，可以保存打印用的校样设置。

⊙ ICC配置文件：可以保存嵌入在文档中的ICC配置文件。

⊙ 缩览图：为图像创建并显示缩览图。

⊙ 使用小写扩展名：将文件的扩展名设置为小写。

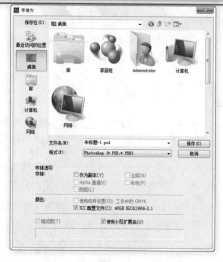

图2-16

2.5.3 认识常见文件保存格式

⊙ **技术速查**：图像文件格式就是存储图像数据的方式，它决定了图像的压缩方法、支持何种Photoshop功能以及文件是否与一些文件相兼容等属性。

保存图像时，可以在弹出的对话框中选择图像的保存格式，如图2-17所示。

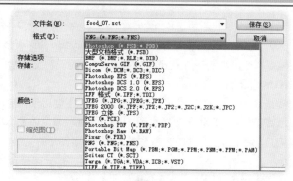

图2-17

⊙ PSD：PSD格式是Photoshop的默认存储格式，能够保存图层、蒙版、通道、路径、未栅格化的文字、图层样式等。在一般情况下，保存文件都采用这种格式，以便随时进行修改。

技巧提示

PSD格式的应用非常广泛，可以直接将这种格式的文件置入Illustrator、InDesign和Premiere等Adobe软件中。

⊙ PSB：PSB格式是一种大型文档格式，可以支持最高达到30万像素的超大图像文件。它支持Photoshop的所有功能，可以保存图像的通道、图层样式和滤镜效果不变，但是只能在Photoshop中打开。

⊙ BMP：BMP格式是微软开发的固有格式，这种格式被大多数软件所支持。BMP格式采用了一种称为RLE的无损压缩方式，对图像质量不会产生影响。

技巧提示

BMP格式主要用于保存位图图像，支持RGB、位图、灰度和索引颜色模式，但是不支持Alpha通道。

⊙ GIF：GIF格式是输出图像到网页最常用的格式。GIF格式采用LZW压缩，它支持透明背景和动画，被广泛应用在网络中。

⊙ Dicom：Dicom格式通常用于传输和保存医学图像，如超声波和扫描图像。Dicom格式文件包含图像数据和标头，其中存储了有关医学图像的信息。

⊙ EPS：EPS是为在PostScript打印机上输出图像而开发的文件格式，是处理图像工作中最重要的格式，被广泛应用在Mac和PC环境下的图形设计和版面设计中，几乎所有的图形、图表和页面排版程序都支持这种格式。

技巧提示

如果仅仅是保存图像，建议不要使用EPS格式。如果文件要打印到无PostScript的打印机上，为避免出现打印错误，最好也不要使用EPS格式，可以用TIFF或JPEG格式来代替。

⊙ IFF：IFF格式是由Commodore公司开发的，由于该公司已退出计算机市场，因此IFF格式也逐渐被废弃。

⊙ DCS：DCS格式是Quark开发的EPS格式的变种，主要在支持这种格式的QuarkXPress、PageMaker和其他应用软件上工作。DCS便于分色打印，Photoshop在使用DCS格式时，必须转换成CMYK颜色模式。

⊙ JPEG：JPEG格式是最常用的一种图像格式。它是一种最有效、最基本的有损压缩格式，被绝大多数图形处理软件所支持。

技巧提示

对于要求进行输出打印的图像，最好不要使用JPEG格式，因为该格式是以损坏图像质量而提高压缩质量的。

⊙ PCX：PCX是DOS格式下的古老程序PC PaintBrush固有格式的扩展名，目前并不常用。

⊙ PDF：PDF格式是由Adobe Systems创建的一种文件格式，允许在屏幕上查看电子文档。PDF文件还可被嵌入Web的HTML文档中。

⊙ RAW：RAW格式是一种灵活的文件格式，主要用于在应用程序与计算机平台之间传输图像。RAW格式支持具有Alpha通道的CMYK、RGB和灰度模式，以及无Alpha通道的多通道、Lab、索引和双色调模式。

⊙ PXR：PXR格式是专门为高端图形应用程序设计的文件格式，支持具有单个Alpha通道的RGB和灰度图像。

⊙ PNG：PNG格式是专门为Web开发的，是一种将图像压缩到Web上的文件格式。PNG格式与GIF格式不同的是，PNG格式支持244位图像并产生无锯齿状的透明背景。

技巧提示

> PNG格式由于可以实现无损压缩，并且背景部分是透明的，因此常用来存储背景透明的素材。

- SCT：SCT格式支持灰度图像、RGB图像和CMYK图像，但是不支持Alpha通道，主要用于Scitex计算机上的高端图像处理。
- TGA：TGA格式专用于使用Truevision视频版的系统，它支持一个单独Alpha通道的32位RGB文件，以及无Alpha通道的索引、灰度模式，并且支持16位和24位的RGB文件。
- TIFF：TIFF格式是一种通用的文件格式，所有的绘画、图像编辑和排版程序都支持该格式，而且几乎所有的桌面扫描仪都可以产生TIFF图像。TIFF格式支持具有Alpha通道的CMYK、RGB、Lab、索引颜色和灰度图像，以及没有Alpha通道的位图模式图像。Photoshop可以在TIFF文件中存储图层和通道，但是如果在另外一个应用程序中打开该文件，那么只有拼合图像才是可见的。
- PBM：便携位图格式PBM格式支持单色位图（即1位/像素），可以用于无损数据传输。因为许多应用程序都支持这种格式，所以可以在简单的文本编辑器中编辑或创建这类文件。

 关闭文件

扫码看视频

6.文件的关闭与退出

视频精讲：超值赠送\视频精讲\6.文件的关闭与退出.flv

图像编辑完成后，首先需要将该文件进行保存，然后关闭文件。Photoshop中提供了多种关闭文件的方法。

（1）执行"文件>关闭"命令、按Ctrl+W快捷键或者单击文档窗口右上角的"关闭"按钮，可以关闭当前处于激活状态的文件。使用这种方法关闭文件时，其他文件将不受任何影响，如图2-18所示。

（2）执行"文件>关闭全部"命令或按Ctrl+Alt+W快捷键，可以关闭所有文件。

（3）执行"文件>关闭并转到Bridge"命令，可以关闭当前处于激活状态的文件，然后转到Bridge中。

（4）执行"文件>退出"命令或者单击程序窗口右上角的"关闭"按钮，可以关闭所有文件并退出Photoshop，如图2-19所示。

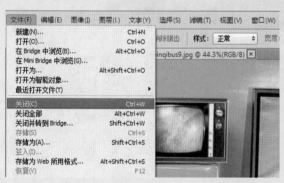

图2-18

图2-19

 撤销/返回/恢复文件

扫码看视频

14.撤销、返回与恢复文件

视频精讲：超值赠送\视频精讲\14.撤销、返回与恢复文件.flv

在传统的绘画过程中，出现错误操作时只能选择擦除或覆盖。而在Photoshop中进行数字化编辑时，出现错误操作则可以撤销或返回所做的步骤，然后重新编辑图像，这也是数字编辑的优势之一。

2.7.1 还原与重做

执行"编辑>还原"命令或按Ctrl+Z快捷键，可以撤销最近的一次操作，将其还原到上一步操作状态，如图2-20所示；如果想要取消还原操作，可以执行"编辑>重做"命令，如图2-21所示。

图2-20　　　　　　　图2-21

2.7.2 前进一步与后退一步

◉ 技术速查："前进一步"与"后退一步"命令可以用于多次撤销或还原操作。

"还原"命令只可以还原一步操作，而实际操作中经常需要还原多步操作，这就需要使用"编辑>后退一步"命令，或连续按Ctrl+Alt+Z组合键来逐步撤销操作；如果要取消还原的操作，可以连续执行"编辑>前进一步"命令或连续按Shift+Ctrl+Z组合键来逐步恢复被撤销的操作，如图2-22所示。

图2-22

2.7.3 恢复

执行"文件>恢复"命令，可以直接将文件恢复到最后一次保存时的状态，或返回到刚打开文件时的状态。"恢复"命令只能针对已有图像的操作进行恢复。如果是新建的空白文件，"恢复"命令将不可用。

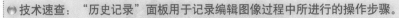

2.8 使用"历史记录"面板还原操作

扫码看视频

15.历史记录
面板的使用

扫码学知识

历史记录的
其他操作

◉ 视频精讲：超值赠送\视频精讲\15.历史记录面板的使用.flv

◉ 技术速查："历史记录"面板用于记录编辑图像过程中所进行的操作步骤。

执行"窗口>历史记录"命令，可以打开"历史记录"面板，如图2-23所示。通过"历史记录"面板可以恢复到某一步的状态，同时也可以再次返回到当前的操作状态。对文档进行一些编辑操作时，"历史记录"面板中会出现我们刚刚进行的操作条目。单击其中某一项历史记录操作，就可以使文档返回之前的编辑状态。

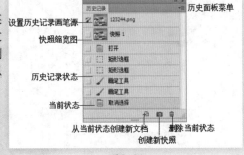

图2-23

☆ 视频课堂——利用"历史记录"面板还原错误操作

扫码看视频

案例文件\第2章\视频课堂——利用"历史记录"面板还原错误操作.psd

视频文件\第2章\视频课堂——利用"历史记录"面板还原错误操作.flv

思路解析：

01 打开"历史记录"面板。

02 在Photoshop中进行操作。

03 在"历史记录"面板中还原操作。

2.9 打印设置

2.9.1 设置打印基本选项

◉ **技术速查**：使用"打印"命令可以对文件印刷参数进行设置。

执行"文件>打印"命令，打开"Photoshop打印设置"对话框，在该对话框中可以预览打印作业的效果，并且可以对打印机、打印份数、输出选项和色彩管理等进行设置，如图2-24所示。

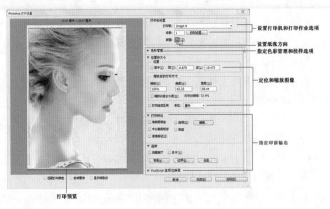

图2-24

◉ **打印机**：在该下拉列表框中可以选择打印机。

◉ **份数**：设置要打印的份数。

◉ **打印设置**：单击该按钮，可以打开一个属性对话框。在该对话框中可以设置纸张的方向、页面的打印顺序和打印页数。

◉ **版面**：单击"横向打印纸张"按钮🔲或"纵向打印纸张"按钮🔲可将纸张方向设置为横向或纵向。

◉ **位置**：选中"居中"复选框，可以将图像定位于可打印区域的中心；取消选中"居中"复选框，可以在"顶"和"左"文本框中输入数值来定位图像，也可以在预览区域中移动图像进行自由定位，从而打印部分图像。

◉ **缩放后的打印尺寸**：如果选中"缩放以适合介质"复选框，可以自动缩放图像到适合纸张的可打印区域；如果取消选中"缩放以适合介质"复选框，可以在"缩放"文本框中输入图像的缩放比例，或在"高度"和"宽度"文本框中设置图像的尺寸。

◉ **打印选定区域**：选中该复选框，可以启用对话框中的裁剪控制功能，调整定界框移动或缩放图像。

2.9.2 指定色彩管理

在"Photoshop打印设置"对话框中，不仅可以对打印参数进行设置，还可以对打印图像的色彩以及输出的打印标记和函数进行设置。在"色彩管理"面板中可以对打印颜色进行设置。在"Photoshop打印设置"对话框右侧选择"色彩管理"选项，可以展开"色彩管理"面板，如图2-25所示。

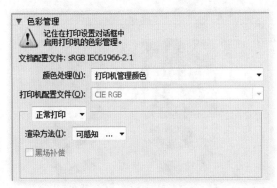

图2-25

◉ **颜色处理**：设置是否使用色彩管理。如果使用色彩管理，则需要确定将其应用子程序中还是打印设备中。

◉ **打印机配置文件**：选择适用于打印机和将要使用的纸张类型的配置文件。

◉ **渲染方法**：指定颜色从图像色彩空间转换到打印机色彩空间的方式，共有"可感知"、"饱和度"、"相对比色"和"绝对比色"4个选项。可感知渲染将尝试保留颜色之间的视觉关系，色域外颜色转变为可重现颜色时，色域内的颜色可能会发生变化。因此，如果图像的色域外颜色较多，可感知渲染是最理想的选择。相对比色渲染可以保留较多的原始颜色，是色域外颜色较少时的最理想选择。

Photoshop CS6中文版从入门到精通（微课视频实例版）

技巧提示

在一般情况下，打印机的色彩空间要小于图像的色彩空间。因此，通常会造成某些颜色无法重现，而所选的渲染方法将尝试补偿这些色域外的颜色。

2.9.3 指定印前输出

在"Photoshop打印设置"对话框的"打印标记"和"函数"面板中可以指定页面标记和其他输出内容，如图2-26所示。

- 角裁剪标志：在要裁剪页面的位置打印裁剪标记。可以在角上打印裁剪标记。在PostScript打印机上，选择该选项也将打印星形靶。

- 说明：打印在"文件简介"对话框中输入的任何说明文本（最多约300个字符）。

图2-26

- 中心裁剪标志：在要裁剪页面的位置打印裁切标记。可以在每条边的中心打印裁切标记。

- 标签：在图像上方打印文件名。如果打印分色，则将分色名称作为标签的一部分进行打印。

- 套准标记：在图像上打印套准标记（包括靶心和星形靶）。这些标记主要用于对齐PostScript打印机上的分色。

- 药膜朝下：使文字在药膜朝下（即胶片或相纸上的感光层背对）时可读。在正常情况下，打印在纸上的图像是药膜朝上打印的，感光层正对时文字可读。打印在胶片上的图像通常采用药膜朝下的方式打印。

- 负片：打印整个输出（包括所有蒙版和任何背景色）的反相版本。

技巧提示

"负片"与"图像>调整>反相"命令不同，"负片"是将输出转换为负片。尽管正片胶片在许多国家/地区很普遍，但是如果将分色直接打印到胶片，可能需要负片。

- 背景：选择要在页面上的图像区域外打印的背景色。

- 边界：在图像周围打印一个黑色边框。

- 出血：在图像内而不是在图像外打印裁剪标记。

2.9.4 创建颜色陷印

陷印，又称扩缩或补漏白，主要是为了弥补因印刷不精确而造成的相邻的不同颜色之间留下的无色空隙，如图2-27所示。

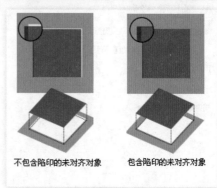

不包含陷印的未对齐对象　　包含陷印的未对齐对象

图2-27

技巧提示

　　肉眼观察印刷品时，会出现一种深色距离较近，浅色距离较远的错觉。因此，在处理陷印时，需要使深色下的浅色不露出来，而保持上层的深色不变。

　　执行"图像>陷印"命令，可以打开"陷印"对话框。其中"宽度"文本框用于设置印刷时颜色向外扩张的距离，如图2-28所示。

图2-28

技巧提示

　　只有图像的颜色为CMYK颜色模式时，"陷印"命令才可用。另外，图像是否需要陷印一般由印刷商决定，如果需要陷印，印刷商会告诉用户要在"陷印"对话框中输入的数值。

★ 综合实战——制作一个完整文档

案例文件	案例文件\第2章\制作一个完整文档.psd
视频教学	视频文件\第2章\制作一个完整文档.flv
难易指数	★★★★★
技术要点	新建、打开、置入、存储为、关闭文件

扫码看视频

图2-29

案例效果

　　本案例通过制作完整的文件练习"新建""打开""置入""存储为""关闭"等命令的使用，效果如图2-29所示。

操作步骤

　　01 执行"文件>新建"命令，在弹出的"新建"对话框中设置"名称"为"制作一个完整文档"，设置文件"宽度"为3300像素、"高度"为2336像素，设置"分辨率"为300像素/英寸，"颜色模式"为"RGB颜色"，"背景内容"为"白色"，如图2-30所示。

　　02 执行"文件>打开"命令，打开背景素材1.jpg，单击工具箱中的"移动工具"按钮，在背景素材上单击并拖动到新建文件中，此时效果如图2-31所示。

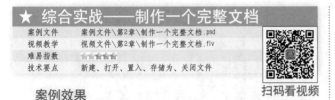

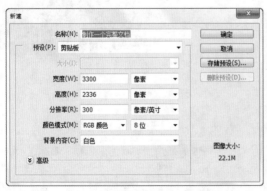

图2-30　　　　　　　　　　　　　　　　　　　　图2-31

　　03 执行"文件>置入"命令，在弹出的"置入"对话框中选择素材2.png，单击"置入"按钮，如图2-32所示。将素材放置在画布中间，此时效果如图2-33所示。

图2-32 　　　　　　　　　　　　　　　　　　　图2-33

04 继续执行"文件>置入"命令，选择素材3.png，如图2-34所示。按住Shift键等比例缩小素材并放置在画面中央，如图2-35所示。

图2-34 　　　　　　　　　　　　　　　　　　　图2-35

05 按Enter键确定图像的置入，效果如图2-36所示。

06 制作完成后执行"文件>存储为"命令或按Shift+Ctrl+S组合键，打开"存储为"对话框。在其中设置文件存储位置、名称以及格式，首先设置格式为可保存分层文件信息的PSD格式，如图2-37所示。

07 再次执行"文件>存储为"命令或按Shift+Ctrl+S组合键，打开"存储为"对话框。选择格式为方便预览和上传至网络的JPEG格式，如图2-38所示。最后执行"文件>关闭"命令，关闭当前文件，如图2-39所示。

图2-36

图2-37 　　　　　　　图2-38 　　　　　　　图2-39

课 后 练 习

【课后练习——DIY电脑壁纸】

思路解析：本例的原始素材是一张1700像素×1000像素的图片，这里需要将这张图片制作成一张1024像素×768像素的桌面壁纸。所以在创建文件时需要创建合适的尺寸，并通过置入文件、存储文件、关闭文件等步骤制作出电脑壁纸。

扫码看视频

本 章 小 结

本章主要讲解了文件的"新建""打开""置入""导出""存储""关闭"等操作。熟练掌握这些常用操作的快捷方式能够大大节省操作时间。

 读书笔记

第3章

常用的图像编辑方法

本章内容简介：

在前面的章节中学习了Photoshop的基本操作方法，本章将从调整图像尺寸与方向、图像的剪切、复制与粘贴以及多种变换方式几个方面进行讲解，全面学习常用的图像编辑方法。

本章学习要点：

- 掌握调整图像及画布大小的方法
- 熟练掌握图像的剪切、粘贴、复制方法
- 熟练掌握多种变换方法

3.1 调整图像大小

视频精讲：超值赠送\视频精讲\11.调整图像大小.flv

通常情况下，最关注的图像属性主要是尺寸、大小及分辨率。如图3-1和图3-2所示为像素尺寸分别是600像素×600像素与200像素×200像素的同一图片的对比效果。尺寸大的图像所占计算机空间也要相对较大。

11.调整图像大小

图3-1　　　　　　　　　　　　　　图3-2

执行"图像>图像大小"命令或按Ctrl+Alt+I组合键，如图3-3所示，可以打开"图像大小"对话框，在"像素大小"选项组下即可修改图像的像素大小，如图3-4所示。更改图像的像素大小不仅会影响图像在屏幕上的大小，还会影响图像的质量及其打印特性（图像的打印尺寸和分辨率）。

读书笔记

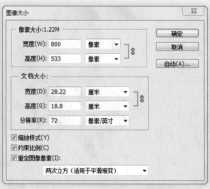

图3-3　　　　　　　　　　　　　　图3-4

思维点拨：什么是像素

像素又称为点阵图或光栅图，是构成位图图像的最基本单位。在通常情况下，一张普通的数码相片必然有连续的色相和明暗过渡。如果把数字图像放大数倍，则会发现这些连续色调是由许多色彩相近的小方点所组成，这些小方点就是构成图像的最小单位——像素，如图3-5～图3-7所示。

图3-5　　　　　　　　　图3-6　　　　　　　　　图3-7

Photoshop CS6中文版从入门到精通（微课视频实例版）

3.1.1 动手学：调整"像素大小"

☞ 技术速查："像素大小"选项组下的参数主要用来设置图像的尺寸。修改图像宽度和高度数值，像素大小也会发生变化。

（1）打开一张图片，如图3-8所示。执行"图像>图像大小"命令或按Ctrl+Alt+I组合键，打开"图像大小"对话框，顶部显示了当前图像的大小，括号内显示的是之前文件大小。从该对话框中可以观察到图像的"宽度"为2300像素，"高度"为3450像素，如图3-9所示。

图3-8

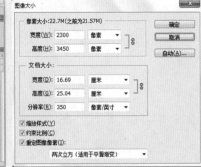

图3-9

（2）在"图像大小"对话框中设置图像的"宽度"为1500像素，"高度"为2250像素，如图3-10所示，此时在图像窗口中可以明显观察到图像变小了，如图3-11所示。

图3-10

图3-11

技巧提示

如果在"图像大小"对话框中选中"约束比例"复选框，那么只需要修改"宽度"和"高度"中的一个参数值，另外一个参数值会随之发生相应的变化。

 答疑解惑——缩放比例与像素大小有什么区别？

当使用"缩放工具" 缩放图像时，改变的是图像在屏幕中的显示比例，也就是说，无论怎么放大或缩小图像的显示比例，图像本身的大小和质量并没有发生任何改变，如图3-12所示。

图3-12

　　调整图像的大小时，改变的是图像的像素大小和分辨率等，因此图像的大小和质量都有可能发生改变，如图3-13所示。

图3-13

3.1.2　动手学：调整"文档大小"

　技术速查："文档大小"选项组中的参数主要用来设置图像的打印尺寸。

　　当选中"重定图像像素"复选框时，如果减小图像的大小，就会减少像素数量，此时图像虽然变小了，但是画面质量仍然保持不变，如图3-14和图3-15所示。

图3-14

图3-15

　　如果增大图像尺寸或提高分辨率，则会增加新的像素，此时图像尺寸虽然变大了，但是画面的质量会下降。如果一张图像的分辨率比较低，并且图像比较模糊，即使提高图像的分辨率也不能使其变得清晰。因为Photoshop只能在原始数据的基础上进行调整，无法生成新的原始数据，如图3-16和图3-17所示。

图3-16

图3-17

当取消选中"重定图像像素"复选框时，无论是增大或减小宽度和高度值，图像的视觉大小看起来都不会发生任何变化，画面的质量也没有变化。即使修改图像的宽度和高度，图像的像素总量也不会发生变化，也就是说，减少宽度和高度时，会自动提高分辨率；增大宽度和高度时，会自动降低分辨率。

3.1.3　动手学：修改图像分辨率

🔘 技术速查：分辨率是指位图图像中的细节精细度，测量单位是像素/英寸（ppi），每英寸的像素越多，分辨率越高。

一般来说，图像的分辨率越高，印刷出来的质量就越好，当然所占设备空间也更大。需要注意的是，凭空增大分辨率数值，图像并不会变得更精细。

（1）打开一张图片素材文件，在"图像大小"对话框中可以观察到图像默认的"分辨率"为300像素/英寸，如图3-18所示。

（2）在"图像大小"对话框中将"分辨率"更改为150，此时可以观察到"像素大小"也会随之而减小，如图3-19所示。

（3）按Ctrl+Z快捷键或Ctrl+Alt+Z组合键，返回到修改分辨率之前的状态，然后在"图像大小"对话框中将"分辨率"更改为600，此时可以观察到"像素大小"也会随之而增大，如图3-20所示。

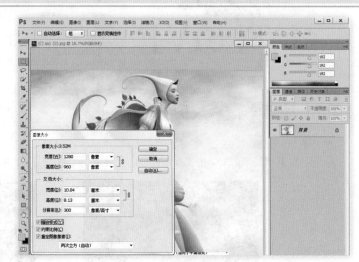

图3-18

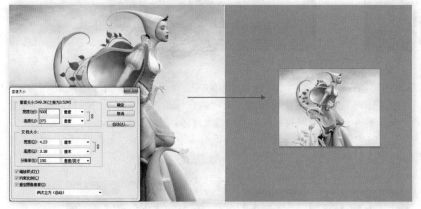

图3-19

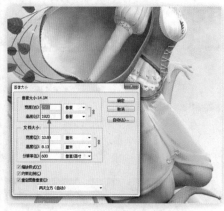

图3-20

3.1.4　动手学：使用"缩放样式"

🔘 技术速查：当文档中的某些图层包含图层样式时，选中"缩放样式"复选框后，可以在调整图像的大小时按相应比例自动缩放样式效果。

只有在选中"约束比例"复选框时，"缩放样式"才可用，如图3-21和图3-22所示。

取消选中"缩放样式"复选框，如图3-23所示，减小像素大小时，图层样式相对于画面效果则显得有些偏大，如图3-24所示。

图3-21

常用的图像编辑方法

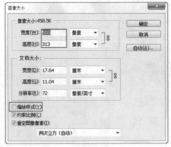

图3-22　　　　　　　　　　　图3-23　　　　　　　　　　　图3-24

3.1.5　动手学：修改图像比例

🔄 技术速查：选中"约束比例"复选框，可以在修改图像的宽度或高度时，保持宽度和高度的比例不变；取消选中"约束比例"复选框，修改图像的宽度或高度时会导致图像发生变形，如图3-25和图3-26所示。

图3-25　　　　　　　　　　　　　　　图3-26

　　（1）打开一张图片，在"图像大小"对话框中可以观察到图像的宽度和高度都为1600像素，如图3-27和图3-28所示。

　　（2）在"图像大小"对话框中取消选中"约束比例"复选框（同时也将导致"缩放样式"复选框不可用），然后设置"像素大小"选项组中的"高度"为2000像素，如图3-29所示。此时可以观察到图像变高了，如图3-30所示。

　　（3）按Ctrl+Alt+Z组合键，返回到修改高度之前的状态，在"图像大小"对话框中设置"像素大小"选项组中的"宽度"为3000像素，如图3-31所示。此时可以观察到图像变宽了，如图3-32所示。

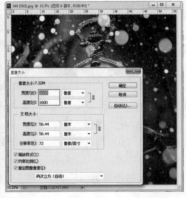

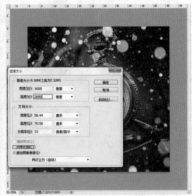

图3-27　　　　　　　　　　　图3-28　　　　　　　　　　　图3-29

图3-30

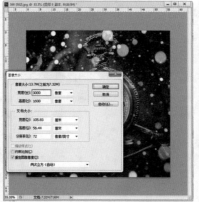
图3-31

图3-32

3.1.6 插值方法

🔘 **技术速查：** 修改图像的像素大小在Photoshop中称为重新取样。当减少像素的数量时，就会从图像中删除一些信息；当增加像素的数量或增加像素取样时，则会增加一些新的像素。

在"图像大小"对话框最底部的下拉列表中提供了6种插值方法来确定添加或删除像素的方式，分别是"邻近（保留硬边缘）""两次线性""两次立方（适用于平滑渐变）""两次立方较平滑（适用于扩大）""两次立方较锐利（适用于缩小）"和"两次立方（自动）"，如图3-33所示。

图3-33

3.1.7 自动

🔘 **技术速查：** "自动"选项可以使Photoshop根据输出设备的网频来确定建议使用的图像分辨率。

单击"图像大小"对话框右侧的"自动"按钮，可以打开"自动分辨率"对话框，如图3-34所示。在该对话框中输入"挂网"的线数后，Photoshop可以根据输出设备的网频来确定建议使用的图像分辨率。

图3-34

思维点拨：印刷中的"挂网"

挂网是指在输出时采用什么分辨率的网线频率，一般报纸印刷可以用75～85lpi，普通彩色印刷用100～150lpi，高档印刷用150～175lpi，有些高档画册也会用200lpi的分辨率。

3.2 调整画布大小

🔘 **视频精讲：** 超值赠送\视频精讲\12.调整画布大小.flv

扫码看视频

12. 调整画布大小

3.2.1 使用"画布大小"命令

技术速查：使用"画布大小"命令可以修改画布的宽度、高度、定位和扩展背景颜色。

执行"图像>画布大小"命令，打开"画布大小"对话框，如图3-35所示。增大画布大小，原始图像大小不会发生变化，而增大的部分则使用选定的填充颜色进行填充；减小画布大小，图像则会被裁切掉一部分，如图3-36所示。

图3-35　　　　　　　　　　　　　　　　　　　　　　图3-36

当前大小：该选项组下显示的是文档的实际大小，以及图像的宽度和高度的实际尺寸。

新建大小：修改画布尺寸后的大小。

画布扩展颜色：可以指定填充新画布的颜色。

3.2.2 动手学：修改画布尺寸

当输入的"宽度"和"高度"值大于原始画布尺寸时，会增加画布，如图3-37和图3-38所示。

图3-37　　　　　　　　　　　　　　　　　图3-38

当输入的"宽度"和"高度"值小于原始画布尺寸时，Photoshop会裁切超出画布区域的图像，如图3-39和图3-40所示。

选中"相对"复选框，"宽度"和"高度"数值将代表实际增加或减少的区域的大小，而不再代表整个文档的大小。输入正值表示增加画布，如设置"宽度"为10cm，那么画布就在宽度方向上增加10cm，如图3-41和图3-42所示。

图3-39　　　　　　　　　　　图3-40　　　　　　　　　　　图3-41

如果输入负值就表示减小画布，如设置"宽度"为-10cm，那么画布就在宽度方向上减小了10cm，如图3-43和图3-44所示。

图3—42　　　　　　　　　　　　　图3—43　　　　　　　　　　　　　图3—44

"定位"选项主要用来设置当前图像在新画布上的位置，如图3-45所示（黑色背景为画布的扩展颜色）。

图3—45

如果图像的背景是透明的，那么"画布扩展颜色"选项将不可用，新增加的画布也是透明的，如图3-46和图3-47所示。

图3—46　　　　　　　　　　　　　图3—47

 答疑解惑——画布大小和图像大小有区别吗？

　　画布大小与图像大小有着本质的区别。画布大小是指工作区域的大小，它包含图像和空白区域；图像大小是指图像的"像素大小"，如图3—48所示。

图3—48

★ 案例实战——制作合适尺寸的文档

案例文件	案例文件\第3章\制作合适尺寸的文档.psd
视频教学	视频文件\第3章\制作合适尺寸的文档.flv
难易指数	★★★★★
技术要点	图像大小、画布大小

扫码看视频

案例效果

本例主要是通过使用"图像大小"与"画布大小"命令，将图像调整为适合的尺寸。对比效果如图3-49和图3-50所示。

操作步骤

01 执行"文件>打开"命令，打开素材文件，如图3-51所示。

02 执行"编辑>图像大小"命令，打开"图像大小"对话框，选中"约束比例"复选框，修改"宽度"为1200像素，"高度"自动变为1800像素，如图3-52所示。单击"确定"按钮，效果如图3-53所示。

图3-49

图3-50

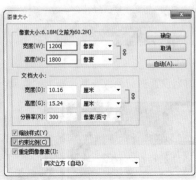
图3-51 图3-52

图3-53

03 执行"编辑>画布大小"命令，打开"画布大小"对话框，设置单位为"像素"，"宽度"为750像素，"高度"为1200像素，设置定位方式为左上角，单击"确定"按钮，如图3-54所示。由于缩小了画布尺寸，所以会弹出提示对话框，单击"继续"按钮即可，如图3-55所示。

04 此时可以看到整个画布被裁掉了一部分，最终效果如图3-56所示。

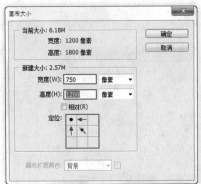
图3-54

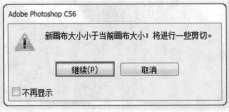
图3-55

图3-56

3.3 裁剪与裁切图像

扫码看视频

23.裁剪与
裁切图像

📹 视频精讲：超值赠送\视频精讲\23.裁剪与裁切图像.flv

使用数码相机拍摄照片经常会出现构图上的问题，在Photoshop中使用"裁剪工具" ⅕、"裁剪"命令或"裁切"命令可以轻松去掉画面多余的部分。如图3-57和图3-58所示为裁剪前后的效果。

图3-57

图3-58

3.3.1 使用"裁剪工具"

❏ 技术速查：使用"裁剪工具" ⛏ 可以裁剪掉多余的图像，并重新定义画布的大小。

　　裁剪是指移去部分图像，以突出或加强构图效果的过程。单击工具箱中的"裁剪工具"按钮 ⛏，画面四周出现定界框，在画面中调整裁切框，以确定需要保留的部分，如图3-59所示。或在画面中单击并拖曳出一个新的裁切区域，如图3-60所示，然后按Enter键或双击即可完成裁剪。在"裁剪工具"的选项栏中可以设置裁剪工具的约束方式、约束比例、旋转、拉直、视图显示等多种属性，如图3-61所示。

图3-59

图3-60

图3-61

★ **案例实战——调整画面构图**

案例文件	案例文件\第3章\调整画面构图.psd
视频教学	视频文件\第3章\调整画面构图.flv
难易指数	★★★★★
技术要点	"裁剪工具"

扫码看视频

案例效果

　　使用"裁剪工具"可以快速地对画面的构图进行调整，本例效果如图3-62所示。

图3-62

操作步骤

　　01 按Ctrl+O快捷键，打开本书资源包中的素材文件，如图3-63所示。

图3-63

　　02 在工具箱中单击"裁剪工具"按钮 ⛏，或按C键，然后在图像上单击并拖曳出一个矩形定界框，在选项栏中设置裁剪参考线叠加为三等分，调整定界框位置将其置于图像右下角，并使人像头部位于右侧的交点上，如图3-64所示。

图3-64

　　03 确定裁剪区域以后，可以按Enter键、双击或在选项栏中单击"提交当前裁剪操作"按钮 ✓，完成裁剪操作。最后输入艺术字，效果如图3-65所示。

图3-65

第3章　常用的图像编辑方法

41

Photoshop CS6中文版从入门到精通（微课视频实例版）

3.3.2　动手学：使用"透视裁剪工具"

◎ 技术速查：使用"透视裁剪工具" 🔲 可以在需要裁剪的图像上制作出带有透视感的裁剪框，在应用裁剪后可以使图像带有明显的透视感。

（1）打开一张图像，如图3-66所示。单击工具箱中的"透视裁剪工具"按钮 🔲，在画面中绘制一个裁剪框，如图3-67所示。

（2）将光标定位到裁剪框的一个控制点上，单击并向内拖动，如图3-68所示。

图3-66

图3-67

（3）用同样的方法调整其他控制点，调整完成后单击控制栏中的"提交当前裁剪操作"按钮 ✅，即可得到带有透视感的画面效果，如图3-69和图3-70所示。

图3-68

图3-69

图3-70

3.3.3　使用"裁剪"命令

◎ 技术速查：当画面中包含选区时，执行"图像>裁剪"命令，可以将选区以外的图像裁剪掉，只保留选区内的图像。对比效果如图3-71和图3-72所示。

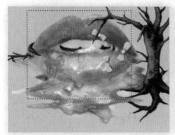
图3-71

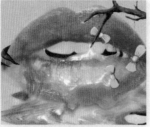
图3-72

技巧提示

如果在图像上创建的是圆形选区或多边形选区，则裁剪后的图像仍为矩形。

3.3.4　使用"裁切"命令

◎ 技术速查：使用"裁切"命令可以基于像素的颜色来裁切图像。

在很多时候，拍摄出来的照片都有一定的留白，如图3-73所示。这样就在一定程度上影响了照片的美观性，因此裁切掉留白区域是非常必要的。执行"图像>裁切"命令，打开"裁切"对话框，如图3-74所示。设置参数后单击"确定"按钮即可完成裁切，效果如图3-75所示。

图3-73

图3-74

图3-75

- 透明像素：选中该单选按钮，可以裁剪掉图像边缘的透明区域，只将非透明像素区域的最小图像保留下来。该选项只有图像中存在透明区域时才可用。
- 左上角像素颜色：选中该单选按钮，从图像中删除左上角像素颜色的区域。
- 右下角像素颜色：选中该单选按钮，从图像中删除右下角像素颜色的区域。
- 顶/底/左/右：设置修正图像区域的方式。

3.4 旋转图像

扫码看视频

13.旋转图像

- 视频精讲：超值赠送\视频精讲\13.旋转图像.flv
- 技术速查：使用"图像旋转"命令可以旋转或翻转整个图像。

选择一个图像，如图3-76所示。执行"图像>图像旋转"命令，在该菜单下提供了6种旋转图像的命令，包括"180度""90度（顺时针）""90度（逆时针）""任意角度""水平翻转画布"和"垂直翻转画布"，如图3-77所示。执行某项命令，图像就会产生相应的旋转变化，例如执行"垂直翻转"命令，效果如图3-78所示。执行"任意角度"命令，系统会弹出"旋转画布"对话框，在该对话框中可以设置旋转的角度和方式（顺时针或逆时针）。

图3-76 　　　　　　　　图3-77 　　　　　　　　图3-78

3.5 剪切/拷贝/粘贴图像

扫码看视频

17.剪切、拷贝、粘贴、清除

- 视频精讲：超值赠送\视频精讲\17.剪切、拷贝、粘贴、清除.flv

与Windows下的剪切、拷贝、粘贴命令相同，Photoshop也可以快捷地完成拷贝、粘贴任务。并且在Photoshop中，还可以对图像进行原位置粘贴、合并拷贝等特殊操作。

3.5.1 动手学：剪切与粘贴

（1）创建选区后，执行"编辑>剪切"命令或按Ctrl+X快捷键，可以将选区中的内容剪切到剪贴板上，如图3-79所示。

（2）执行"编辑>粘贴"命令或按Ctrl+V快捷键，可以将剪切的图像粘贴到画布中，并生成一个新的图层，如图3-80所示。

答疑解惑——为什么剪切后的区域不是透明的?

当选中的图层为普通图层时，剪切后的区域为透明区域。如果选中的图层为背景图层，那么剪切后的区域会被填充为当前背景色。如果选中的图层为智能图层、3D图层、文字图层等特殊图层，则不能够进行剪切操作。

原图像 　　　　　　"剪切"后的图像

图3-79 　　　　　　　　图3-80

☆ 视频课堂——剪切并粘贴图像

扫码看视频

案例文件\第3章\视频课堂——剪切并粘贴图像.psd
视频文件\第3章\视频课堂——剪切并粘贴图像.flv
思路解析：
01 制作需要剪切部分的选区。
02 执行"编辑>剪切"命令，剪切这部分区域。
03 执行"编辑>粘贴"命令，将区域中的内容粘贴为独立图层。

3.5.2 动手学：拷贝与合并拷贝

创建选区后，执行"编辑>拷贝"命令或按Ctrl+C快捷键，可以将选区中的图像拷贝到剪贴板中，如图3-81所示。然后执行"编辑>粘贴"命令或按Ctrl+V快捷键，可以将拷贝的图像粘贴到画布中，并生成一个新的图层，如图3-82所示。

当文档中包含很多图层时，执行"选择>全选"命令或按Ctrl+A快捷键，可以全选当前图像。然后执行"编辑>合并拷贝"命令或按Shift+Ctrl+C组合键，可以将所有可见图层拷贝并合并到剪贴板中。最后按Ctrl+V快捷键可以将合并拷贝的图像粘贴到当前文档或其他文档中，如图3-83所示。

图3-81　　　　　　　　　　　图3-82

图3-83

Photoshop CS6中文版从入门到精通（微课视频实例版）

☆ 视频课堂——合并拷贝全部图层

扫码看视频

案例文件\第3章\视频课堂——合并拷贝全部图层.psd
视频文件\第3章\视频课堂——合并拷贝全部图层.flv
思路解析：

01 全选画面中的所有内容。

02 执行"合并拷贝"命令。

03 执行"粘贴"命令粘贴复制的内容。

3.5.3　清除图像

扫码看视频

17. 剪切、
拷贝、粘
贴、清除

◎ 技术速查：使用"清除"命令可以删除选区中的图像。

◎ 视频精讲：超值赠送\视频精讲\17.剪切、拷贝、粘贴、清除.flv

　　当选中的图层包含选区状态下的普通图层时，执行"编辑>清除"命令可以清除选区中的图像。选中图层为"背景"图层时，被清除的区域将填充背景色，如图3-84～图3-86所示分别为创建选区、清除"背景"图层上的图像与清除普通图层上的图像对比效果。

图3-84

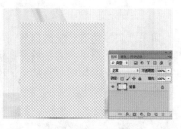

图3-85

图3-86

3.6　移动图像

◎ 技术速查：使用"移动工具"可以在文档中移动图层、选区中的图像，也可以将其他文档中的图像拖曳到当前文档。

　　"移动工具" ►♦️ 位于工具箱的最顶端，是最常用的工具之一，单击该工具按钮，在选项栏中能够看到相关的参数选项，如图3-87所示是"移动工具"的选项栏。

图3-87

◎ 自动选择：如果文档中包含多个图层或图层组，可以在后面的下拉列表中选择要移动的对象。如果选择"图层"选项，使用"移动工具"在画布中单击时，可以自动选择"移动工具"下面包含像素的最顶层的图层；如果选择"组"选项，在画布中单击时，可以自动选择"移动工具"下面包含像素的最顶层的图层所在的图层组。

◎ 显示变换控件：选中该复选框以后，当选择一个图层时，就会在图层内容的周围显示定界框。用户可以拖曳控制点来对图像进行变换操作，如图3-88所示。

- 对齐图层：当同时选择了两个或两个以上的图层时，单击相应的按钮可以将所选图层进行对齐。对齐方式包括"顶对齐" 、"垂直居中对齐" 、"底对齐" 、"左对齐" 、"水平居中对齐" 和"右对齐" 。
- 分布图层：如果选择了3个或3个以上的图层，单击相应的按钮可以将所选图层按一定规则进行均匀分布排列。分布方式包括"按顶分布" 、"垂直居中分布" 、"按底分布" 、"按左分布" 、"水平居中分布" 和"按右分布" 。

图3-88

3.6.1 动手学：在同一个文档中移动图像

在"图层"面板中选择要移动的对象所在的图层，然后在工具箱中单击"移动工具"按钮 ，接着在画布中单击并按住鼠标左键拖曳即可移动选中的对象，如图3-89和图3-90所示。

如果需要移动选区中的内容，可以在包含选区的状态下将光标放置在选区内，单击并拖曳鼠标即可移动选中的图像，如图3-91和图3-92所示。

图3-89

图3-90

图3-91

图3-92

技巧提示

在使用"移动工具"移动图像时，按住Alt键拖曳图像，可以复制图像，同时会生成一个新的图层。

3.6.2 动手学：在不同的文档间移动图像

若要在不同的文档间移动图像，首先需要选择"移动工具"，然后将光标放置在其中一个画布中，单击并拖曳到另外一个文档的标题栏上，停留片刻后即可切换到目标文档，接着将图像移动到画面中，释放鼠标左键即可将图像拖曳到文档中，同时Photoshop会生成一个新的图层，如图3-93和图3-94所示。

图3-93 图3-94

3.7 变换与变形

在"编辑"菜单下可以看到"变换"命令、"自由变换"命令、"内容识别比例"命令、"操控变形"命令，如图3-95所示。使用这些命令可以改变图像的形状。

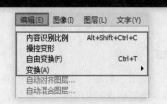

图3-95

3.7.1 变换

18. 变换与
自由变换

○ 技术速查：使用"变换"命令可以对图层、路径、矢量图形、选区中的图像、矢量蒙版和Alpha通道进行变换操作。

○ 视频精讲：超值赠送\视频精讲\18.变换与自由变换.flv

在"编辑>变换"菜单中提供了多种变换命令，如图3-96所示。在执行"自由变换"或"变换"操作时，当前对象的周围会出现一个用于变换的定界框，定界框的中间有一个中心点，四周还有控制点，如图3-97所示。在默认情况下，中心点位于变换对象的中心，用于定义对象的变换中心，拖曳中心点可以移动对象的位置；控制点主要用来变换图像。

图3-96 图3-97

缩放

使用"缩放"命令可以相对于变换对象的中心点对图像进行缩放。如果不按任何快捷键，可以任意缩放图像，如图3-98所示；如果按住Shift键，可以等比例缩放图像，如图3-99所示；如果按住Shift+Alt快捷键，可以以中心点为基准等比例缩放图像，如图3-100所示。

图3-98 图3-99 图3-100

旋转

使用"旋转"命令可以围绕中心点转动变换对象。如果不按任何快捷键，可以以任意角度旋转图像，如图3-101所示；如果按住Shift键，可以以15°为单位旋转图像，如图3-102所示。

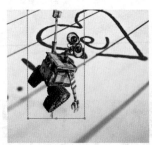 

图3-101　　　　　　图3-102

斜切

使用"斜切"命令可以在任意方向、垂直方向或水平方向上倾斜图像。如果不按任何快捷键，可以在任意方向上倾斜图像，如图3-103所示；如果按住Shift键，可以在垂直或水平方向上倾斜图像，如图3-104所示。

图3-103　　　　　　图3-104

扭曲

使用"扭曲"命令可以在各个方向上伸展变换对象。如果不按任何快捷键，可以在任意方向上扭曲图像，如图3-105所示；如果按住Shift键，可以在垂直或水平方向上扭曲图像，如图3-106所示。

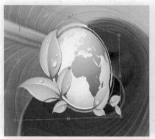 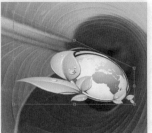

图3-105　　　　　　图3-106

透视

使用"透视"命令可以对变换对象应用单点透视。拖曳定界框4个角上的控制点，可以在水平或垂直方向上对图像应用透视，如图3-107和图3-108所示分别为应用水平透视和垂直透视的对比效果。

图3-107　　　　　　图3-108

思维点拨：透视是什么

透视是一种推理性观察方法，它把眼睛作为一个投射点，依靠光学中眼与物体间的直线——视线传递。在中间设立一个平而透明的截面，于一定范围内切割各条视线，并在平面上留下视线穿透点，穿透点互相连接，就勾画出了三维空间的物体在平面上的投影成像，也就是所谓的透视图。在透视理论上，这个成像表示眼睛通过透明平面对自然空间的观察所得到的视觉空间形象，成像具有立体空间感。同时，透视包含几何学中的点、线、面的关系，体现物体的空间特征，有一定的科学性、推理性，在绘画中有着直接的应用价值。其运用效果如图3-109和图3-110所示。

图3-109　　　　　　图3-110

📁 变形

　　如果要对图像的局部内容进行扭曲，可以使用"变形"命令来操作。执行该命令时，图像上将会出现变形网格和锚点，拖曳锚点或调整锚点的方向线可以对图像进行更加自由和灵活的变形处理，如图3-111和图3-112所示。

图3-111　　　　　　　　　　　　　　　图3-112

📁 旋转180度/旋转90度（顺时针）/旋转90度（逆时针）

　　这3个命令非常简单，如图3-113所示为原图，执行"旋转180度"命令，可以将图像旋转180°，如图3-114所示；执行"旋转90度（顺时针）"命令可以将图像顺时针旋转90°，如图3-115所示；执行"旋转90度（逆时针）"命令可以将图像逆时针旋转90°，如图3-116所示。

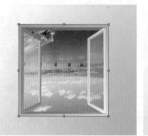

图3-113　　　　　　图3-114　　　　　　图3-115　　　　　　图3-116

📁 水平翻转/垂直翻转

　　执行"水平翻转"命令可以将图像在水平方向上进行翻转，如图3-117所示为原图，如图3-118所示为"水平翻转"效果；执行"垂直翻转"命令可以将图像在垂直方向上进行翻转，如图3-119所示为"垂直翻转"效果。

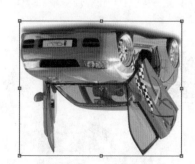

图3-117　　　　　　　　　图3-118　　　　　　　　　图3-119

扫码看视频

案例文件\第3章\视频课堂——利用"缩放"和"扭曲"命令制作书籍包装.psd

视频文件\第3章\视频课堂——利用"缩放"和"扭曲"命令制作书籍包装.flv

思路解析：

01 置入封面素材并栅格化。

02 执行"编辑>变换>缩放"命令调整封面大小。

03 执行"编辑>变换>扭曲"命令调整封面形态。

04 使用同样的方法处理书脊部分。

3.7.2 自由变换

📹 视频精讲：超值赠送\视频精讲\18.变换与自由变换.flv

　　自由变换其实也是变换的一种，按Ctrl+T组合键可以使所选图层或选区内的图像进入自由变换状态。但是"自由变换"命令可以在一个连续的操作中应用旋转、缩放、斜切、扭曲、透视和变形。只需右击，即可在弹出的快捷菜单中选择某项操作，如图3-120所示。其操作方法与使用"变换"命令进行各种变换的方法相同，操作完成后按下键盘上的Enter键完成操作。

扫码看视频

18. 变换与
自由变换

扫码学知识

用快捷键操
作自由变换

图3-120

技巧提示

　　如果是变换路径，"自由变换"命令将自动切换为"自由变换路径"命令；如果是变换路径上的锚点，"自由变换"命令将自动切换为"自由变换点"命令。

扫码看视频

案例文件\第3章\视频课堂——自由变换制作水果螃蟹.psd

视频文件\第3章\视频课堂——自由变换制作水果螃蟹.flv

思路解析：

01 打开背景文件，置入多种果蔬素材。

02 复制果蔬素材，并进行自由变换。

03 复制并合并全部对象，填充黑色，翻转后作为阴影。

Photoshop CS6中文版从入门到精通（微课视频实例版）

3.7.3 动手学：变换并复制图像

在Photoshop中，可以边变换图像，边复制图像，该功能在实际工作中的使用频率非常高。

（1）选中花朵图层，按Ctrl+Alt+T组合键进入自由变换并复制状态，将中心点定位在右上角，如图3-121所示，然后将其缩小并向右移动一段距离，接着按Enter键确认操作，如图3-122所示。通过这一系列的操作，就设定了一个变换规律，同时Photoshop会生成一个新的图层。

（2）设定好变换规律后，就可以按照这个规律继续变换并复制图像。如果要继续变换并复制图像，可以连续按Shift+Ctrl+Alt+T组合键，直到达到要求为止，如图3-123所示。

图3-121　　　　图3-122　　　　图3-123

★ 案例实战——利用"自由变换"命令将照片放到相框中

案例文件	案例文件\第3章\利用"自由变换"命令将照片放到相框中.psd
视频教学	视频文件\第3章\利用"自由变换"命令将照片放到相框中.flv
难易指数	★★★★★
技术要点	"自由变换"命令

扫码看视频

案例效果

本案例主要使用"自由变换"命令将照片放到相框中，如图3-124所示。

操作步骤

01 打开本书资源包中的背景素材文件，如图3-125所示。置入一张照片素材，调整至合适大小及位置，执行"图层>栅格化>智能对象"命令。如图3-126所示。

02 为了便于观察，先降低照片素材的不透明度，执行"编辑>自由变换"命令，将光标放置在一角的控制点上，当光标变为弯曲的箭头时，可以按一定的角度进行旋转，如图3-127所示。

图3-124　　　　图3-125　　　　图3-126　　　　图3-127

03 将光标放置在一角，当光标变为直线箭头时，按住鼠标左键并拖曳，可以将照片调整到合适大小，如图3-128所示。

04 右击，在弹出的快捷菜单中执行"变形"命令，将光标移至右上角的控制点上，进行一定的调节，使其与背景更加贴合，如图3-129所示。

05 调整完成后将"不透明度"数值调整为100%，如图3-130所示。用同样方法制作出另外一张照片的效果，最终效果如图3-131所示。

图3-128　　　　图3-129　　　　图3-130　　　　图3-131

3.7.4 内容识别比例

扫码看视频

19. 内容识别比例

Photoshop CS6中文版从入门到精通（微课视频实例版）

技术速查：　"内容识别比例"是Photoshop中一个非常实用的缩放功能，它可以在不更改重要可视内容（如人物、建筑、动物等）的情况下缩放图像大小。

视频精讲：超值赠送\视频精讲\19.内容识别比例.flv

常规缩放在调整图像大小时会影响所有像素，而"内容识别比例"命令主要影响没有重要可视内容区域中的像素，如图3-132所示为原图、使用"自由变换"命令进行常规缩放以及使用"内容识别比例"命令缩放的对比效果。

| 原图 | 自由变换 | 内容识别比例 |

图3-132

执行"内容识别比例"命令，调出该命令的选项栏，如图3-133所示。

图3-133

- "参考点位置"图标 🎛️：单击其他的灰方块，可以指定缩放图像时要围绕的固定点。默认情况下，参考点位于图像的中心。
- "使用参考点相对定位"按钮 🔲：单击该按钮，可以指定相对于当前参考点位置的新参考点位置。
- X/Y：设置参考点的水平位置和垂直位置。
- W/H：设置图像相对于原始大小的缩放百分比。

- 数量：设置内容识别缩放与常规缩放的比例。在一般情况下，应该将该值设置为100%。
- 保护：选择要保护区域的Alpha通道。如果要在缩放图像时保留特定的区域，"内容识别比例"允许在调整大小的过程中使用Alpha通道来保护内容。
- "保护肤色"按钮 🔲：激活该按钮后，在缩放图像时，可以保护人物的肤色区域。

技巧提示

"内容识别比例"命令适用于处理图层和选区，图像可以是RGB、CMYK、Lab和灰度颜色模式以及所有位深度。注意，"内容识别比例"命令不适用于处理调整图层、图层蒙版、各个通道、智能对象、3D图层、视频图层、图层组，或者同时处理多个图层。

★ 案例实战——利用通道保护功能保护特定对象

案例文件	案例文件\第3章\利用通道保护功能保护特定对象.psd
视频教学	视频文件\第3章\利用通道保护功能保护特定对象.flv
难易指数	★★★★★
知识掌握	掌握"通道保护"功能的使用方法

扫码看视频

案例效果

使用"内容识别比例"的"通道保护"功能可以保护通道区域中的图像不会变形，如图3-134和图3-135所示分别是原始素材与使用"通道保护"功能缩放图像后的对比效果。

操作步骤

01 按Ctrl+O快捷键，打开本书资源包中的素材文件1.psd，如图3-136所示。

02 切换到"通道"面板，可以观察到该面板下有一个Alpha1通道，如图3-137所示。

图3-134

图3-135

图3-136

图3-137

答疑解惑——Alpha1通道有什么作用？

Alpha1通道存储的是人像的选区，主要用来保护人像对象在变换时不发生变形。按住Ctrl键的同时单击Alpha1通道可以载入该通道的选区，如图3-138所示。如果要取消选区，可以按Ctrl+D快捷键。

图3-138

03　执行"编辑>内容识别比例"命令，然后在选项栏中设置"保护"为Alpha1通道，接着向右拖动调整左侧定界框边界处的控制点，如图3-139所示。

04　单击选项栏中的"提交变换"按钮 ✓，最终效果如图3-140所示。

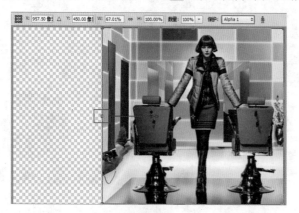

图3-139

图3-140

3.7.5　操控变形

20. 操控变形

操控变形选项

○ 技术速查："操控变形"是借助一种可视网格，随意地扭曲特定图像区域，并保持其他区域不变。

○ 视频精讲：超值赠送\视频精讲\20.操控变形.flv

"操控变形"命令通常用来修改人物的动作、发型等。执行"编辑>操控变形"命令，图像上将会布满网格，如图3-141所示，通过在图像中的关键点上单击添加"图钉"，然后在"图钉"上按住鼠标左键并拖动，可以使图像也发生相应的变化，调整完成后按下Enter键完成操作。如图3-142和图3-143所示是修改头部和上身动作前后的对比效果。

图3-141

图3-142

图3-143

除了图像图层、形状图层和文字图层之外，还可以对图层蒙版和矢量蒙版应用操控变形。如果要以非破坏性的方式变形图像，需要将图像转换为智能对象。

Photoshop CS6中文版从入门到精通（微课视频实例版）

★ 案例实战——使用操控变形改变美女姿势

案例文件	案例文件\第3章\使用操控变形改变美女姿势.psd
视频教学	视频文件\第3章\使用操控变形改变美女姿势.flv
难易指数	★★★★★
知识掌握	掌握"操控变形"命令的使用方法

扫码看视频

案例效果

　　本例使用"操控变形"命令修改美少女动作前后的对比效果如图3-144和图3-145所示。

图3-144　　　　　　　图3-145

操作步骤

　　01 打开本书资源包中的素材文件1.png，如图3-146所示。

图3-146

　　02 选择图层2，如图3-147所示。执行"编辑>操控变形"命令，光标会变成 形状，在图像上单击即可在单击处添加图钉，如图3-148所示。如果要删除图钉，可以选择该图钉，然后按Delete键，或者按住Alt键单击要删除的图钉；如果要删除所有的图钉，可以在网格上右击，然后在弹出的快捷菜单中选择"移去所有图钉"命令。

图3-147　　　　　　　图3-148

　　03 将光标放置在图钉上，然后单击并拖动调节图钉的位置，此时图像也会随之发生变形，如图3-149所示。

图3-149

　　04 按Enter键关闭"操控变形"命令，最终效果如图3-150所示。

图3-150

　　如果在调节图钉位置时，发现图钉不够用，可以继续添加图钉来完成变形操作。

★ 综合实战——制作网站广告

案例文件	案例文件\第3章\制作网站广告.psd
视频教学	视频文件\第3章\制作网站广告.flv
难易指数	★★★★★
知识掌握	掌握"内容识别比例"命令的使用方法

扫码看视频

案例效果

使用"内容识别比例"命令可以很好地保护图像中的重要内容，本例效果如图3-151所示。

图3-151

操作步骤

01 按Ctrl+O快捷键，打开本书资源包中的素材，按住Alt键双击背景图层将其转换为普通图层，如图3-152所示。

图3-152

02 执行"编辑>画布大小"命令，设置"宽度"为25.4厘米，"高度"为10.5厘米，定位到左下角，如图3-153所示。此时画面增大，如图3-154所示。

图3-153

图3-154

03 执行"编辑>内容识别比例"命令或按Shift+Ctrl+Alt+C组合键，进入内容识别缩放状态，在选项栏中单击"保护肤色"按钮，然后向右拖曳定界框右侧中间的控制点，如图3-155所示。

图3-155

04 此时可以观察到人物几乎没有发生变形，如图3-156所示。

图3-156

05 执行"文件>置入"命令，置入前景素材，执行"图层>栅格化>智能对象"命令。最终效果如图3-157所示。

图3-157

思维点拨：网站Banner

本案例所制作的效果是当今最为常见的网站横幅广告，也就是通常所说的网站Banner，是网络广告的主要形式，一般使用GIF格式的图像文件，可以是静态图形，也可用多帧图像拼接为动画图像。进行网站Banner设计时，需要着重体现中心意旨，形象鲜明，表达最主要的情感思想或宣传中心。如图3-158～图3-161所示为优秀的网站Banner作品。

图3-158

图3-159

图3-160

图3-161

课后练习

【课后练习——利用"自由变换"命令制作飞舞的蝴蝶】

思路解析：本案例主要通过"自由变换"命令改变蝴蝶的形状，并通过"复制""粘贴"命令制作出多个飞舞的蝴蝶。

扫码看视频

本章小结

本章节所涉及的知识点均为实际操作中最常用到的功能。例如从调整"画布大小"、调整"图像大小"以及使用"裁切"的多个方面讲解了调整大小的方法。还介绍了使用快捷键进行方便的剪切/拷贝/粘贴图像的方法。另外，图像的变形也是本章的重点内容，熟练掌握"自由变换""内容识别比例""操控变形"命令的快捷使用方法，对提高设计效率有非常大的帮助。

第4章

选区的创建与编辑

本章内容简介：

在学习选区的操作之前，首先需要了解选区是做什么的，掌握获取选区的基本方法和思路。本章介绍了多种使用选区工具获取选区的方法，以及得到选区后的编辑、存储、调用、填充、描边等操作。

本章学习要点：

* 掌握选区工具的使用方法
* 掌握常用抠图工具的使用方法与技巧
* 掌握选区的编辑方法
* 掌握填充与描边选区的应用

4.1 认识选区

4.1.1 选区的基本功能

在Photoshop中处理图像时，经常需要针对画面局部效果进行调整。通过选择特定区域，可以对该区域进行编辑并保持未选择区域不会被改动。这时就需要为图像指定一个有效的编辑区域，这个区域就是选区。

以图4-1为例，需要改变中间柠檬的颜色，这时就可以使用"磁性套索工具"或"钢笔工具"绘制出需要调色的区域选区，然后对该区域进行单独调色即可，如图4-2所示。

选区的另外一项重要功能是图像局部的分离，也就是抠图。以图4-3为例，要将图中的前景物体分离出来，这时就可以使用"快速选择工具"或"磁性套索工具"制作主体部分选区，接着将选区中的内容复制、粘贴到其他合适的背景文件中，并添加其他合成元素即可完成一个合成作品，如图4-4所示。

图4-1　　　　　　　　　图4-2　　　　　　　　　图4-3　　　　　　　　　图4-4

4.1.2 选择的常用方法

Photoshop中包含多种用于制作选区的工具和命令，不同图像需要使用不同的选择工具来制作选区。

📗 选区工具选择法

对于比较规则的圆形或方形对象可以使用选框工具组。选框工具组是Photoshop中最常用的选区工具，适合于形状比较规则的图案（如圆形、椭圆形、正方形、长方形）。如图4-5和图4-6所示为典型的矩形选区和圆形选区。

对于不规则选区，则可以使用套索工具组。对于转折处比较强烈的图案，可以使用"多边形套索工具" ☑️ 来进行选择。对于转折比较柔和的，可以使用"套索工具" ◯ 。如图4-7和图4-8所示为转折处比较强烈的选区和转折处比较柔和的选区。

图4-5　　　　　　　　　图4-6　　　　　　　　　图4-7　　　　　　　　　图4-8

📗 路径选择法

Photoshop中的"钢笔工具" ✏️ 属于典型的矢量工具，通过"钢笔工具"可以绘制出平滑或者尖锐的任何形状路径，绘制完成后可以将其转换为相同形状的选区，从而选出对象，如图4-9和图4-10所示。

📗 色调选择法

如果需要选择的对象与背景之间的色调差异比较明显，使用"魔棒工具""快速选择工具""磁性套索工具""色彩范围"命令可以很快速地将对象分离出来。这些工具和命令都可以基于色调之间的差异来创建选区。如图4-11和图4-12所示是使

Photoshop CS6中文版从入门到精通（微课视频实例版）

用"快速选择工具" 将前景对象抠选出来并更换背景后的效果。

图4-9

图4-10

图4-11

图4-12

思维点拨：色调是什么

　　在这里，色调不是指颜色的性质，而是对画面的整体颜色的概括评价。在明度、纯度、色相这3个要素中，某种因素起主导作用，我们就称之为某种色调。一幅绘画作品虽然用了多种颜色，但总体有一种倾向，例如偏蓝或偏红、偏暖或偏冷等。这种颜色上的倾向就是一幅绘画作品的色调。通常可以从色调、明度、冷暖、纯度4个方面来定义一幅作品的色调，如图4-13所示。

图4-13

通道选择法

　　通道抠图主要利用具体图像的色相或者明度差别，用不同的方法建立选区。通道抠图法非常适合于半透明与毛发类对象选区的制作。例如，如果要抠取毛发、婚纱、烟雾、玻璃以及具有运动模糊的物体，使用前面介绍的工具就很难保留精细的半透明选区，这时就需要使用通道来进行抠图，如图4-14和图4-15所示为毛发抠图效果。

图4-14　　　　图4-15

思维点拨：何谓"通道"

　　计算机中的彩色图片大部分都是RGB颜色模式的图片。所谓RGB模式，是指彩色图片中的颜色都是由红、绿、蓝3种色彩调配出来的。除去RGB颜色模式的图像外，常用的还有灰度模式的图像和CMYK颜色模式的图像。CMYK图像是由青、洋红、黄、黑4种颜色调配出来的。在Photoshop中，对于不同色彩模式的图片，会将该图片的单色信息分别放在相应的通道中，对其中一个单色通道操作，就可以控制该通道所对应的颜色。

快速蒙版选择法

　　在快速蒙版状态下，可以使用各种绘画工具和滤镜对选区进行细致的处理。例如，如果要将图中的前景对象抠选出来，就可以进入快速蒙版状态，然后使用"画笔工具"在快速蒙版中的背景部分进行绘制（绘制出的选区为红色状态），绘制完成后按Q键退出快速蒙版状态，Photoshop会自动创建选区，这时就可以删除背景，也可以为前景对象重新添加背景。如图4-16～图4-19所示分别为原始素材、绘制通道、删除背景、重新添加背景的效果。

图4-16

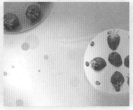

图4-17

图4-18

图4-19

4.2 使用选框工具

25.使用选框工具

◎ 视频精讲：超值赠送\视频精讲\25.使用选框工具.flv

4.2.1 矩形选框工具

　　"矩形选框工具" ▣ 主要用于创建矩形选区与正方形选区，按住Shift键可以创建正方形选区，如图4-20和图4-21所示。

图4-20　　　　　　　　图4-21

　　"矩形选框工具"的选项栏如图4-22所示。

图4-22

◎ 羽化：主要用来设置选区边缘的虚化程度。羽化值越大，虚化范围越宽；羽化值越小，虚化范围越窄。如图4-23和图4-24所示分别为羽化数值为0像素与20像素时的边界效果。

图4-23　　　　　　　　图4-24

技巧提示

　　当设置的"羽化"数值过大，以至于任何像素都不大于50%选择时，Photoshop会弹出一个警告对话框，提醒用户羽化后的选区将不可见（选区仍然存在）。

◎ 消除锯齿："矩形选框工具"的"消除锯齿"复选框是不可用的，因为矩形选框没有不平滑效果，只有在使用"椭圆选框工具"时，"消除锯齿"复选框才可用。

◎ 样式：用来设置矩形选区的创建方法。当选择"正常"选项时，可以创建任意大小的矩形选区；当选择"固

定比例"选项时，可以在右侧的"宽度"和"高度"文本框中输入数值，以创建固定比例的选区。例如，设置"宽度"为1、"高度"为2，那么创建出来的矩形选区的高度就是宽度的2倍；当选择"固定大小"选项时，可以在右侧的"宽度"和"高度"文本框中输入数值，然后单击即可创建一个固定大小的选区（单击"高度和宽度互换"按钮 ⇄ 可以切换"宽度"和"高度"的数值）。

◎ 调整边缘：与执行"选择>调整边缘"命令相同，单击该按钮可以打开"调整边缘"对话框，在该对话框中可以对选区进行平滑、羽化等处理。

4.2.2 椭圆选框工具

　　"椭圆选框工具" ◯ 主要用来制作椭圆选区和正圆选区，按住Shift键可以创建正圆选区，如图4-25和图4-26所示。

图4-25　　　　　　　　图4-26

　　"椭圆选框工具"的选项栏如图4-27所示。

图4-27

◎ 消除锯齿：通过柔化边缘像素与背景像素之间的颜色过渡效果，来使选区边缘变得平滑，如图4-28所示是取消选中"消除锯齿"复选框时的图像边缘效果，如图4-29所示是选中"消除锯齿"复选框时的图像边缘效果。

图4-28　　　　　　　　图4-29

Photoshop CS6中文版从入门到精通（微课视频实例版）

4.2.3 单行/单列选框工具

"单行选框工具" ===、"单列选框工具" ▯主要用来创建高度或宽度为1像素的选区，常用来制作网格效果，如图4-30所示。

图4-30

★ 案例实战——使用椭圆选框工具制作卡通海报

案例文件	案例文件\第4章\使用椭圆选框工具制作卡通海报.psd
视频教学	视频文件\第4章\使用椭圆选框工具制作卡通海报.flv
难易指数	★★★★★
技术要点	椭圆选框工具

案例效果　　　　　　　　　扫码看视频

本例主要是针对"椭圆选框工具"的用法进行练习，效果如图4-31所示。

图4-31

操作步骤

01 打开背景素材文件"1.jpg"，如图4-32所示。单击工具箱中的"椭圆选框工具"按钮▯，在画面中按住鼠标左键并拖曳，绘制一个椭圆形选区，如图4-33所示。

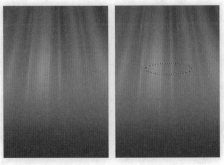

图4-32　　　　　　　　图4-33

02 新建图层，并填充黄色。按Ctrl+T快捷键对椭圆形的大小及角度进行调整，如图4-34所示。然后使用"椭圆选框工具"绘制一个稍大的椭圆选区，单击工具箱中的"渐变工具"按钮，新建图层，为其填充黄色系渐变，并调整至合适位置作为头部，如图4-35所示。

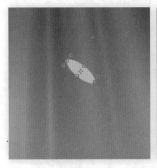

图4-34　　　　　　　　图4-35

03 用同样方法制作出黄色系渐变的鱼身和鱼鳍，如图4-36所示。继续使用"椭圆选框工具"绘制一个椭圆选区，如图4-37所示。

图4-36　　　　　　　　图4-37

04 单击工具箱中的"套索工具"按钮▯，再单击选项栏中的"从选区减去"按钮▯，减去选区中多余的部分，如图4-38所示。为其填充黄色系渐变，并调整至合适位置及角度，如图4-39所示。

图4-38　　　　　　　　图4-39

05 使用"椭圆选框工具"，按住Shift键绘制一个合适大小的正圆，并填充黄色系渐变，如图4-40所示。继续绘制一个稍小的正圆，为其填充黑色，如图4-41所示。

图4-40 图4-41

06 绘制一个大一点的正圆选区，单击选项栏中的"从选区减去"按钮，绘制一个小一点的正圆，得到一个圆环选区，如图4-42所示。新建图层，为其填充白色，如图4-43所示。

图4-42 图4-43

07 使用"椭圆选框工具"，单击选项栏中的"添加选区"按钮，连续绘制几个正圆选区，为其填充白色，如图4-44所示。用同样的方法制作出另一侧的眼睛，如图4-45所示。

图4-44 图4-45

08 复制所有鱼的图层，合并图层。执行"图层>图层样式>阴影"命令，设置"不透明度"为40%，"角度"为120度，"距离"为15像素，"大小"为20像素，如图4-46和图4-47所示。

图4-46 图4-47

09 使用"套索工具"绘制一个选区，如图4-48所示。为其填充黄色系渐变，然后调整大小，摆放在左上角，如图4-49所示。

图4-48 图4-49

10 用同样的方法制作出画面的其他部分，并调整角度及大小，如图4-50所示。选择最小的鱼，执行"滤镜>模糊>高斯模糊"命令，设置"半径"为30像素，如图4-51所示。

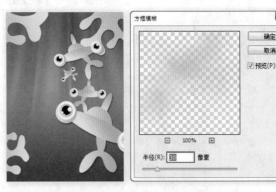

图4-50 图4-51

11 模糊效果如图4-52所示。再次对另一只鱼进行模糊处理，调整"半径"为小一点的数值，如图4-53所示。

12 单击工具箱中的"文字工具"按钮，设置合适字体及大小，在画面中输入不同颜色的文字。单击"自定形状工具"按钮，选择合适形状，在文字前绘制一个白色图形，最终效果如图4-54所示。

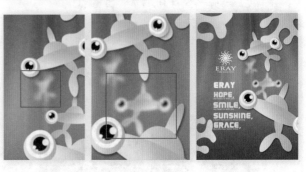

图4-52 图4-53 图4-54

4.3 选区的基本操作

"选区"作为一个非实体对象，也可以对其进行移动、运算、全选、反选、取消选择、重新选择、变换、存储与载入等操作。

4.3.1 移动选区

● 使用选区工具，将光标放置在选区内，当光标变为 形状时，拖曳光标即可移动选区，如图4-55所示。

技巧提示

　　如果使用"移动工具"，那么移动的将是选区中的内容，而不是选区本身。

图4-55

● 使用选框工具创建选区时，在松开鼠标左键之前，按住Space键（即空格键）拖曳光标，可以移动选区。

● 在包含选区的状态下，按→、←、↑、↓键可以以1像素的距离移动选区。

4.3.2 动手学：变换选区

　　（1）首先使用"矩形选框工具"绘制一个长方形选区，如图4-56所示。对创建好的选区执行"选择>变换选区"命令或按Alt+S+T组合键，可以对选区进行移动，如图4-57所示。

　　（2）在选区变换状态下，在画布中右击，还可以选择其他变换方式，如图4-58～图4-60所示。

图4-56　　　　　　图4-57　　　　　　图4-58　　　　　　图4-59　　　　　　图4-60

技巧提示

　　在缩放选区时，按住Shift键可以等比例缩放选区；按住Shift+Alt快捷键可以以中心点为基准等比例缩放选区。

　　（3）变换完成之后，按Enter键即可完成变换，如图4-61所示。

图4-61

☆ 视频课堂——使用变换选区制作投影

扫码看视频

案例文件\第4章\视频课堂——使用变换选区制作投影.psd
视频文件\第4章\视频课堂——使用变换选区制作投影.flv
思路解析：
01 载入主体物选区。
02 对选区进行变换选区操作，得到阴影选区。
03 填充黑色并降低透明度模拟阴影。

4.3.3　全选与反选

◎ 技术速查："全选"命令，顾名思义就是指选择画面的全部范围。

执行"选择>全部"命令或按Ctrl+A快捷键，可以选择当前文档边界内的所有图像，"全选"命令常用于复制整个文档中的图像，如图4-62所示。

创建选区以后，执行"选择>反向"命令或按Shift+Ctrl+I组合键，可以选择反相的选区，也就是选择图像中没有被选择的部分，如图4-63和图4-64所示。

图4-62

图4-63

图4-64

4.3.4　动手学：取消选择与重新选择

执行"选择>取消选择"命令或按Ctrl+D快捷键，可以取消选区状态。如果要恢复被取消的选区，可以执行"选择>重新选择"命令。

4.3.5　隐藏与显示选区

◎ 技术速查：使用"视图>显示>选区边缘"命令可以切换选区的显示与隐藏。

创建选区以后，执行"视图>显示>选区边缘"命令或按Ctrl+H快捷键，可以隐藏选区（注意，隐藏选区后，选区仍然存在）；如果要将隐藏的选区显示出来，可以再次执行"视图>显示>选区边缘"命令或按Ctrl+H快捷键。

4.3.6　选区的运算

扫码看视频

27.选区运算

◎ 技术速查：选区的运算指可以将多个选区进行"相加""相减""交叉""排除"等操作而获得新的选区。

◎ 视频精讲：超值赠送\视频精讲\27.选区运算.flv

如果当前图像中包含选区，在使用任何选框工具、套索工具或魔棒工具创建选区时，选项栏中都会出现选区运算的相关按钮，如图4-65所示。

图4-65

◎ "新选区"按钮 ▣：激活该按钮后，可以创建一个新选区。如果已经存在选区，那么新创建的选区将替代原来的选区。

◎ "添加到选区"按钮 ▣：激活该按钮后，可以将当前创建的选区添加到原来的选区中（按住Shift键也可以实现相同的操作）。

◎ "从选区减去"按钮 ▣：激活该按钮后，可以将当前创建的选区从原来的选区中减去（按住Alt键也可以实现相同的操作）。

◎ "与选区交叉"按钮 ▣：激活该按钮后，新建选区时只保留原有选区与新建选区相交的部分（按住Shift+Alt快捷键也可以实现相同的操作）。

★ 案例实战——利用选区运算选择对象

案例文件	案例文件\第4章\利用选区运算选择对象.psd
视频教学	视频文件\第4章\利用选区运算选择对象.flv
难易指数	★★★★★
知识掌握	掌握选区的运算方法

扫码看视频

案例效果

本例主要是针对选区的运算方法进行练习，效果如图4-66所示。

操作步骤

01 打开本书资源包中的背景素材文件，如图4-67所示。置入食物素材文件，执行"图层>栅格化>智能对象"命令。调整至合适大小后将其放置在背景图层右侧，如图4-68所示。

图4-66

图4-67

图4-68

02 单击工具箱中的"椭圆选框工具"按钮 ○ ，由于月饼并不是正圆形状，可以先将光标放置在中间月饼的左上角，按住鼠标向右下角拖曳，绘制一个椭圆形选区，如图4-69所示。

03 单击选项栏中的"添加到选区"按钮 □ ，多次绘制椭圆，绘制另外3个月饼的选区，如图4-70所示。

04 月饼外轮廓有比较圆润的锯齿形状，可以通过多次使用"椭圆选框工具"加选绘制选区实现，也可以单击工具栏中的"从选区减去"按钮 □ ，将选择的多余部分去除，如图4-71所示。

图4-69

图4-70

05 在画布中右击，在弹出的快捷菜单中选择"选择反向"命令，如图4-72所示。按Delete键删除选区中的图像，然后按Ctrl+D快捷键取消选区，效果如图4-73所示。

06 设置前景色为青色，单击工具箱中的"画笔工具"按钮，设置一种圆角画笔，在食物图层下方新建图层并进行适当绘制，制作阴影，最终效果如图4-74所示。

图4-71

图4-72

图4-73

图4-74

4.3.7 存储选区

💮 **技术速查**：在Photoshop中，选区可以作为通道进行存储。

执行"选择>存储选区"命令，或在"通道"面板中单击"将选区存储为通道"按钮 ▣ ，可以将选区存储为Alpha通道蒙版，如图4-75和图4-76所示。

也可以执行"选择>存储选区"命令，Photoshop会弹出"存储选区"对话框，如图4-77所示。

💮 **文档**：选择保存选区的目标文件。默认情况下将选区保存在当前文档中，也可以将其保存在一个新建的文档中。

💮 **通道**：选择将选区保存到一个新建的通道或其他Alpha通道中。

图4—75 图4—76 图4—77

- 名称：设置选区的名称。
- 操作：选择选区运算的操作方式，包括4种方式："新建通道"是将当前选区存储在新通道中；"添加到通道"是将选区添加到目标通道的现有选区中；"从通道中减去"是从目标通道中的现有选区中减去当前选区；"与通道交叉"是将当前选区与目标通道的选区交叉，并存储交叉区域的选区。

4.3.8 载入选区

在"图层"面板中按住Ctrl键的同时单击图层缩略图，如图4-78所示，即可载入该图层选区，如图4-79所示。
在"通道"面板中按住Ctrl键的同时单击存储选区的通道蒙版缩略图，即可重新载入存储起来的选区，如图4-80所示。

图4—78 图4—79 图4—80

以通道形式进行存储的选区可以通过使用"载入选区"命令进行调用。执行"选择>载入选区"命令，在弹出的"载入选区"对话框中可以选择载入选区的文件以及通道，还可以设置载入的选区与之前选区的运算方式，如图4-81所示。

- 文档：选择包含选区的目标文件。
- 通道：选择包含选区的通道。
- 反相：选中该复选框后，可以反转选区，相当于载入选区后执行"选择>反向"命令。
- 操作：选择选区运算的操作方式包括4种："新建选区"是用载入的选区替换当前选区；"添加到选区"是将载入的选区添加到当前选区中；"从选区中减去"是从当前选区中减去载入的选区；"与选区交叉"可以得到载入的选区与当前选区交叉的区域。

图4—81

 技巧提示

如果要载入单个图层的选区，可以在按住Ctrl键的同时单击该图层的缩略图。

4.4 套索工具组

扫码看视频

26. 使用套索工具

视频精讲：超值赠送\视频精讲\26.使用套索工具.flv

4.4.1 套索工具

技术速查：使用"套索工具"可以非常自由地绘制出形状不规则的选区。

在工具箱中单击"套索工具"按钮 ☑，然后在图像上单击，确定起点位置，接着拖曳光标绘制选区，如图4-82所示，结束绘制时松开鼠标左键，选区会自动闭合并变为如图4-83所示的效果。如果在绘制中途松开鼠标左键，Photoshop会在该点与起点之间建立一条直线以封闭选区。

图4-82　　　　　　　　图4-83

4.4.2 多边形套索工具

技术速查："多边形套索工具"与"套索工具"的使用方法类似，但是"多边形套索工具"适合于创建一些转角比较强烈的选区。

单击工具箱中的"多边形套索工具"按钮 ☑，在画面中单击确定起点，拖动光标向其他位置移动并多次单击确定选区转折的位置，最后需要将光标定位到起点处，如图4-84所示。单击完成路径的绘制，如图4-85所示。

图4-84　　　　　　　　图4-85

★ **案例实战——使用多边形套索工具制作折纸文字**

案例文件	案例文件\第4章\使用多边形套索工具制作折纸文字.psd
视频教学	视频文件\第4章\使用多边形套索工具制作折纸文字.flv
难易指数	★★★★★
技术要点	渐变工具、多边形套索工具

扫码看视频

案例效果

本例主要使用"渐变工具"和"多边形套索工具"制作

折纸文字效果，如图4-86所示。

操作步骤

01 打开素材文件，如图4-87所示。新建图层，首先制作字母b，单击工具箱中的"多边形套索工具"按钮绘制一个梯形选区，在需要绘制直角时可以按住Shift键，如图4-88所示。

02 单击工具箱中的"渐变工具"按钮，在选项栏中单击打开渐变编辑器，编辑一种淡红色系的渐变，并在选项栏中设置"渐变类型"为线性渐变，回到画面中，在新建图层的选区中自上向下拖曳填充，如图4-89所示。

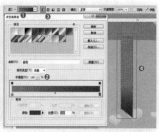

图4-86　　　　　图4-87　　　　　图4-88　　　　　图4-89

03 再次新建图层，单击工具箱中的"矩形选框工具"按钮，绘制一个矩形选区，如图4-90所示。填充红色系渐变，如图4-91所示。

04 用同样方法制作另一个红色系渐变矩形，如图4-92所示。

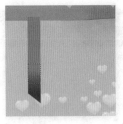

图4—90　　　　　　　　　　图4—91　　　　　　　　　　图4—92

05　新建图层，继续使用"多边形套索工具"绘制一个合适选区，然后编辑一种红色系渐变，为其填充，如图4-93和图4-94所示。

06　使用"多边形套索工具"绘制一个合适选区，新建图层，填充浅一点的红色，如图4-95所示。用同样方法制作另外一个红色图形，完成第一个字母的制作，如图4-96所示。

图4—93　　　　　　　　图4—94　　　　　　　　图4—95　　　　　　　　图4—96

07　用同样方法制作其他不同颜色的折纸文字，如图4-97所示。

08　合并文字图层，执行"图层>图层样式>投影"命令，设置"混合模式"为"正常"，颜色为深紫色，"不透明度"为59%，"距离"为3像素，"大小"为1像素，如图4-98所示。效果如图4-99所示。

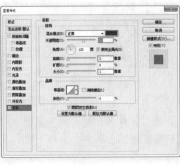

图4—97　　　　　　　　　图4—98　　　　　　　　　图4—99

☆　视频课堂——利用"多边形套索工具"选择照片

扫码看视频

案例文件\第4章\视频课堂——利用"多边形套索工具"选择照片.psd
视频文件\第4章\视频课堂——利用"多边形套索工具"选择照片.flv
思路解析：

01　置入照片素材，降低图层不透明度。

02　设置绘制模式为添加到选区，使用"多边形套索工具"绘制照片选区。

03　选择反相，删除多余部分。

4.4.3 磁性套索工具

磁性套索工具选项

扫码学知识

技术速查："磁性套索工具"能够以颜色上的差异自动识别对象的边界，特别适合于快速选择与背景对比强烈且边缘复杂的对象。

"磁性套索工具"工具位于套索工具组中，右键单击该工具按钮，在弹出的工具列表中选择"磁性套索工具"。将光标定位到需要制作选区的对象的边缘处，单击确定起点。接着，沿对象边界移动光标，对象边缘处会自动创建出选区的边线。如图4-100所示。继续移动光标，到起点处单击，得到闭合的选区。如图4-101所示。按住Alt键切换到"多边形套索工具"，以勾选转角比较强烈的边缘。

图4-100　　　　　　图4-101

★ 案例实战——使用磁性套索工具换背景

案例文件	案例文件\第4章\使用磁性套索工具换背景.psd
视频教学	视频文件\第4章\使用磁性套索工具换背景.flv
难易指数	★★★★
知识掌握	掌握"磁性套索工具"的使用方法

扫码看视频

案例效果

本例主要是针对"磁性套索工具"的用法进行练习，效果如图4-102所示。

图4-102

操作步骤

01 打开本书资源包中的背景素材文件，如图4-103所示。然后置入人物素材并栅格化，如图4-104所示。

图4-103

图4-104

02 单击工具箱中的"磁性套索工具"按钮，然后在人物脸部的边缘单击，确定起点，接着沿着人像边缘移动光标，如图4-105所示。此时Photoshop会生成很多锚点，如图4-106所示。当勾画到起点处时按Enter键闭合选区，效果如图4-107所示。

图4-105　　　　　　图4-106

图4-107

03 右击，在弹出的快捷菜单中选择"选择反向"命令，如图4-108所示，按Delete键将其删除，然后按Ctrl+D快捷键取消选择，如图4-109所示。

图4—108

图4—109

04 由于人像头部有未选中区域，如图4-110所示。再次使用"磁性套索工具"对头部背景进行绘制，变换为选区并删除背景，如图4-111所示。

图4—110　　　　　图4—111

05 置入前景素材，执行"图层>栅格化>智能对象"命令。放置在最上层，最终效果如图4-112所示。

图4—112

技巧提示

如果在勾画过程中生成的锚点位置远离了人像，可以按Delete键删除最近生成的一个锚点，然后继续绘制。

☆ 视频课堂——使用磁性套索工具换背景制作卡通世界

扫码看视频

案例文件\第4章\视频课堂——使用磁性套索工具换背景制作卡通世界.psd
视频文件\第4章\视频课堂——使用磁性套索工具换背景制作卡通世界.flv
思路解析：

01 打开人像素材。

02 使用"磁性套索工具"沿人像边缘处绘制背景选区。

03 得到背景选区后进行删除。

04 添加新的前景和背景素材。

4.5 快速选择工具组

扫码看视频

- 视频精讲：超值赠送\视频精讲\28.快速选择工具与魔棒工具.flv

28.快速选择工具与魔棒工具

4.5.1 快速选择工具

- **技术速查**：使用"快速选择工具"可以利用颜色的差异迅速地绘制出选区。

单击工具箱中的"快速选择工具"按钮，当拖曳笔尖时，选取范围不但会向外扩张，而且还可以自动寻找并沿着图像的边缘来描绘边界。"快速选择工具"的选项栏如图4-113所示。

- **选区运算按钮**：激活"新选区"按钮，可以创建一个新的选区；激活"添加到选区"按钮，可以在原有选区的基础上添加新创建的选区；激活"从选区减去"按钮，可以在原有选区的基础上减去当前绘制的选区。

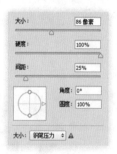

图4-113

- **"画笔"选择器**：单击倒三角按钮，可以在弹出的"画笔"选择器中设置画笔的大小、硬度、间距、角度以及圆度，如图4-114所示。在绘制选区的过程中，可以按]键或[键增大或减小画笔的大小。

- **对所有图层取样**：如果选中该复选框，Photoshop会根据所有的图层建立选取范围，而不仅是针对当前图层。如图4-115和图4-116所示分别是取消选中与选中该复选框时的选区效果。

- **自动增强**：选中该复选框，可以降低选取范围边界的粗糙度与区块感。如图4-117和图4-118所示分别是取消选中与选中该复选框时的选区效果。

图4-114

图4-115　　　　图4-116

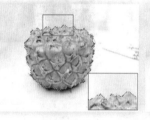

图4-117

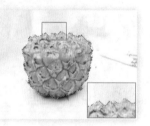

图4-118

★ 案例实战——使用快速选择工具制作飞跃人像

案例文件	案例文件\第4章\使用快速选择工具制作飞跃人像.psd
视频教学	视频文件\第4章\使用快速选择工具制作飞跃人像.flv
难易指数	★★★★★
技术要点	快速选择工具

扫码看视频

案例效果

本例主要使用"快速选择工具"制作飞跃的人像效果，如图4-119所示。

操作步骤

01 打开本书资源包中的素材文件，如图4-120所示。

02 置入人像素材文件并栅格化，如图4-121所示。

03 在工具箱中单击"快速选择工具"按钮，然后单击白色背景并进行拖动，可以将白色背景部分完全选择出来，如图4-122所示。按Delete键删除白色背景，如图4-123所示。

图4-119

图4-120

图4-121

图4-122

第4章 选区的创建与编辑

71

04 执行"图层>图层样式>内发光"命令，设置"混合模式"为"滤色"，"不透明度"为75%，设置一种蓝色到透明的渐变，调整"方法"为"柔和"，"大小"为13像素，如图4-124所示。

05 选择"外发光"选项，设置"混合模式"为"柔光"，"不透明度"为100%，设置一种蓝色到透明的渐变，设置"大小"为21像素，"范围"为100%，"抖动"为88%，如图4-125和图4-126所示。

06 置入光效素材并栅格化，如图4-127所示。设置该图层的混合模式为"滤色"，最终效果如图4-128所示。

图4-123

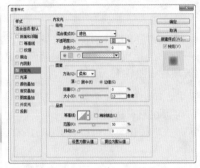

图4-124

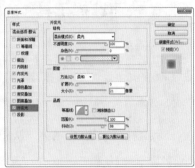

图4-125

图4-126

图4-127

图4-128

4.5.2 魔棒工具

● 技术速查："魔棒工具"在实际工作中的使用频率相当高，使用"魔棒工具"在图像中单击就能选取颜色差别在容差值范围之内的区域。

单击工具箱中的"魔棒工具"按钮，在选项栏中可以设置选区运算方式、取样大小、容差值等参数，其选项栏如图4-129所示。

图4-129

● 取样大小：用来设置"魔棒工具"的取样范围。选择"取样点"选项可以只对光标所在位置的像素进行取样；选择"3×3平均"选项可以对光标所在位置3个像素区域内的平均颜色进行取样；其他选项的意义依此类推。

● 容差：决定所选像素之间的相似性或差异性，其取值范围为0~255。数值越小，对像素相似程度的要求越高，所选的颜色范围就越小；数值越大，对像素相似程度的要求越低，所选的颜色范围就越广。如图4-130和图4-131所示分别为"容差"为30和60时的选区效果。

● 连续：当选中该复选框时，只选择颜色连接的区域；当取消选中该复选框时，可以选择与所选像素颜色接近的所有区域，当然也包含没有连接的区域。如图4-132和图4-133所示分别为选中和取消选中该复选框的效果。

图4-130　　　　　　　图4-131　　　　　　　图4-132　　　　　　　图4-133

对所有图层取样：如果文档中包含多个图层，选中该复选框，可以选择所有可见图层上颜色相近的区域；取消选中该复选框，仅选择当前图层上颜色相近的区域。

★ 案例实战——使用魔棒工具换背景

案例文件	案例文件\第4章\使用魔棒工具换背景.psd
视频教学	视频文件\第4章\使用魔棒工具换背景.flv
难易指数	★★★★★
技术要点	魔棒工具

扫码看视频

案例效果

本例主要使用"魔棒工具"选择人像素材的背景，删除后为其更换其他背景素材，效果如图4-134所示。

图4-134

操作步骤

01 打开本书资源包中的素材文件，置入人像素材文件，执行"图层>栅格化>智能对象"命令。如图4-135所示。

图4-135

02 选择"魔棒工具"，在其选项栏中单击"添加到选区"按钮，设置"容差"为20，选中"消除锯齿"和

"连续"复选框，如图4-136所示。单击背景选区，第一次单击背景时可能会有遗漏的部分，可以多次单击没有被添加到选区内的部分，如图4-137所示。按Delete键删除背景，如图4-138所示。

图4-136

图4-137　　　　　　　图4-138

03 单击工具箱中的"橡皮擦工具"按钮，选择一个圆形柔角画笔，并设置合适的大小，如图4-139所示，然后在人像底部进行涂抹，最后置入前景素材2.png，执行"图层>栅格化>智能对象"命令。效果如图4-140所示。

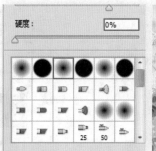

图4-139　　　　　　　图4-140

扫码看视频

30.色彩范围

扫码学知识

色彩范围选项

◎ 技术速查："色彩范围"命令与"魔棒工具"作用相似，可根据图像的颜色范围创建选区，但是该命令提供了更多的控制选项，因此该命令的选择精度也要高一些。

◎ 视频精讲：超值赠送\视频精讲\30.色彩范围.flv

　　打开一张图像，如图4-141所示。执行"选择>色彩范围"命令，打开"色彩范围"对话框，如图4-142所示。接着需要使用"吸管工具"在画面中单击要获取选区的部分。此时在"图像查看区域"中可以看到与单击处颜色接近的区域变为白色。调整"颜色容差值"可以控制所选区域的范围。配合使用"添加到取样"工具和"从取样中减去"工具，可以进一步获得精确的选区。在"图像查看区域"观察到要选择的区域与不需要的部分分别变为白色、黑色后，单击"确定"按钮，即可得到选区。如图4-143所示。

图4-141

图4-142

图4-143

★ 案例实战——利用色彩范围打造薰衣草海洋

案例文件	案例文件\第4章\利用色彩范围打造薰衣草海洋.psd
视频教学	视频文件\第4章\利用色彩范围打造薰衣草海洋.flv
难易指数	★★★★★
技术要点	"色彩范围"命令

操作步骤

扫码看视频

案例效果

　　本例主要是针对"色彩范围"命令的用法进行练习，对比效果如图4-144和图4-145所示。

01 打开本书资源包中的素材文件，如图4-146所示。

图4-144

图4-145

图4-146

02 执行"选择>色彩范围"命令，在弹出的"色彩范围"对话框中设置"选择"为"取样颜色"，接着使用"添加到取样"工具在草地上单击获得取样，并设置"颜色容差"为65，如图4-147所示，选区效果如图4-148所示。

图4-147

图4-148

Photoshop CS6中文版从入门到精通（微课视频实例版）

技巧提示

在这里，"颜色容差"数值并不固定，其数值越小，所选择的范围也越小，读者在使用过程中可以根据实际情况一边预览效果一边进行调整。

03 执行"图层>新建调整图层>色相/饱和度"命令，然后设置"色相"为-178，如图4-149所示。此时可以看到草地变为了薰衣草的紫色效果，如图4-150所示。

图4-149

图4-150

4.7 选区的编辑

选区的编辑包括调整选区边缘、创建边界选区、平滑选区、扩展与收缩选区、羽化选区、扩大选取、选取相似等，熟练掌握这些操作对于快速选择需要的选区非常重要。

4.7.1 调整边缘

- 技术速查：使用"调整边缘"命令可以对选区的半径、平滑度、羽化、对比度、边缘位置等属性进行调整，从而提高选区边缘的品质，并且可以在不同的背景下查看选区。

- 视频精讲：超值赠送\视频精讲\31.调整边缘.flv

扫码看视频

31. 调整边缘

创建选区以后，在选项栏中单击"调整边缘"按钮 调整边缘... ，如图4-151所示，或者执行"选择>调整边缘"命令（组合键为Ctrl+Alt+R），可以打开"调整边缘"对话框，如图4-152所示。

视图模式

- 技术速查："视图模式"选项组中提供了多种可以选择的显示模式，可以更加方便地查看选区的调整结果，如图4-153和图4-154所示。

图4-151

图4-152

图4-153

图4-154

- 视图：在该下拉列表中可以选择不同的显示效果。使用"闪烁虚线"可以查看具有闪烁的虚线边界的标准选区。如果当前选区包含羽化效果，那么闪烁虚线边界将围绕被选中50%以上的像素，如图4-155所示；使用"叠加"可以在快速蒙版模式下查看选区效果，如图4-156所示；使用"黑底"可以在黑色的背景下查看选区，如图4-157所示；使用"白底"可以在白色的背景下查看选区，如图4-158所示；使用"黑白"可以以黑白模式查看选区，如图4-159所示；使用"背景图层"可以查看被选区蒙版的图层，如图4-160所示；使用"显示图层"可以在未使用蒙版的状态下查看整个图层，如图4-161所示。

图4-155　　　　　　　图4-156　　　　　　　图4-157

图4-158　　　　　图4-159　　　　　　图4-160　　　　　　图4-161

- 显示半径：选中该复选框，显示以半径定义的调整区域。
- 显示原稿：选中该复选框，可以查看原始选区。
- "缩放工具"按钮 🔍：使用该工具可以缩放图像，与工具箱中的"缩放工具" 🔍 的使用方法相同。
- "抓手工具"按钮 ✋：使用该工具可以调整图像的显示位置，与工具箱中的"抓手工具" ✋ 的使用方法相同。

边缘检测

图4-162

- 技术速查：通过设置"边缘检测"选项组中的选项，可以轻松地抠出细密的毛发，如图4-162所示。
- "调整半径工具"按钮 ☑ /"抹除调整工具"按钮 ☑：使用这两个工具可以精确调整发生边缘调整的边界区域。制作头发或毛皮选区时可以使用"调整半径工具"柔化区域以增加选区内的细节。
- 智能半径：选中该复选框，将自动调整边界区域中发现的硬边缘和柔化边缘的半径。
- 半径：确定发生边缘调整的选区边界的大小。对于锐边，可以使用较小的半径；对于较柔和的边缘，可以使用较大的半径。

调整边缘

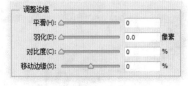

图4-163

- 技术速查："调整边缘"选项组主要用来对选区进行平滑、羽化和扩展等处理，如图4-163所示。
- 平滑：减少选区边界中的不规则区域，以创建较平滑的轮廓。
- 羽化：模糊选区与周围像素之间的过渡效果。
- 对比度：锐化选区边缘并消除模糊的不协调感。在通常情况下，配合"智能半径"选项调整出来的选区效果会更好。
- 移动边缘：当设置为负值时，可以向内收缩选区边界；当设置为正值时，可以向外扩展选区边界。

输出

- 技术速查："输出"选项组主要用来消除选区边缘的杂色以及设置选区的输出方式，如图4-164所示。

- 净化颜色：选中该复选框，将彩色杂边替换为附近完全选中的像素颜色。颜色替换的强度与选区边缘的羽化程度成正比。
- 数量：用于更改净化彩色杂边的替换程度。
- 输出到：设置选区的输出方式。

图4-164

★ **案例实战——利用边缘检测抠取美女头发**

案例文件	案例文件\第4章\利用边缘检测抠取美女头发.psd
视频教学	视频文件\第4章\利用边缘检测抠取美女头发.flv
难易指数	★★★★★
知识掌握	掌握"边缘检测"功能的使用方法

扫码看视频

案例效果

本例主要是针对调整边缘的"边缘检测"功能进行练习，效果如图4-165所示。

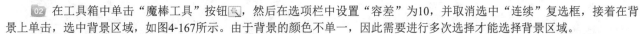

图4-165

操作步骤

01 打开本书资源包中的素材文件，如图4-166所示。

02 在工具箱中单击"魔棒工具"按钮，然后在选项栏中设置"容差"为10，并取消选中"连续"复选框，接着在背景上单击，选中背景区域，如图4-167所示。由于背景的颜色不单一，因此需要进行多次选择才能选择背景区域。

03 执行"选择>调整边缘"命令，打开"调整边缘"对话框，设置"视图"为黑白，此时在画布中可以观察到很多头发都被选中，如图4-168所示。

04 在"调整边缘"对话框中选中"智能半径"复选框，然后设置"半径"为10像素，如图4-169所示，效果如图4-170所示。

图4-166

图4-167

图4-168

图4-169

05 在选区内反复细致涂抹边缘，完成后单击"确定"按钮，效果如图4-171所示。

06 此时按Delete键删除背景，再按Ctrl+D快捷键取消选择，如图4-172所示。

07 置入背景素材2.jpg以及前景素材3.png，分别执行"图层>栅格化>智能对象"命令。最终效果如图4-173所示。

图4-170

图4-171

图4-172

图4-173

4.7.2 创建边界选区

扫码看视频

32. 修改选区

◎ **技术速查**：使用"边界"命令可以将选区边界向外扩展得到新的边界选区。

◎ **视频精讲**：超值赠送\视频精讲\32.修改选区.flv

对选区执行"选择>修改>边界"命令，在弹出的窗口中设置数值，可以将选区的边界向外进行扩展，扩展后的选区边界将与原来的选区边界形成新的选区。如图4-174和图4-175所示为设置"宽度"为20像素和50像素时的选区对比。

图4-174

图4-175

4.7.3 平滑选区

扫码看视频

32.修改选区

● 技术速查：使用"平滑"命令可以对选区进行平滑处理。

● 视频精讲：超值赠送\视频精讲\32.修改选区.flv

对选区执行"选择>修改>平滑"命令，可弹出"平滑选区"对话框。如图4-176和图4-177所示分别是设置"取样半径"为10像素和100像素时的选区效果。

图4-176　　　　　　　　图4-177

4.7.4 扩展选区

扫码看视频

32.修改选区

● 技术速查：使用"扩展"命令可以将选区向外进行扩展。

● 视频精讲：超值赠送\视频精讲\32.修改选区.flv

对选区执行"选择>修改>扩展"命令，可将选区向外扩展。如图4-178所示为原始选区，设置"扩展量"为100像素时，效果如图4-179所示。

图4-178　　　　　　　　图4-179

4.7.5 收缩选区

扫码看视频

32.修改选区

● 技术速查：使用"收缩"命令可以向内收缩选区。

● 视频精讲：超值赠送\视频精讲\32.修改选区.flv

执行"选择>修改>收缩"命令，可向内收缩选区。如图4-180所示为原始选区，设置"收缩量"为100像素时，效果如图4-181所示。

图4-180　　　　　　　　图4-181

4.7.6 羽化选区

扫码看视频

32.修改选区

● 技术速查："羽化"命令是通过建立选区和选区周围像素之间的转换边界来模糊边缘，这种模糊方式将丢失选区边缘的一些细节。

● 视频精讲：超值赠送\视频精讲\32.修改选区.flv

对选区执行"选择>修改>羽化"命令或按Shift+F6快捷键，在弹出的"羽化选区"对话框中可定义选区的"羽化半径"。如图4-182所示为原始选区，设置"羽化半径"为50像素后的图像效果如图4-183所示。

图4-182　　　　　　　　图4-183

PROMPT 技巧提示

如果选区较小，而"羽化半径"又设置得很大，Photoshop会弹出一个警告对话框。单击"确定"按钮，确认当前设置的"羽化半径"，此时选区可能会变得非常模糊，甚至在画面中观察不到，但是选区仍然存在。

4.7.7 扩大选取

💮 技术速查："扩大选取"命令基于"魔棒工具"
选项栏中指定的"容差"范围来决定选区的扩展
范围。

如图4-184所示，只选择了一部分背景区域，执行
"选择>扩大选取"命令后，Photoshop会查找并选择
与当前选区中像素色调相近的像素，从而扩大选择区
域，如图4-185所示。

图4-184   图4-185

4.7.8 选取相似

💮 技术速查："选取相似"命令与"扩大选取"命令相似，
都是基于"魔棒工具"选项栏中指定的"容差"范围来决
定选区的扩展范围。

如图4-186所示只选择了一部分背景，执行"选择>选取相
似"命令后，Photoshop同样会查找并选择与当前选区中像素色
调相近的像素，从而扩大选择区域，如图4-187所示。

"扩大选取"和"选取相似"有些相似。但"扩大选取"
命令只针对当前图像中连续的区域，非连续的区域不会被选
择；而"选取相似"命令针对的是整张图像，即该命令可以选
择整张图像中处于"容差"范围内的所有像素。

图4-186   图4-187

4.8 填充与描边

4.8.1 填充

33.填充

💮 技术速查：使用"填充"命令可以在当前图层或选区内填充颜色或图案，同时也可以设置填充时的不透明度
和混合模式。

💮 视频精讲：超值赠送\视频精讲\33.填充.flv

执行"编辑>填充"命令或按Shift+F5快捷键，打开"填充"对话框，如图4-188所示。可以在其中进行
"内容"与"混合"的设置。需要注意的是，文字图层和被隐藏的图层不能使用"填充"命令。

💮 内容：用来设置填充的内容，包括"前景色""背景色""颜色""内容识别""图案""历史记
录""黑色""50%灰色""白色"9个选项。如图4-189所示是一个选区，如图4-190所示是使用图案填充
选区后的效果。

💮 模式：用来设置填充内容的混合模式，如图4-191所示是设置"模式"为"变暗"后的填充效果。

💮 不透明度：用来设置填充内容的不透明度，如图4-192所示是设置"不透明度"为50%后的填充效果。

💮 保留透明区域：选中该复选框后，只填充图层中包含像素的区域，而透明区域不会被填充。

图4-188   图4-189   图4-190   图4-191   图4-192

技术拓展：快速填充前/背景色

填充前景色快捷键：Alt+Delete。

填充背景色快捷键：Ctrl+Delete。

☆ 视频课堂——制作简约海报

扫码看视频

案例文件\第4章\视频课堂——制作简约海报.psd

视频文件\第4章\视频课堂——制作简约海报.flv

思路解析：

01 使用"钢笔工具"绘制花朵形状，并转换为选区。

02 填充花朵选区为蓝色。

03 使用"多边形套索工具"绘制两侧多边形选区，并填充颜色。

04 输入主体文字，栅格化后进行描边操作。

05 置入其他素材。

4.8.2 描边

34. 描边

◎ **技术速查**：使用"描边"命令可以在选区、路径或图层周围创建彩色或者花纹边框效果。

◎ **视频精讲**：超值赠送\视频精讲\34.描边.flv

打开素材，绘制选区，如图4-193所示。执行"编辑>描边"命令或按Alt+E+S组合键，打开"描边"对话框，如图4-194所示。

图4-193　　　　　　　　　　图4-194

技巧提示

在有选区的状态下使用"描边"命令可以沿选区边缘进行描边；在没有选区的状态下使用"描边"命令可以沿画面边缘进行描边。

◎ 描边：该选项组主要用来设置描边的宽度和颜色，如图4-195和图4-196所示分别是不同"宽度"和"颜色"的描边效果。

◎ 位置：设置描边相对于选区的位置，包括"内部""居中""居外"3个选项，效果如图4-197~图4-199所示。

图4-195

图4-196

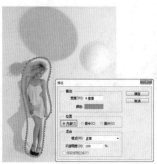
图4-197

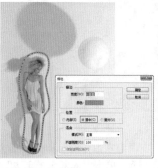
图4-198

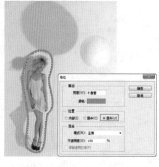
图4-199

⬤ 混合：用来设置描边颜色的混合模式和不透明度。如果选中"保留透明区域"复选框，则只对包含像素的区域进行描边。

★ **案例实战——使用填充与描边制作风景明信片**

案例文件	案例文件\第4章\使用填充与描边制作风景明信片.psd
视频教学	视频文件\第4章\使用填充与描边制作风景明信片.flv
难易指数	★★★★★
技术要点	"矩形选框工具""填充"和"描边"的使用

扫码看视频

案例效果

本例主要是针对"填充"与"描边"的用法进行练习，效果如图4-200所示。

操作步骤

01 执行"文件>新建"命令，设置"宽度"为3100，"高度"为2000。设置前景色为浅灰色，按Alt+Delete快捷键填充，如图4-201所示。置入素材文件，栅格化并调整至合适大小及位置，如图4-202所示。

图4-200

图4-201

图4-202

02 按住Ctrl键单击素材文件载入选区，执行"编辑>填充"命令，设置"使用"为"黑色"，"不透明度"为30%，如图4-203所示。然后将黑色图层放置在素材图层下，进行适当移动，制作阴影效果，如图4-204所示。

03 再次载入素材选区，执行"编辑>描边"命令，设置描边"宽度"为"30像素"，"颜色"为白色，选中"内部"单选按钮，如图4-205和图4-206所示。

图4-203

图4-204

图4-205

图4-206

04 单击工具箱中的"矩形选框工具"按钮▣，单击选项栏中的"添加到选区"按钮▣，在画面左上角连续绘制合适大小的矩形，执行"编辑>填充"命令，设置"使用"为"白色"，"不透明度"为30%，如图4-207和图4-208所示。

05 新建图层，执行"编辑>描边"命令，设置描边"宽度"为"5像素"，"颜色"为白色，选中"居外"单选按钮，"不透明度"为75%，如图4-209和图4-210所示。

图4-207

图4-208

图4-209

图4-210

06 使用"矩形选框工具"在画面右上角绘制一个合适大小的矩形，执行"编辑>填充"命令，设置"颜色"为白色，"不透明度"为80%，如图4-211所示。单击"椭圆选框工具"按钮 ⊙ ，单击选项栏中的"添加到选区"按钮，在白色矩形四周连续绘制椭圆选区，如图4-212所示。

07 选择白色矩形图层，按Delete键，删除多余部分，完成邮票底层的制作，如图4-213所示。选择素材图层，使用"矩形选框工具"框选左侧部分，按Ctrl+J快捷键复制选区中的内容，如图4-214所示。

图4-211

图4-212

图4-213

图4-214

08 选择复制的图层，将其放置在白色邮票图层上，按Ctrl+T快捷键进行适当的缩放，将其放置在白色邮票上，如图4-215所示。单击工具箱中的"文字工具"按钮，在邮票左下角输入白色文字，如图4-216所示。

09 继续使用"文字工具"，设置合适字体及大小，输入相应文字。最终效果如图4-217所示。

图4-215

图4-216

图4-217

★ 综合实战——制作融化的立方体

案例文件	案例文件\第4章\制作融化的立方体.psd
视频教学	视频文件\第4章\制作融化的立方体.flv
难易指数	★★★★★
技术要点	"矩形选框工具""套索工具""填充"命令

案例效果　　　　　　　　　　扫码看视频

本例主要是通过使用"矩形选框工具"与"套索工具"制作融化的立方体，效果如图4-218所示。

图4-218

操作步骤

[01] 执行"文件>新建"命令,设置"宽度"为2000像素,"高度"为2000像素,如图4-219所示。单击工具箱中的"渐变工具"按钮,设置一种从白色到灰色的渐变,单击选项栏中的"径向渐变"按钮,在背景上进行拖曳填充,如图4-220所示。

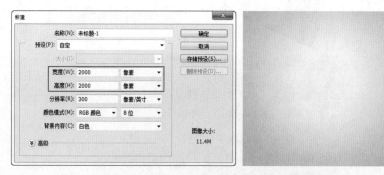

图4-219　　　　　　　　　　　　　　　图4-220

[02] 单击工具箱中的"矩形选框工具"按钮[□],在画面中绘制一个合适大小的矩形选框,执行"编辑>填充"命令,设置"使用"为"白色",如图4-221和图4-222所示。

[03] 按Ctrl+T快捷键,将白色矩形旋转至合适角度,如图4-223所示。再次单击"矩形选框工具"按钮,绘制一个稍小的矩形,执行"编辑>填充"命令,设置"使用"为"黑色",如图4-224所示。

  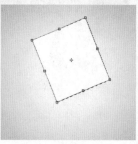 

图4-221　　　　　　　　图4-222　　　　　　　　图4-223　　　　　　　　图4-224

[04] 继续使用"自由变换"快捷键Ctrl+T,右击,选择"扭曲"命令,调整矩形形状,如图4-225所示。

[05] 使用"矩形选框工具"绘制一个合适大小的矩形选框,单击"渐变工具"按钮,设置一种从灰色到黑色的渐变,如图4-226所示。单击选项栏中的"径向渐变"按钮,在选区中进行拖曳填充,如图4-227所示。

[06] 按"自由变换"快捷键Ctrl+T,右击,在弹出的快捷菜单中选择"扭曲"命令,调整矩形形状,如图4-228所示。

   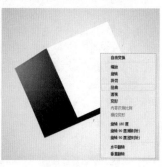

图4-225　　　　　　　　图4-226　　　　　　　　图4-227　　　　　　　　图4-228

[07] 单击工具箱中的"套索工具"按钮[○],在立方体白色侧面上按住鼠标左键并拖曳,绘制一个流淌形状的选区。执行"编辑>填充"命令,设置"使用"为"白色",如图4-229和图4-230所示。

08 合并组成立方体的3个立面，执行"图层>图层样式>投影"命令，设置"混合模式"为"正片叠底"，颜色为黑色，"不透明度"为38%，"角度"为90度，"距离"为39像素，"大小"为111像素，如图4-231和图4-232所示。

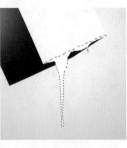

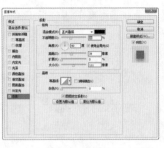

| 图4-229 | 图4-230 | 图4-231 | 图4-232 |

09 用同样方法制作出不同颜色及大小的立方体，如图4-233所示。单击工具箱中的"文字工具"按钮，设置合适的字体及大小，在画面中输入文字，并摆放在合适的位置上。最终效果如图4-234所示。

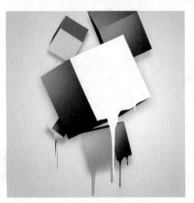

| 图4-233 | 图4-234 |

课后练习

【课后练习——时尚插画风格人像】

思路解析：本案例通过使用"魔棒工具"将人像从背景中提取出来，并通过使用"矩形选框工具""椭圆选框工具""多边形套索工具"绘制选区，再配合选区运算、选区的存储与调用制作复杂选区。得到选区后进行多次填充，制作出丰富的画面效果。

扫码看视频

本 章 小 结

选区技术几乎存在于Photoshop的各种应用中。无论是进行平面设计、数码照片处理还是创意合成，选区无一例外都会被多次使用。选区提取效果的好坏，在很大程度上影响着画面效果，所以精通选区技术也是为制作各种复杂合成效果做准备。

第5章

绘画工具的使用

本章内容简介：

本章介绍了颜色的设置以及多种绘画工具的使用方法。本章介绍了颜色的使用贯穿Photoshop制图的整个过程，便于在不同情况下快速使用。本章的另一个重点是"画笔"面板的使用。"画笔"面板并不仅仅为画笔工具服务，大部分绘制修饰类工具都可以通过"画笔"面板的设置来调整绘制的效果。绘制、擦除、填充工具的使用较为简单，但是这些是Photoshop中最为常用的工具，应熟练掌握。

本章学习要点：

• 掌握前景色、背景色的设置方法
• 熟练掌握"画笔"面板的使用方法
• 熟练掌握画笔工具与擦除工具的使用方法

5.1 颜色设置

扫码看视频

35.颜色的设置

视频精讲：超值赠送\视频精讲\35.颜色的设置.flv

任何图像都离不开颜色，使用Photoshop的画笔、文字、渐变、填充、蒙版、描边等工具修饰图像时，都需要设置相应的颜色。在Photoshop中提供了多种选取颜色的方法。

5.1.1 前景色与背景色

技术速查：前景色通常用于绘制图像、填充和描边选区等；背景色常用于生成渐变填充和填充图像中已抹除的区域，如图5-1和图5-2所示。一些特殊滤镜也需要使用前景色和背景色，如"纤维"滤镜和"云彩"滤镜等。

图5-1

图5-2

在Photoshop中，想要使用某种颜色进行一些操作时，首先要想到的就是"前景色"或"背景色"。在工具箱的底部有一组前景色和背景色设置按钮。在默认情况下，前景色为黑色，背景色为白色，如图5-3所示。想要使用其他颜色作为前景色或者背景色，可以单击"前景色"或"背景色"的按钮，接着在"拾色器"窗口中设置合适的颜色即可。

前景色：单击前景色图标，可以在弹出的"拾色器"对话框中选取一种颜色作为前景色。

背景色：单击背景色图标，可以在弹出的"拾色器"对话框中选取一种颜色作为背景色。

切换前景色和背景色：单击 图标可以切换所设置的前景色和背景色（快捷键为X键），如图5-4所示。

默认前景色和背景色：单击 图标可以恢复默认的前景色和背景色（快捷键为D键），如图5-5所示。

前景色——
默认前景色和背景色——
——切换前景色和背景色
——背景色

图5-3　　　　　　　　　图5-4　　　　　　　　图5-5

5.1.2 使用拾色器选取颜色

拾色器是最常用的颜色设置工具，不仅在单击"前景色"/"背景色"按钮时会弹出"拾色器"窗口，在进行文字颜色、形状颜色、渐变色标设置时，都会出现"拾色器"窗口。"拾色器"的操作方法比较直观，首先在窗口中间拖动"颜色滑块"，选择一个颜色，接着在左侧"色域"中单击即可选择颜色，单击"确定"按钮完成操作。除此之外，也可以在右侧的参数设置区域输入精确的数值，以得到准确的颜色。

在拾色器中，可以选择用HSB、RGB、Lab和CMYK 4种颜色模式来指定颜色，如图5-6所示。

色域/所选颜色：在色域中移动光标可以改变当前拾取的颜色。

新的/当前："新的"颜色块中显示的是当前所设置的颜色；"当前"颜色块中显示的是上一次使用过的颜色。

"溢色警告"图标 ：由于HSB、RGB以及Lab颜色模式中的一些颜色在CMYK印刷模式中没有等同的颜色，所以无法准确印刷出来，这些颜色就是常说的"溢色"。出现警告以后，可以单击警告图标下面的小颜色块，将颜色替换为与其最接近的CMYK颜色。

"非Web安全色警告"图标 ：该警告图标表示当前所设置的颜色不能在网络上准确显示出来。单击警告图标下面的小颜色块，可以将颜色替换为与其最接近的Web安全颜色。

颜色滑块：拖曳颜色滑块可以更改当前可选的颜色范围。在使用色域和颜色滑块调整颜色时，对应的颜色数值会发生相应的变化。

颜色值：显示当前所设置颜色的数值。可以通过输入数值来设置精确的颜色。

Photoshop CS6中文版从入门到精通（微课视频实例版）

- 只有Web颜色：选中该复选框后，只在色域中显示Web安全色，如图5-7所示。
- 添加到色板：单击该按钮，可以将当前所设置的颜色添加到"色板"面板中。
- 颜色库：单击该按钮，可以打开"颜色库"对话框。

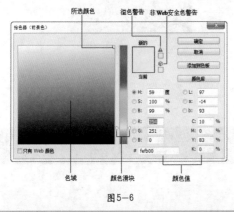
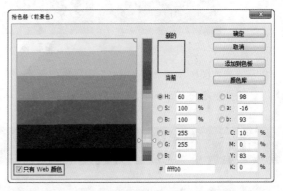

图5-6 　　　　　　　　　　　　　　　　图5-7

5.1.3　使用"吸管工具"选取颜色

- 技术速查："吸管工具"可以在打开图像的任何位置采集色样来作为前景色或背景色。

　　单击工具箱中的"吸管工具"按钮 ，然后在选项栏中设置"取样大小"为"取样点"，"样本"为"所有图层"，并选中"显示取样环"复选框，如图5-8所示。接着使用"吸管工具"在画面中单击，此时拾取的颜色将作为前景色，如图5-9所示。按住Alt键单击图像中的其他区域，此时拾取的颜色将作为背景色，如图5-10所示。

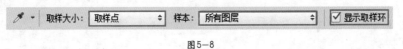

图5-8

图5-9 　　　　　　　　　　　　　　　图5-10

技巧提示

　　吸管工具的使用技巧：

　　（1）如果在使用绘画工具时需要暂时使用"吸管工具"拾取前景色，可以按住Alt键将当前工具切换到"吸管工具"，松开Alt键后即可恢复到之前使用的工具。

　　（2）使用"吸管工具"采集颜色时，按住鼠标左键并将光标拖曳出画布之外，可以采集Photoshop的界面和界面以外的颜色信息。

- 取样大小：设置吸管取样范围的大小。选择"取样点"选项时，可以选择像素的精确颜色，如图5-11所示；选择"3×3平均"选项时，可以选择所在位置3个像素区域以内的平均颜色，如图5-12所示；选择"5×5平均"选项时，可以选择所在位置5个像素区域以内的平均颜色，如图5-13所示。其他选项依此类推。

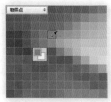

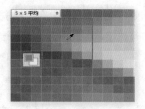

图5-11   图5-12   图5-13

- 样本：可以从"当前图层"或"所有图层"中采集颜色。
- 显示取样环：选中该复选框后，可以在拾取颜色时显示取样环。

5.2 使用"画笔"面板

5.2.1 认识"画笔"面板

- 技术速查：在"画笔"面板中可以设置绘画工具、修饰工具的笔刷种类、画笔大小和硬度等属性。
  在认识其他绘制及修饰工具之前，首先需要掌握"画笔"面板。"画笔"面板如图5-14所示。
- 画笔预设：单击该按钮，可以打开"画笔预设"面板。
- 画笔设置：选择画笔设置选项，可以切换到与该选项相对应的内容。
- 启用/关闭选项：处于选中状态的选项代表启用状态；处于未选中状态的选项代表关闭状态。
- 锁定/未锁定：图标代表该选项处于锁定状态；图标代表该选项处于未锁定状态。锁定与解锁操作可以相互切换。
- 选中的画笔笔尖：当前处于选择状态的画笔笔尖。
- 画笔笔尖形状：显示Photoshop提供的预设画笔笔尖。
- 面板菜单：单击图标，可以打开"画笔"面板的菜单。
- 画笔选项参数：用来设置画笔的相关参数。
- 画笔描边预览：选择一个画笔以后，可以在预览框中预览该画笔的外观形状。

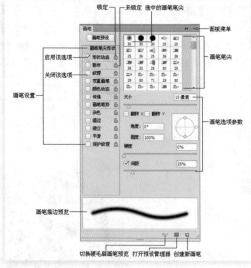

图5-14

- 切换硬毛刷画笔预览：使用毛刷笔尖时，在画布中实时显示笔尖的样式。
- 打开预设管理器：单击该按钮，打开"预设管理器"对话框。
- 创建新画笔：单击该按钮，将当前设置的画笔保存为一个新的预设画笔。

技巧提示

打开"画笔"面板有以下4种方法：

（1）在工具箱中单击"画笔工具"按钮，然后在选项栏中单击"切换画笔面板"按钮。

（2）执行"窗口>画笔"命令。

（3）按F5键。

（4）在"画笔预设"面板中单击"切换画笔面板"按钮。

5.2.2　笔尖形状设置

- 视频精讲：超值赠送\视频精讲\36.画笔笔尖形状设置.flv
- 技术速查：在"画笔笔尖形状"面板中可以设置画笔的形状、大小、硬度和间距等属性。笔尖形状设置面板如图5-15所示。
- 大小：控制画笔的大小，可以直接输入像素值，也可以通过拖曳滑块来设置画笔大小，如图5-16所示。
- 翻转X/Y：将画笔笔尖在其x轴或y轴上进行翻转，如图5-17和图5-18所示。

扫码看视频

36.画笔笔尖形状设置

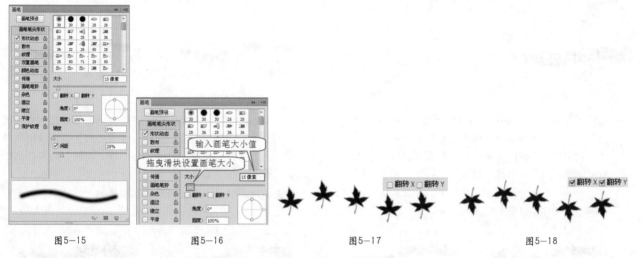

图5-15　　　　　图5-16　　　　　图5-17　　　　　图5-18

- 角度：指定椭圆画笔或样本画笔的长轴在水平方向旋转的角度，如图5-19所示。
- 圆度：设置画笔短轴和长轴之间的比率。当"圆度"值为100%时，表示圆形画笔；当"圆度"值为0%时，表示线性画笔；介于0%～100%的"圆度"值，表示椭圆画笔（呈"压扁"状态），如图5-20～图5-22所示。

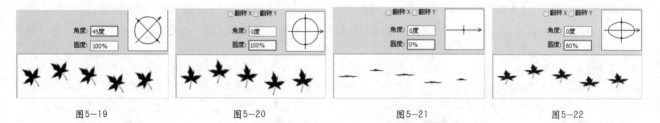

图5-19　　　　　图5-20　　　　　图5-21　　　　　图5-22

- 硬度：控制画笔硬度中心的大小。数值越小，画笔的柔和度越高，如图5-23和图5-24所示。
- 间距：控制描边中两个画笔笔迹之间的距离。数值越大，笔迹之间的间距越大，如图5-25和图5-26所示。

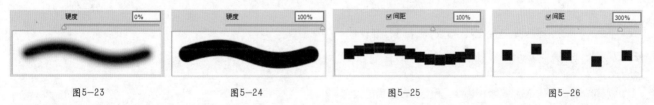

图5-23　　　　　图5-24　　　　　图5-25　　　　　图5-26

5.2.3　形状动态

- 视频精讲：超值赠送\视频精讲\37.画笔形状动态的设置.flv
- 技术速查："形状动态"可以决定描边中画笔笔迹的变化，它可以使画笔的大小、圆度等产生随机变化的效果。"形状动态"面板如图5-27所示。调整形状动态数值的效果如图5-28和图5-29所示。

🌐 **大小抖动**：指定描边中画笔笔迹大小的改变方式。数值越大，图像轮廓越不规则，如图5-30和图5-31所示。

扫码看视频

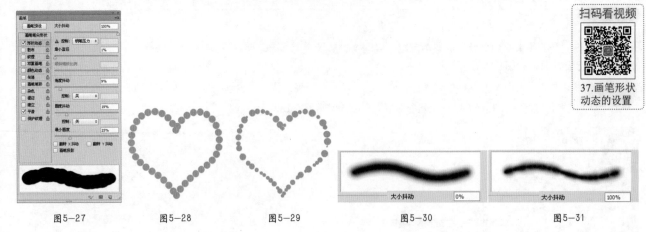

37.画笔形状动态的设置

| 图5-27 | 图5-28 | 图5-29 | 图5-30 | 图5-31 |

🌐 **控制**：在该下拉列表中可以设置"大小抖动"的方式，其中"关"选项表示不控制画笔笔迹的大小变换，如图5-32所示；"渐隐"选项表示按照指定数量的步长在初始直径和最小直径之间渐隐画笔笔迹的大小，使笔迹产生逐渐淡出的效果，如图5-33所示；如果计算机配置有绘图板，可以选择"钢笔压力""钢笔斜度""光笔轮"或"旋转"选项，然后根据钢笔的压力、斜度、位置或旋转角度来改变初始直径和最小直径之间的画笔笔迹大小。

🌐 **最小直径**：当启用"大小抖动"选项以后，通过该选项可以设置画笔笔迹的最小缩放百分比。数值越大，笔尖的直径变化越小，如图5-34和图5-35所示。

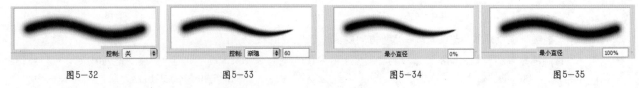

| 图5-32 | 图5-33 | 图5-34 | 图5-35 |

🌐 **倾斜缩放比例**：当"控制"设置为"钢笔斜度"时，该选项用来设置在旋转前应用于画笔高度的比例因子。

🌐 **角度抖动/控制**：用来设置画笔笔迹的角度，如图5-36和图5-37所示。如果要设置"角度抖动"的方式，可以在下面的"控制"下拉列表中进行选择。

🌐 **圆度抖动/控制/最小圆度**：用来设置画笔笔迹的圆度在描边中的变化方式，如图5-38和图5-39所示。如果要设置"圆度抖动"的方式，可以在下面的"控制"下拉列表中进行选择。另外，"最小圆度"选项可以用来设置画笔笔迹的最小圆度。

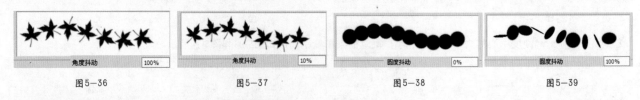

| 图5-36 | 图5-37 | 图5-38 | 图5-39 |

🌐 **翻转X/Y抖动**：将画笔笔尖在其x轴或y轴上进行翻转。

5.2.4 散布

🌐 **视频精讲**：超值赠送\视频精讲\38.画笔散布选项的设置.flv

🌐 **技术速查**：在"散布"面板中可以设置描边中笔迹的数目和位置，使画笔笔迹沿着绘制的线条扩散。"散布"面板如图5-40所示。调整散布数值的效果如图5-41和图5-42所示。

🌐 **散布/两轴/控制**：指定画笔笔迹在描边中的分散程度，该值越大，分散的范围越广。当选中"两轴"复选框时，画笔笔迹将以中心点为基准，向两侧分散，如图5-43和图5-44所示。如果要设置画笔笔迹的分散方式，可以在下面的"控制"下拉列表中进行选择。

扫码看视频

38.画笔散布选项的设置

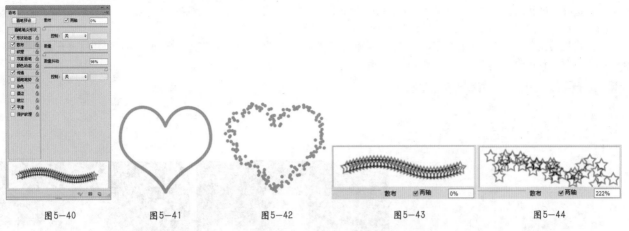

| 图5-40 | 图5-41 | 图5-42 | 图5-43 | 图5-44 |

● 数量：指定在每个间距间隔应用的画笔笔迹数量。数值越大，笔迹重复的数量越多，如图5-45和图5-46所示。

● 数量抖动/控制：指定画笔笔迹的数量如何针对各种间距间隔产生变化，如图5-47和图5-48所示。如果要设置"数量抖动"的方式，可以在下面的"控制"下拉列表中进行选择。

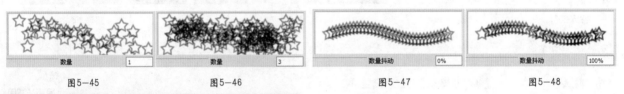

| 图5-45 | 图5-46 | 图5-47 | 图5-48 |

★ 案例实战——使用形状动态与散布制作跳动的音符

案例文件	案例文件\第5章\使用形状动态与散布制作跳动的音符.psd
视频教学	视频文件\第5章\使用形状动态与散布制作跳动的音符.flv
难易指数	★★★★★
知识掌握	掌握"形状动态"和"散布"的设置

扫码看视频

操作步骤

案例效果

本例主要使用"形状动态"和"散布"的设置制作跳动的音符，如图5-49所示。

 打开本书资源包中的背景素材文件，如图5-50所示。

 单击工具箱中的"画笔工具"按钮，在选项栏中单击下拉按钮，在"画笔"面板中单击菜单图标，执行"载入画笔"命令，如图5-51所示。在"载入"对话框中选择外挂笔刷，单击"载入"按钮完成载入，如图5-52所示。

| 图5-49 | 图5-50 |

 返回到"画笔"面板，选择载入的音符笔刷，如图5-53所示。按F5键打开"画笔预设"面板，设置"大小"为"100像素"，"间距"为160%，如图5-54所示。

| 图5-51 | 图5-52 | 图5-53 | 图5-54 |

04 选择"形状动态"选项，设置"大小抖动"为50%，"角度抖动"为60%，如图5-55所示。选择"散布"选项，设置"散布"为160%，"数量抖动"为10%，如图5-56所示。

05 设置前景色为白色，新建图层，在画面中左侧进行绘制，如图5-57所示。在绘制的过程中可以随时调整画笔大小，使绘制的音符具有延伸的效果，最终效果如图5-58所示。

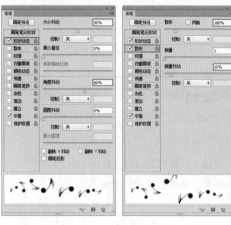

| 图5-55 | 图5-56 | 图5-57 | 图5-58 |

5.2.5　纹理

- 视频精讲：超值赠送\视频精讲\39.画笔纹理设置.flv
- 技术速查：使用"纹理"选项可以绘制出带有纹理质感的笔触，如在带纹理的画布上绘制效果等。"纹理"面板如图5-59所示。调整纹理数值的效果如图5-60和图5-61所示。
- 设置纹理/反相：单击图案缩览图右侧的下拉按钮，可以在弹出的"图案"拾色器中选择一个图案，并将其设置为纹理。如果选中"反相"复选框，可以基于图案中的色调来反转纹理中的亮点和暗点，如图5-62所示。

扫码看视频

39. 画笔纹理设置

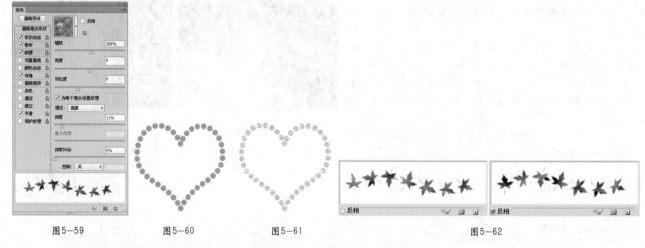

| 图5-59 | 图5-60 | 图5-61 | 图5-62 |

- 缩放：设置图案的缩放比例。数值越小，纹理越多，如图5-63所示。
- 为每个笔尖设置纹理：选中该复选框，则将选定的纹理单独应用于画笔描边中的每个画笔笔迹，而不是作为整体应用于画笔描边。如果取消选中该复选框，下面的"深度抖动"选项将不可用。
- 模式：设置用于组合画笔和图案的混合模式，如图5-64所示分别是"正片叠底"和"线性高度"模式。

| 缩放 | 1% | | 缩放 | 39% | | 模式: | 正片叠底 | | 模式: | 线性高度 |

图5-63　　　　　　　　　　　　　　　　　　　　图5-64

- 深度：设置油彩渗入纹理的深度。数值越大，渗入的深度越大，如图5-65所示。
- 最小深度：当"深度抖动"下面的"控制"选项设置为"渐隐""钢笔压力""钢笔斜度""光笔轮"，并且选中"为每个笔尖设置纹理"复选框时，"最小深度"选项用来设置油彩可渗入纹理的最小深度。
- 深度抖动/控制：当选中"为每个笔尖设置纹理"复选框时，"深度抖动"选项用来设置深度的改变方式，如图5-66所示。如果要指定如何控制画笔笔迹的深度变化，可以从下面的"控制"下拉列表中进行选择。

| 深度 | 8% | | 深度 | 29% | | 深度抖动 | 0% | | 深度抖动 | 100% |

图5-65　　　　　　　　　　　　　　　　　　　　图5-66

5.2.6　双重画笔

- 视频精讲：超值赠送\视频精讲\40.使用双重画笔.flv
- 技术速查："双重画笔"选项可以使绘制的线条呈现出两种画笔的效果。
　　首先设置"画笔笔尖形状"主画笔参数属性，然后选择"双重画笔"选项，并从其面板中选择另外一个笔尖（即双重画笔）。"双重画笔"面板的参数非常简单，大多与其他选项面板中的参数相同，如图5-67所示。最顶部的"模式"是指选择从主画笔和双重画笔组合画笔笔迹时要使用的混合模式。使用双重画笔的效果如图5-68和图5-69所示。

扫码看视频

40.使用双重画笔

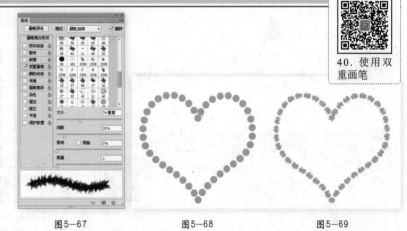

图5-67　　　　　　　图5-68　　　　　　　图5-69

5.2.7　颜色动态

- 视频精讲：超值赠送\视频精讲/41.画笔颜色动态设置.flv
- 技术速查：选择"颜色动态"选项，可以通过设置选项绘制出颜色变化的效果。

扫码看视频

41.画笔颜色动态设置

　　"颜色动态"面板如图5-70所示。调整颜色动态数值的效果如图5-71和图5-72所示。

- 前景/背景抖动/控制：用来指定前景色和背景色之间的油彩变化方式。数值越小，变化后的颜色越接近前景；数值越大，变化后的颜色越接近背景色。如果要指定如何控制画笔笔迹的颜色变化，可以在下面的"控制"下拉列表中进行选择，如图5-73和图5-74所示。
- 色相抖动：设置颜色变化范围。数值越小，颜色越接近前景；数值越大，色相变化越丰富，如图5-75所示。

图5-70　　　　　　　图5-71　　　　　　　图5-72

Photoshop CS6中文版从入门到精通（微课视频实例版）

图5-73 图5-74 图5-75

○ 饱和度抖动：设置颜色的饱和度变化范围。数值越小，饱和度越接近前景色；数值越大，色彩的饱和度越高，如图5-76所示。

○ 亮度抖动：设置颜色的亮度变化范围。数值越小，亮度越接近前景色；数值越大，颜色的亮度值越大，如图5-77所示。

○ 纯度：用来设置颜色的纯度。数值越小，笔迹的颜色越接近于黑白色；数值越大，颜色饱和度越高，如图5-78和图5-79所示。

图5-76

图5-77 图5-78 图5-79

★ **案例实战——绘制纷飞的花朵**

案例文件	案例文件\第5章\绘制纷飞的花朵.psd
视频教学	视频文件\第5章\绘制纷飞的花朵.flv
难易指数	★★★★
知识掌握	掌握"颜色动态"选项的使用

扫码看视频

案例效果

本例主要使用"颜色动态"选项制作纷飞的花朵效果，如图5-80所示。

操作步骤

01 打开本书资源包中的素材文件，如图5-81所示。单击工具箱中的"画笔工具"按钮，设置前景色为紫色，背景色为粉色，如图5-82所示。按F5键快速打开"画笔预设"面板，单击"画笔笔尖形状"按钮，选择一种合适的花纹，设置"大小"为"60像素"，"间距"为110%，如图5-83所示。

02 选择"形状动态"选项，设置"大小抖动"为100%，如图5-84所示。选择"散布"选项，设置"散布"为145%，如图5-85所示。

图5-80 图5-81 图5-82 图5-83 图5-84

03 选择"颜色动态"选项，设置"前景/背景抖动"为75%，"纯度"为40%，如图5-86所示。新建图层，在人物脚下单击制作花纹，如图5-87所示。

04 多次单击制作右侧花纹，如图5-88所示。为花纹图层添加蒙版，使用黑色画笔在人物脚上和衣袖上进行涂抹，隐藏多余部分，最终效果如图5-89所示。

图5-85

图5-86

图5-87

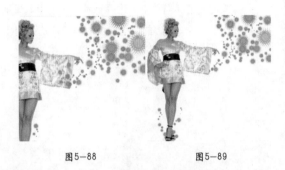

图5-88　　　　　图5-89

5.2.8　传递

扫码看视频

42.画笔传递的设置

- 视频精讲：超值赠送\视频精讲\42.画笔传递的设置.flv
- 技术速查：在"传递"面板中，可以通过调整不透明度、流量、湿度、混合等数值控制油彩在描边路线中的改变方式。

"传递"面板如图5-90所示。调整传递数值的效果如图5-91和图5-92所示。

- 不透明度抖动/控制：指定画笔描边中油彩不透明度的变化方式，最大值是选项栏中指定的不透明度值。如果要指定如何控制画笔笔迹的不透明度变化，可以从下面的"控制"下拉列表中进行选择。

图5-90　　　　　图5-91　　　　　图5-92

- 流量抖动/控制：用来设置画笔笔迹中油彩流量的变化程度。如果要指定如何控制画笔笔迹的流量变化，可以从下面的"控制"下拉列表中进行选择。
- 湿度抖动/控制：用来控制画笔笔迹中油彩湿度的变化程度。如果要指定如何控制画笔笔迹的湿度变化，可以从下面的"控制"下拉列表中进行选择。
- 混合抖动/控制：用来控制画笔笔迹中油彩混合的变化程度。如果要指定如何控制画笔笔迹的混合变化，可以从下面的"控制"下拉列表中进行选择。

5.2.9　画笔笔势

- 视频精讲：超值赠送\视频精讲\43.画笔笔势的设置.flv
- 技术速查："画笔笔势"面板用于调整毛刷画笔笔尖、侵蚀画笔笔尖的角"画笔笔势"面板如图5-93所示。
- 倾斜X/倾斜Y：使笔尖沿x轴或y轴倾斜。

扫码看视频

43.画笔笔势的设置

图5-93

- 旋转：设置笔尖旋转效果。
- 压力：数值越大，绘制速度越快，线条效果越粗犷。

5.2.10 其他选项

扫码看视频

44.画笔其他
选项的设置

- 视频精讲：超值赠送\视频精讲\44.画笔其他选项的设置.flv

"画笔"面板中还有"杂色""湿边""建立""平滑"和"保护纹理"5个选项。这些选项不能调整参数，如果要启用其中某个选项，将其选中即可。

- 杂色：为个别画笔笔尖增加额外的随机性，如图5-94和图5-95所示分别是取消选择与选择"杂色"选项时的笔迹效果。当使用柔边画笔时，该选项效果最明显。
- 湿边：沿画笔描边的边缘增大油彩量，从而创建出水彩效果，如图5-96和图5-97所示分别是取消选择与选择"湿边"选项时的笔迹效果。

图5-94　　　　　　　　图5-95　　　　　　　　图5-96　　　　　　　　图5-97

- 建立：模拟传统的喷枪技术，根据鼠标按键的单击程度确定画笔线条的填充数量。
- 平滑：在画笔描边中生成更加平滑的曲线。当使用压感笔进行快速绘画时，该选项最有效。
- 保护纹理：将相同图案和缩放比例应用于具有纹理的所有画笔预设。选择该选项后，在使用多个纹理画笔绘画时，可以模拟出一致的画布纹理。

★ 案例实战——使用画笔制作唯美散景效果

案例文件	案例文件\第5章\使用画笔制作唯美散景效果.psd
视频教学	视频文件\第5章\使用画笔制作唯美散景效果.flv
难易指数	★★★★★
知识掌握	"形状动态""散布""颜色动态""传递""湿边"选项的使用

扫码看视频

案例效果

本例主要通过"形状动态""散布""颜色动态""传递""湿边"选项制作唯美的散景效果，如图5-98所示。

图5-98

操作步骤

01 打开素材文件，如图5-99所示。首先执行"窗口>画笔"命令，打开"画笔"面板。在画笔笔尖形状中选择一个圆形画笔，设置"大小"为"380像素"，"硬度"为100%，"间距"为330%，如图5-100所示。

图5-99　　　　　　　　图5-100

02 选择"形状动态"选项，设置"大小抖动"为100%，"最小直径"为44%，如图5-101所示。

03 选择"散布"选项，选中"两轴"复选框并设置其数值为1000%，设置"数量"为3，"数量抖动"为98%，如图5-102所示。

04 选择"颜色动态"选项，设置"前景/背景抖动"为100%，如图5-103所示。

05 选择"传递"选项，设置"不透明度抖动"与"流量抖动"均为100%。再分别选择"湿边"和"平滑"选项，如图5-104所示。

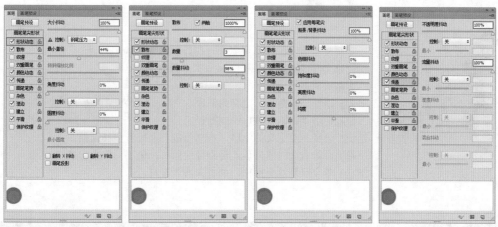

| 图5-101 | 图5-102 | 图5-103 | 图5-104 |

06 新建图层1，设置前景色为洋红，背景色为蓝色。单击工具箱中的"画笔工具"按钮，在选项栏中设置"不透明度"与"流量"均为50%，在人像周围绘制，如图5-105所示。

07 新建图层2，增大画笔的大小，降低画笔的硬度，并设置"不透明度"与"流量"均为30%，在画面中绘制较大的柔和光斑，如图5-106所示。

图5-105   图5-106

08 新建图层3，减小画笔大小，绘制稍小一些的光斑，丰富画面效果，如图5-107所示。

09 置入光效素材，选中该图层，执行"图层>栅格化>智能对象"命令。在"图层"面板中设置图层1、2、3和"光效素材"的混合模式均为"滤色"，如图5-108所示。最终效果如图5-109所示。

图5-107   图5-108   图5-109

扫码看视频

案例文件\第5章\视频课堂——制作飘逸头饰.psd

视频文件\第5章\视频课堂——制作飘逸头饰.flv

思路解析：

01 绘制一条曲线，定义为笔刷。

02 使用"钢笔工具"绘制路径。

03 选择之前定义的笔刷，在"画笔"面板调整其属性。

04 设置合适的前景色，对路径使用"画笔工具"进行描边。

05 多次重复以上操作，并置入前景素材。

5.3 绘制工具

Photoshop中的绘制工具有很多种，包括"画笔工具""铅笔工具""颜色替换工具"和"混合器画笔工具"。使用这些工具不仅能够绘制出传统意义上的插画，还能够对数码相片进行美化处理及制作各种特效，如图5-110和图5-111所示。

图5-110   图5-111

5.3.1 画笔工具

● 视频精讲：超值赠送\视频精讲\45.画笔工具的使用方法.flv

● 技术速查："画笔工具" ✓ 可以使用前景色绘制出各种线条，同时也可以用来修改通道和蒙版。"画笔工具"是使用频率最高的工具之一，其选项栏如图5-112所示。

扫码看视频

45.画笔工具的使用方法

图5-112

● "画笔预设"选取器：单击下拉按钮，可以打开"画笔预设"选取器，在其中可以选择笔尖、设置画笔的大小和硬度。

 技巧提示

在英文输入法状态下，可以按[键和]键来减小或增大画笔笔尖的大小。

● 模式：设置绘画颜色与现有像素的混合方法，如图5-113和图5-114所示分别是使用"正片叠底"模式和"强光"模式绘制的笔迹效果。可用模式将根据当前选定工具的不同而变化。

Photoshop CS6中文版从入门到精通（微课视频实例版）

○ 不透明度：设置画笔绘制出来的颜色的不透明度。数值越大，笔迹的不透明度越高，如图5-115所示；数值越小，笔迹的不透明度越低，如图5-116所示。

图5-113　　　　　　图5-114　　　　　　图5-115　　　　　　图5-116

 技巧提示

在使用"画笔工具"绘画时，可以按数字键0～9来快速调整画笔的"不透明度"，0代表100%，1代表10%，9则代表90%。

○ 流量：设置当将光标移到某个区域上方时应用颜色的速率。在某个区域上方进行绘画时，如果一直按住鼠标左键，颜色量将根据流动速率增大，直至达到"不透明度"设置。

技巧提示

"流量"也有快捷键，按住Shift+0～9数字键即可快速设置"流量"值。

○ "启用喷枪模式"按钮 ：激活该按钮后，可以启用喷枪功能，Photoshop会根据鼠标左键的单击程度来确定画笔笔迹的填充数量。例如，关闭喷枪功能时，每单击一次会绘制一个笔迹，如图5-117所示；而启用喷枪功能以后，按住鼠标左键不放，即可持续绘制笔迹，如图5-118所示。

图5-117　　　　　　　　图5-118

○ "绘图板压力控制大小"按钮：使用压感笔时，压力

可以覆盖"画笔"面板中的"不透明度"和"大小"设置。

技巧提示

如果使用绘图板绘画，则可以在"画笔"面板和选项栏中通过设置钢笔压力、角度、旋转或光笔轮来控制应用颜色的方式。

★ **案例实战——制作有趣的卡通风景画**

案例文件	案例文件\第5章\制作有趣的卡通风景画.psd
视频教学	视频文件\第5章\制作有趣的卡通风景画.flv
难易指数	★★★★★
技术要点	"画笔工具" "画笔"面板、前景色设置

案例效果　　　　　　　　　　扫码看视频

本例主要是通过使用"画笔工具"并配合"画笔"面板的设置绘制出有趣的卡通风景画，效果如图5-119所示。

图5-119

操作步骤

01 打开本书资源包中的1.jpg文件，如图5-120所示。

02 创建图层组"组1"，在其下新建"图层1"，设置前景色为白色。单击工具箱中的"画笔工具"按钮，在画面中右击，并在"画笔预设"拾取器中选择一个圆形画笔，设置"大小"为"50像素""硬度"为100%，如图5-121所示。在草莓上单击绘制出一个圆形白点，如图5-122所示。

03 新建图层，右击，在弹出的快捷菜单中选择"描边"命令，设置"宽度"为"2像素"，"颜色"为黑色，如图5-123所示。设置其图层的"不透明度"为85%，如图5-124所示。效果如图5-125所示。

Photoshop CS6中文版从入门到精通（微课视频实例版）

图5-120

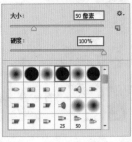
图5-121

图5-122

图5-123

04 按Ctrl+J快捷键复制出一个图层1副本，适当移动，将其作为右侧眼睛，如图5-126所示。

05 新建"图层2"，使用"画笔工具"，设置前景色为黑色。在选项栏中单击"画笔预设"拾取器，选择一个圆形画笔，设置"大小"为"25像素"，"硬度"为100%，如图5-127所示。在眼睛中绘制一个圆点，作为眼珠，如图5-128所示。

图5-124

图5-125

图5-126

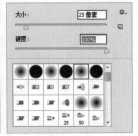
图5-127

06 接着减小画笔大小，如图5-129所示，绘制睫毛与眉毛部分，如图5-130所示。

07 更改前景色为白色，继续使用"画笔工具"在草莓两侧绘制手臂，如图5-131所示。

图5-128

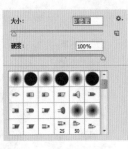
图5-129

图5-130

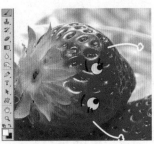
图5-131

08 设置前景色为粉色，右击，设置画笔"硬度"为0，增大画笔大小。在选项栏中设置画笔"不透明度"为60%，在眼睛下方绘制腮红，如图5-132所示。

09 用同样的方法为其他草莓绘制出表情，如图5-133所示。置入前景装饰素材，执行"图层>栅格化>智能对象"命令。最终效果如图5-134所示。

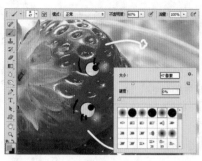

图5-132　　　　　　　　　　　　图5-133　　　　　　　　　　　　图5-134

5.3.2　铅笔工具

- 视频精讲：超值赠送\视频精讲\46.铅笔工具的使用方法.flv

扫码看视频

46.铅笔工具的使用方法

- 技术速查：使用"铅笔工具" ✎可以绘制出硬边线条，例如近年来比较流行的像素画以及像素游戏都可以使用"铅笔工具"进行绘制，如图5-135～图5-137所示。

"铅笔工具"与"画笔工具"的使用方法非常相似，其选项栏如图5-138所示。

图5-135　　　　　　　图5-136　　　　　　　图5-137

图5-138

- 自动抹除：选中该复选框后，如果将光标中心放置在包含前景色的区域上，可以将该区域涂抹成背景色；如果将光标中心放置在不包含前景色的区域上，则可以将该区域涂抹成前景色。注意，"自动抹除"选项只适用于原始图像，也就是只能在原始图像上才能绘制出设置的前景色和背景色。如果是在新建的图层中进行涂抹，则"自动抹除"选项不起作用。

思维点拨：什么是像素画

像素画的应用范围相当广泛，从多年前家用红白机到今天的GBA手掌机，从黑白的手机图片到今天全彩的掌上电脑图像，当前电脑中也无处不充斥着各类软件的像素图标。像素画属于点阵式图像，但它是一种图标风格的图像，更强调清晰的轮廓、明快的色彩，几乎不用混叠方法来绘制光滑的线条，所以常常采用.gif格式，同时它的造型比较卡通，而当今像素画更是成为一门艺术而存在，得到很多朋友的喜爱。

☆ **视频课堂——绘制像素图画**

案例文件\第5章\视频课堂——绘制像素图画.psd
视频文件\第5章\视频课堂——绘制像素图画.flv
思路解析：

01 新建一个尺寸较小的文档。
02 设置合适的前景色和铅笔大小。
03 在画面中绘制边缘轮廓。
04 更改颜色，继续绘制内部颜色。需要注意颜色的设置要遵循明暗关系。
05 继续更改颜色，绘制其他部分。

扫码看视频

5.3.3 颜色替换工具

扫码看视频

- 视频精讲：超值赠送\视频精讲\47.颜色替换画笔的使用方法.flv
- 技术速查："颜色替换工具"可以将选定的颜色替换为其他颜色。

单击工具箱中的"颜色替换工具"按钮，首先需要将前景色设置为想要替换为的目标颜色，接着需要在"颜色替换工具"的选项栏中进行模式、取样、限制、容差等参数的设置。如图5-139所示。设置完毕后，在画面中需要替换的部分涂抹，被涂抹的区域发生颜色变化。

47.颜色替换画笔的使用方法

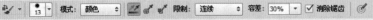

图5-139

- 模式：选择替换颜色的模式，包括"色相""饱和度""颜色"和"明度"4个选项。当选择"颜色"选项时，可以同时替换色相、饱和度和明度。不同的模式，替换效果也不相同。
- 取样按钮：用来设置颜色的取样方式。不同的取样方式，颜色替换的方式也不相同。激活"取样：连续"按钮后，在拖曳光标时，可以对颜色进行取样；激活"取样：一次"按钮后，只替换包含第1次单击的颜色区域中的目标颜色；激活"取样：背景色板"按钮后，只替换包含当前背景色的区域。
- 限制：当选择"不连续"选项时，可以替换出现在光标下任何位置的样本颜色；当选择"连续"选项时，只替换与光标下的颜色接近的颜色；当选择"查找边缘"选项时，可以替换包含样本颜色的连接区域，同时保留形状边缘的锐化程度。
- 容差：用来设置"颜色替换工具"的容差，如图5-140所示分别是"容差"为20%和100%时的颜色替换效果。
- 消除锯齿：选中该复选框后，可以消除颜色替换区域的锯齿效果，从而使图像变得平滑。

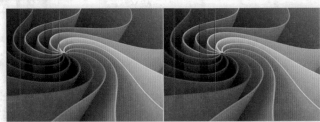

图5-140

★ 案例实战——使用颜色替换工具改变衣服颜色

案例文件	案例文件\第5章\使用颜色替换工具改变衣服颜色.psd
视频教学	视频文件\第5章\使用颜色替换工具改变衣服颜色.flv
难易指数	★★★★★
知识掌握	掌握"颜色替换工具"的使用方法

扫码看视频

案例效果

本例主要是针对"颜色替换工具"的使用方法进行练习。原图与效果图分别如图5-141和图5-142所示。

操作步骤

01 打开本书资源包中的素材文件，如图5-143所示。

02 按Ctrl+J快捷键复制一个"背景副本"图层，然后在"颜色替换工具"的选项栏中设置画笔的"大小"为"60像素"，"硬度"为60%，"模式"为"颜色"，"限制"为"连续"，"容差"为50%，如图5-144所示。

图5-141

图5-142

图5-143

图5-144

答疑解惑——为什么要复制背景图层？

由于使用"颜色替换工具"必须在原图上进行操作，而在操作中可能会造成不可返回的错误。为了避免在操作错误时破坏源图像，以备后面进行修改，所以制作出原图的副本是一项非常好的习惯。

Photoshop CS6中文版从入门到精通（微课视频实例版）

03 设置前景色为（R:26，G:197，B:175）。使用"颜色替换工具"在图像中的衣服部分进行涂抹，注意不要涂抹到花朵上，这样衣服就变为蓝色，如图5-145所示。

技巧提示

　　在替换颜色时可适当减小画笔大小以及画笔间距，这样在小范围绘制时比较准确。

图5-145

5.3.4　混合器画笔工具

- 视频精讲：超值赠送\视频精讲\48.混合器画笔的使用方法.flv
- 技术速查：使用"混合器画笔工具"可以像传统绘画过程中混合颜料一样混合像素，如图5-146和图5-147所示。

扫码看视频

48.混合器
画笔的使用
方法

图5-146

图5-147

　　使用"混合器画笔工具"可以轻松模拟真实的绘画效果，并且可以混合画布颜色和使用不同的绘画湿度。首先需要在选项栏中设置参数，然后在画面中按住鼠标左键并拖动，即可进行绘制，其选项栏如图5-148所示。

图5-148

- 潮湿：控制画笔从画布拾取的油彩量。较高的设置会产生较长的绘画条痕，如图5-149和图5-150所示分别是"潮湿"为100%和0时的条痕效果。
- 载入：指定储槽中载入的油彩量。载入速率较低时，绘画描边干燥的速度会更快。
- 混合：控制画布油彩量与储槽油彩量的比例。当混合比例为100%时，所有油彩将从画布中拾取；当混合比例为0时，所有油彩都来自储槽。
- 流量：控制混合画笔的流量大小。
- 对所有图层取样：选中该复选框，将拾取所有可见图层中的画布颜色。

图5-149

图5-150

5.4 图像擦除工具

扫码看视频

⊙ 视频精讲：超值赠送\视频精讲\56.擦除工具的使用方法.flv

　　Photoshop提供了3种擦除工具："橡皮擦工具" 、"背景橡皮擦工具" 和"魔术橡皮擦工具" 。

56.擦除工具
的使用方法

5.4.1 橡皮擦工具

⊙ 技术速查：使用"橡皮擦工具" 可以根据用户需要对画面进行一定的擦除。

　　"橡皮擦工具"可以通过在画面中按住鼠标左键涂抹，将像素更改为背景色或透明，其选项栏如图5-151所示。在普通图层中进行擦除，则擦除的像素将变成透明，如图5-152所示；使用该工具在"背景"图层或锁定了透明像素的图层中进行擦除，则擦除的像素将变成背景色，如图5-153所示。

图5-151

- ⊙ 模式：选择橡皮擦的种类。选择"画笔"选项时，可以创建柔边擦除效果；选择"铅笔"选项时，可以创建硬边擦除效果；选择"块"选项时，擦除的效果为块状。

- ⊙ 不透明度：用来设置"橡皮擦工具"的擦除强度。设置为100%时，可以完全擦除像素。当设置"模式"为"块"时，该选项将不可用。

- ⊙ 流量：用来设置"橡皮擦工具"的涂抹速度，如图5-154和图5-155所示分别为设置"流量"为35%和100%时的擦除效果。

图5-152

图5-153

图5-154

图5-155

- ⊙ 抹到历史记录：选中该复选框后，"橡皮擦工具"的作用相当于"历史记录画笔工具"。

5.4.2 背景橡皮擦工具

- ⊙ 技术速查："背景橡皮擦工具" 是一种基于色彩差异的智能化擦除工具，使用对比效果如图5-156和图5-157所示。

　　"背景橡皮擦工具"的功能非常强大，除了可以用来擦除图像外，最重要的功能是运用在抠图中。设置好背景色以后，使用该工具可以在抹除背景的同时保留前景对象的边缘，如图5-158所示为该工具的选项栏。

- ⊙ 取样按钮：用来设置取样的方式。激活"取样：连续"按钮 ，在拖曳鼠标时可以连续对颜色进行取样，凡是出现在光标中心十字线以内的图像都将被擦除，如图5-159所示；激活"取样：一次"按钮 ，只擦除包含第1次单击处颜色的图像，如图5-160所示；激活"取样:背景色板"按钮 ，只擦除包含背景色的图像，如图5-161所示。

图5-156

图5-157

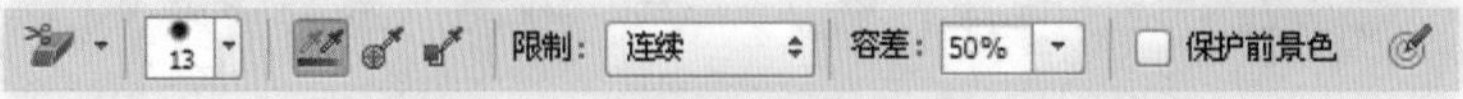

图5-158

Photoshop CS6中文版从入门到精通（微课视频实例版）

○ 限制：设置擦除图像时的限制模式。
选择"不连续"选项时，可以擦除出
现在光标下任何位置的样本颜色；选
择"连续"选项时，只擦除包含样本
颜色并且相互连接的区域；选择"查
找边缘"选项时，可以擦除包含样本
颜色的连接区域，同时更好地保留形
状边缘的锐化程度。

图5-159　　　　　　图5-160　　　　　　图5-161

○ 容差：用来设置颜色的容差范围。

○ 保护前景色：选中该复选框后，可以防止擦除与前景色匹配的区域。

5.4.3　魔术橡皮擦工具

○ 技术速查：使用"魔术橡皮擦工具" 在图像中单击时，可以将所有相似的像素更改为透明。对比效果如图5-162和
图5-163所示。如果在已锁定了透明像素的图层中工作，这些像素将更改为背景色。

单击工具箱中的"魔术橡皮擦工具"，在选项栏中设置合适的容差值，并设置"连续"等选项，设置完毕后，在画面中
单击，与单击点相似的附近的颜色区域会被删除。该工具的选项栏如图5-164所示。

图5-162　　　　　　图5-163　　　　　　　　　　　　　　　图5-164

○ 容差：用来设置可擦除的颜色范围。

○ 消除锯齿：选中该复选框，可以使擦除区域的边缘变得平滑。

○ 连续：选中该复选框，只擦除与单击点像素邻近的像素；取消选中该复选框，可以擦除图像中所有相似的像素。

○ 不透明度：用来设置擦除的强度。值为100%时，将完全擦除像素；较小的值可以擦除部分像素。

☆ 视频课堂——为婚纱照换背景

扫码看视频

案例文件\第5章\视频课堂——为婚纱照换背景.psd
视频文件\第5章\视频课堂——为婚纱照换背景.flv
思路解析：
01 打开照片素材。
02 使用"魔术橡皮擦工具"在天空区域单击并擦除。
03 添加新的背景素材。

★ 案例实战——使用多种擦除工具去除背景

案例文件	案例文件\第5章\使用多种擦除工具去除背景.psd
视频教学	视频文件\第5章\使用多种擦除工具去除背景.flv
难易指数	★★★★
技术要点	橡皮擦工具、背景橡皮擦工具、魔术橡皮擦工具

扫码看视频

案例效果

本例主要使用橡皮擦、背景橡皮擦、魔术橡皮擦等工具擦除画面背景，如图5-165和图5-166所示。

操作步骤

01 单击工具箱中的"背景橡皮擦工具"按钮，首先使用"滴管工具"吸取前景色为毛刷颜色，吸取背景色为背景中的粉色。在选项栏中设置取样方式为连续取样，"限制"为"连续"，"容差"为30%，选中"保护前景色"复选框，然后在毛刷周围进行涂抹，随着涂抹可以看到背景被擦除，而前景毛刷部分被保留了下来，如图5-167所示。

图5-165

图5-166

图5-167

02 继续擦除其他部分，按住Alt键可以将工具快速切换为"滴管工具"，吸取需要保留部分的颜色为前景色，并进一步涂抹其他区域，如图5-168所示。

03 用同样的方法继续涂抹其他毛刷以及头发边缘处，如图5-169所示。

04 单击工具箱中的"魔术橡皮擦工具"按钮，在选项栏中设置"容差"为20，选中"连续"复选框，如图5-170所示。

图5-168

图5-169

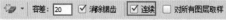

图5-170

05 将光标定位到粉色背景部分，如图5-171所示。单击即可擦除附近区域的粉色背景，如图5-172所示。

06 用同样的方法在背景其他处单击，去除全部背景，如图5-173所示。

07 为了便于观察，将背景填充为黑色，此时可以观察到前景仍然有一些多余的像素杂点，如图5-174所示。

图5-171

图5-172

图5-173

图5-174

08 单击工具箱中的"橡皮擦工具"按钮，在选项栏中设置合适的笔尖大小及硬度，如图5-175所示。然后在背景中多余的区域进行涂抹擦除，如图5-176所示。

Photoshop CS6中文版从入门到精通（微课视频实例版）

09 擦除完成后删除黑色背景，置入背景素材，放在最底层。最终效果如图5-177所示。

图5-175　　　　　　　　　　　　　　图5-176　　　　　　图5-177

5.5 图像填充工具

扫码看视频

58. 渐变工具与油漆桶工具

◉ 视频精讲：超值赠送\视频精讲\58.渐变工具与油漆桶工具.flv

　　Photoshop的工具箱中提供了两种图像填充工具，分别是"渐变工具" ▣ 和"油漆桶工具" ◩ 。通过这两种填充工具可在指定区域或整个图像中填充纯色、渐变或图案等。

5.5.1 渐变工具

◉ 技术速查："渐变工具" ▣ 可以在整个文档或选区内填充渐变色，并且可以创建多种颜色间的混合效果。

　　"渐变工具"的使用对比效果如图5-178～图5-180所示。

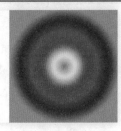

　　"渐变工具"的应用非常广泛，不仅可以用来填充图像，还可以用来填充图层蒙版、快速蒙版和通道等，

图5-178　　　　　　图5-179　　　　　　图5-180

其选项栏如图5-181所示。在使用"渐变工具"之前首先需要确认填充的区域是整个图层还是选区范围内的部分。单击工具箱中的"渐变工具"，在选项栏中首先需要单击打开"渐变编辑器"，在其中选择一种预设的渐变，或者编辑一种合适的渐变颜色。接下来回到选项栏中设置渐变的类型、模式以及不透明度。设置完毕后，在画面中按住鼠标左键并拖动，即可为图层或选区中的部分填充渐变。不同的拖曳角度会产生不同的渐变方向。

图5-181

◉ 渐变颜色条 ▬▬▬▮ ：显示了当前的渐变颜色，单击右侧的下拉按钮 ▾ ，可以打开"渐变"拾色器，如图5-182所示。如果直接单击渐变颜色条，则会弹出"渐变编辑器"窗口，如图5-183所示。在该窗口中可以编辑渐变颜色或保存渐变等。

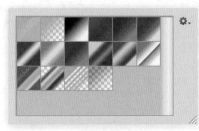

扫码学知识

渐变编辑器

图5-182　　　　　　　　　　图5-183

思维点拨：什么是渐变色

渐变色是柔和晕染开来的色彩，或从明到暗，或由深转浅，或从一个色彩过渡到另一个色彩，充满变换无穷的神秘浪漫气息。渐变色的配色也是基于纯色配色的几个要点之上的，一般而言，渐变的选择是以应用于背景为主，且不超过两个。渐变本身是多色的一种组合，只不过其基本色一样，体现在明暗上有所不同，效果如图5-184和图5-185所示。

图5-184　　　　　　　图5-185

◎ 渐变类型按钮 ▣▣◨◨◨：激活"线性渐变"按钮▣，可以以直线方式创建从起点到终点的渐变，如图5-186所示；激活"径向渐变"按钮◨，以圆形方式创建从中心到边缘的渐变，如图5-187所示；激活"角度渐变"按钮▣，可以创建围绕起点以逆时针扫描方式的渐变，如图5-188所示；激活"对称渐变"按钮◨，可以使用均衡的线性渐变在起点的任意一侧创建渐变，如图5-189所示；激活"菱形渐变"按钮▣，可以以菱形方式从起点向外产生渐变，终点定义菱形的一个角，如图5-190所示。

图5-186　　　　　　　图5-187　　　　　　　图5-188

◎ 模式：用来设置应用渐变时的混合模式。

◎ 不透明度：用来设置渐变色的不透明度。

◎ 反向：转换渐变中的颜色顺序，得到反方向的渐变结果，如图5-191和图5-192所示分别是正常渐变和反向渐变效果。

◎ 仿色：选中该复选框，可以使渐变效果更加平滑，主要用于防止打印时出现条带化现象，但在计算机屏幕上并不能明显地体现出来。

◎ 透明区域：选中该复选框，可以创建包含透明像素的渐变，如图5-193所示。

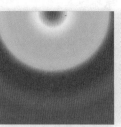

图5-189　　　　图5-190　　　　图5-191　　　　图5-192　　　　图5-193

 **技巧提示**

"渐变工具"不能用于位图或索引颜色图像。在切换颜色模式时，有些方式观察不到任何渐变效果，此时需要将图像切换到可用模式下进行操作。

★ 案例实战——粉紫色梦幻效果

案例文件	案例文件\第5章\粉紫色梦幻效果.psd
视频教学	视频文件\第5章\粉紫色梦幻效果.flv
难度级别	★★★★★
技术要点	"渐变工具"、混合模式

案例效果

扫码看视频

本例主要是通过使用"钢笔工具""渐变工具"混合模式制作粉紫色梦幻效果。对比效果如图5-194和图5-195所示。

图5-194　　　　　图5-195

01 打开素材文件1.jpg，如图5-196所示。

02 新建图层，单击工具箱中的"渐变工具"按钮▣，单击选项栏中的渐变颜色条，在"渐变编辑器"窗口中编辑一种粉紫色系的渐变，如图5-197所示。

图5-196　　　　　图5-197

03 在选项栏中设置渐变类型为"线性渐变"▣，在画面中从左上到右下拖曳绘制渐变，如图5-198所示。

图5-198

04 为了便于观察，隐藏渐变图层。使用"钢笔工具"沿着人像的边缘绘制路径，如图5-199所示。按Ctrl+Enter快捷键将路径转换为选区，效果如图5-200所示。

图5-199　　　　　图5-200

05 按Shift+Ctrl+I组合键执行"反向"命令，如图5-201所示。选中渐变图层，单击"图层"面板底部的"添加图层蒙版"按钮，如图5-202所示，为其添加图层蒙版，效果如图5-203所示。

图5-201　　　　　图5-202

图5-203

06 设置渐变图层的混合模式为"颜色"，"不透明度"为80%，如图5-204所示。效果如图5-205所示。

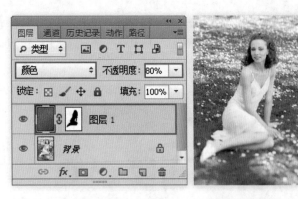

图5-204　　　　　　　　　　　图5-205

07 最后置入光效素材2.png，置于画面中合适位置，执行"图层>栅格化>智能对象"命令。最终效果如图5-206所示。

图5-206

5.5.2　油漆桶工具

◉ **技术速查：**"油漆桶工具" 🪣 可以在图像中填充前景色或图案。

　　单击工具箱中的"油漆桶工具"，在选项栏中可以设置填充的内容是前景色还是图案，接着可以设置填充的模式、不透明度以及容差。如图5-207所示。设置完成后，在画面中单击即可填充。如果当前画面包含选区，填充的区域为当前选区；如果没有创建选区，填充的是与单击处颜色相近的区域，如图5-208和图5-209所示。

图5-207

图5-208　　　　　　　　　　　图5-209

◉ **填充模式：**选择填充的模式，包括"前景"和"图案"两种模式。

◉ **模式：**用来设置填充内容的混合模式。

◉ **不透明度：**用来设置填充内容的不透明度。

◉ **容差：**用来定义必须填充的像素颜色的相似程度。设置较小的"容差"值会填充颜色范围内与单击处像素非常相似的像素；设置较大的"容差"值会填充更大范围的像素。

◉ **消除锯齿：**选中该复选框，可平滑填充选区的边缘。

◉ **连续的：**选中该复选框，只填充图像中处于连续范围内的区域；取消选中该复选框，可以填充图像中的所有相似像素。

◉ **所有图层：**选中该复选框，可以对所有可见图层中的合并颜色数据填充像素；取消选中该复选框，仅填充当前选择的图层。

5.5.3 定义图案预设

在Photoshop中可以将打开的图像文件定义为图案，也可以将选区中的图像定义为图案。选择一个图案或选区中的图像以后，执行"编辑>定义图案"命令，就可以将其定义为预设图案，如图5-210所示。

执行"编辑>填充"命令可以用定义的图案填充画布。首先在弹出的"填充"对话框中设置"使用"为"图案"，然后单击"自定图案"选项后面的下拉按钮，最后在弹出的"图案"拾色器中选择自定义的图案，如图5-211所示。单击"确定"按钮后即可用自定义的图案填充整个画布，如图5-212所示。

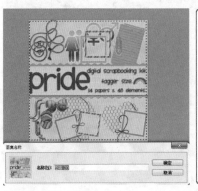

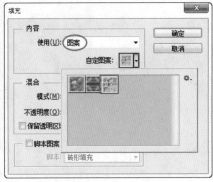

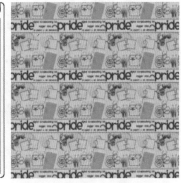

图5-210　　　　　　　　　图5-211　　　　　　　　　图5-212

★ 案例实战——定义图案并制作可爱卡片

案例文件	案例文件\第5章\定义图案并制作可爱卡片.psd
视频教学	视频文件\第5章\定义图案并制作可爱卡片.flv
难易指数	★★★★★
技术要点	"定义图案"命令、"钢笔工具"、"自定形状工具"以及"图层样式"命令

扫码看视频

案例效果

本例主要是利用"定义图案"命令、"钢笔工具"、"自定形状工具"以及"图层样式"命令制作卡通卡片，效果如图5-213所示。

图5-213

操作步骤

01 新建文件，为其填充粉色。新建图层，使用"矩形选框工具"在画面中绘制合适的矩形，为其填充较深的粉色，效果如图5-214所示。

图5-214

02 设置图层1的"不透明度"为60%，如图5-215所示。效果如图5-216所示。

图5-215　　　　　　　　　图5-216

03 复制矩形图层，按Ctrl+T快捷键对其执行"自由变换"命令。右击，在弹出的快捷菜单中选择"旋转90度（顺时针）"命令，如图5-217所示。变换完毕后按Enter键确定，如图5-218所示。

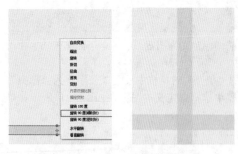

图5-217　　　　　图5-218

04 使用"矩形选框工具"框选合适的部分，如图5-219所示。执行"编辑>定义图案"命令，如图5-220所示。

图5-219

图5-220

05 新建图层，单击工具箱中的"油漆桶工具"按钮，在选项栏中设置填充为"图案"，设置图案为图案1，如图5-221所示。在画面中单击进行填充，效果如图5-222所示。

图5-221

图5-222

06 再次新建图层，隐藏所有图层，设置前景色为白色，使用"自定形状工具"，在选项栏中设置绘制模式为"像素"，选择心形图案，如图5-223所示。在画面中绘制，如图5-224所示。使用同样方法定义图案2，如图5-225所示。

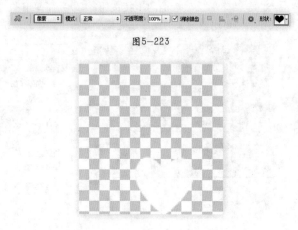

图5-223

图5-224

图5-225

07 新建图层，使用"矩形选框工具"绘制合适的矩形选区，为其填充粉色，如图5-226所示。再次新建图层，框选合适的矩形选区，使用"油漆桶工具"为其填充心形图案，如图5-227所示。

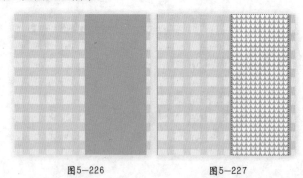

图5-226　　　　　图5-227

08 使用"钢笔工具"，在选项栏中设置绘制模式为"形状"，"填充"为无，设置描边颜色为白色，描边类型为虚线，如图5-228所示。在画面中绘制虚线，效果如图5-229所示。

图5-228

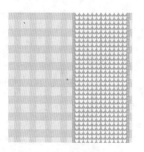

图5-229

09 置入小熊素材1.png，置于画面中合适位置，执行"图层>栅格化>智能对象"命令。如图5-230所示。

图5-230

10 继续置入文字素材2.png并栅格化，置于画面中合适的位置。载入文字选区，在"文字"图层下方新建图层，如图5-231所示，为其填充黑色，并将其向下进行移动，设置"不透明度"为35%，如图5-232和图5-233所示。

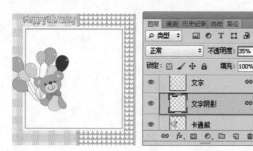

图5-231   图5-232

图5-233

11 新建图层，设置前景色为粉色，继续使用"钢笔工具"，设置绘制模式为"路径"，在画面中合适位置绘

制数字1的形状，将其转换为选区，并为其填充前景色。按Ctrl+D快捷键取消选区，如图5-234所示。使用同样方法制作不同颜色的数字形状，效果如图5-235所示。

图5-234   图5-235

12 新建图层，使用同样方法制作圆形填充图案。右击，在弹出的快捷菜单中选择"创建剪贴蒙版"命令，效果如图5-236所示。

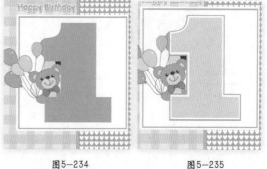

图5-236

13 使用"自定形状工具"，在选项栏中设置绘制模式为"形状"，填充颜色为黑色，选择合适的形状，如图5-237所示。在画面中合适位置单击进行绘制，如图5-238所示。设置其"不透明度"为35%，如图5-239所示。

图5-237

图5-238   图5-239

14 效果如图5-240所示。用同样方法制作紫色花朵形状，如图5-241所示。

图5-240　　　　　　　　图5-241

图5-243

15 对花朵执行"图层>图层样式>描边"命令，设置"大小"为8像素，"位置"为"外部"，"填充类型"为"颜色"，"颜色"为白色，如图5-242所示。效果如图5-243所示。

16 使用同样方法制作其他的形状，并置入卡通鸭子素材文件3.png并栅格化，如图5-244所示。

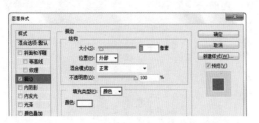

图5-242

图5-244

★ 案例实战——使用外挂画笔制作火凤凰

案例文件	案例文件\第5章\使用外挂画笔制作火凤凰.psd
视频教学	视频文件\第5章\使用外挂画笔制作火凤凰.flv
难易指数	★★★★★
技术要点	外挂笔刷的使用、混合模式、自由变换

扫码看视频

案例效果

本例主要通过外挂笔刷制作羽毛头饰效果。原图与效果图对比效果如图5-245和图5-246所示。

操作步骤

01 打开背景素材文件，如图5-247所示。置入人像素材，执行"图层>栅格化>智能对象"命令。放在底部，如图5-248所示。

图5-245　　　　　　图5-246　　　　　　图5-247　　　　　　图5-248

02 使用"钢笔工具"勾勒出人像轮廓，然后按Ctrl+Enter快捷键载入路径的选区，单击"图层"面板的"添加图层蒙版"按钮，使背景部分隐藏，如图5-249所示。

03 新建一个"花朵"图层组。置入花朵素材，执行"图层>栅格化>智能对象"命令，放在人像头部右侧作为装饰，如图5-250所示。在使用"移动工具"状态下按下Alt键，选择并移动复制出多个花朵。对花朵使用"自由变换"快捷键Ctrl+T，调整大小和位置，然后使用合并快捷键Ctrl+E合并当前花朵为一个图层，如图5-251所示。

PROMPT 技巧提示

　　为了使花朵间的结合更加真实，需要在处于后方的花朵上模拟阴影效果。

图5-249　　　　　　　图5-250　　　　　　　图5-251

04 下面开始制作3朵花的投影。按Ctrl+J快捷键复制出一个"花朵副本"图层。按住Ctrl键单击"花朵副本"图层缩略图载入选区，并填充黑色，然后执行"滤镜>模糊>高斯模糊"命令，在弹出的"高斯模糊"对话框中设置"半径"为30像素，如图5-252所示。接着设置图层的"不透明度"为58%，并将其放置在"花朵"图层的下一层，如图5-253所示。效果如图5-254所示。

05 继续为人像其他位置添加花朵装饰，如图5-255所示。然后置入纷飞的花瓣素材并栅格化，放在顶部位置，如图5-256所示。接着置入珍珠素材，复制出另外两个，调整大小并分别放置在颈部的花朵上，如图5-257所示。

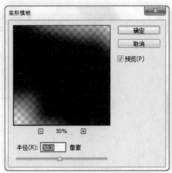

图5-252　　　　　　　　　　　　　图5-253

图5-254　　　　　　图5-255　　　　　　图5-256　　　　　　图5-257

06 新建一个"眼妆"图层组。置入眼影素材文件，执行"图层>栅格化>智能对象"命令。并调整好眼影大小和位置，如图5-258所示。然后将该图层的混合模式设置为"强光"，如图5-259所示。效果如图5-260所示。

07 复制眼影部分，水平翻转并摆放到另一只眼睛处，擦去多余的部分，如图5-261所示。

图5-258　　　　　　图5-259　　　　　　图5-260　　　　　　图5-261

技巧提示

　　在Photoshop中模拟夸张的彩妆是比较复杂的，但是通过这种方法可以快速地为人像添加绚丽的眼妆。本案例的眼妆素材提取自一张彩妆非常夸张的人像照片。在素材照片的选择上，除了需要注意拍摄角度、人像姿势外，还需要注意光感、肤色、彩妆结构等多种因素。

　　提取出素材后，通常需要使用"自由变换"或者"液化"滤镜对其进行适当变形，外形调整完成后使用混合模式即可得到融合的效果。这种操作也可以应用到为人像制作双眼皮的案例中。

08　接着创建新的图层，使用"画笔工具"，设置前景色为黑色。在选项栏中单击"画笔预设"拾取器，选择载入的羽毛睫毛图案，设置"大小"为"850像素"，如图5-262所示。为人像右侧眼睛绘制羽毛睫毛，并添加一个图层蒙版，然后使用黑色画笔在蒙版中涂抹睫毛多余部分，如图5-263所示。

 技巧提示

　　执行"编辑>预设管理器"命令，打开"预设管理器"窗口，选择"预设类型"为"画笔"，载入相应的画笔素材即可，如图5-264所示。

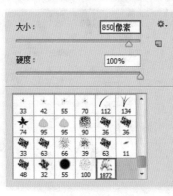

图5-262　　　　　　　　　　图5-263

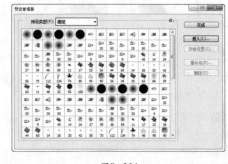

图5-264

09　载入睫毛选区，单击工具箱中的"渐变工具"按钮，在选项栏中设置渐变类型为线性渐变，并单击渐变颜色条弹出"渐变编辑器"窗口，拖曳滑块调整渐变颜色为从红色到褐色的渐变，如图5-265所示，然后在选区部分自上而下填充渐变颜色，如图5-266所示。

图5-265

10　选择绘制完成的羽毛睫毛图层，复制并使用"自由变换"快捷键Ctrl+T，水平翻转后调整羽毛睫毛大小，放置在左侧位置，并在图层蒙版中使用黑色画笔涂抹多余部分，如图5-267所示。置入钻石素材，执行"图层>栅格化>智能对象"命令。多次复制并调整角度和大小，沿眉毛排布，如图5-268所示。

11　在"花朵"图层组下方创建"羽毛"图层组，在其中新建图层，设置前景色为红色。使用"画笔工具"，在选项栏中单击"画笔预设"拾取器，选择一个合适的羽毛笔刷，在额头的位置单击绘制出一片羽毛，如图5-269所示。按Ctrl+J快捷键复制出一个"羽毛副本"图层，然后使用"自由变换"快捷键Ctrl+T，调整大小和位置，如图5-270所示。

图5-266

图5-267

图5-268

图5-269

12 采用上述方法为人像绘制出多组羽毛装饰，如图5-271所示。继续在下方创建一个"羽毛头饰"图层组，在其中新建图层，使用"画笔工具"，选择合适的羽毛笔刷绘制一片较小的羽毛，如图5-272所示。

13 对头顶的羽毛使用"自由变换"快捷键Ctrl+T，对羽毛进行纵向的拉伸以及变形，如图5-273所示。效果如图5-274所示。

图5-270

图5-271

图5-272

图5-273

14 用同样的方法在头部绘制更多的羽毛，并注意羽毛形状和排列的形态，如图5-275所示。

15 为了增加羽毛头饰的丰富性，可以更改颜色绘制多彩的羽毛效果。在顶部新建"彩色"图层组，在其中新建图层并绘制，最后可以为该图层组添加图层蒙版，使用黑色画笔涂抹，去掉多余部分，如图5-276所示。效果如图5-277所示。

图5-274

图5-275

图5-276

图5-277

技巧提示

为了突出层次感，在羽毛头饰的颜色选择上需要注意，靠后的羽毛颜色的饱和度及明度稍低，而前景的羽毛则可以选择饱和度较高或亮度稍高的颜色。

16 最后置入红光素材并栅格化，放在"人像"图层的下方，设置该图层的混合模式为"滤色"，如图5-278所示。最终效果如图5-279所示。

读书笔记

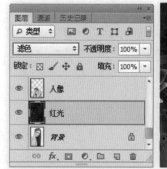

图5-278

图5-279

☆ 视频课堂——海底创意葡萄酒广告

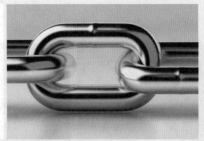

案例文件\第5章\视频课堂——海底创意葡萄酒广告.psd
视频文件\第5章\视频课堂——海底创意葡萄酒广告.flv
思路解析：

01 打开背景，置入素材。

02 使用画笔绘制光束，并进行变换操作。

03 定义锁链形状的画笔。

04 调用锁链笔刷，使用"画笔"面板调整笔刷属性。

05 在酒瓶底部绘制锁链效果。

06 适当调整颜色，完成操作。

扫码看视频

课 后 练 习

【课后练习——为照片添加绚丽光斑】

● 思路解析：本案例通过在"画笔"面板中对画笔样
式进行设置，调整出大小不同的笔尖形态，并在
画面中绘制出绚丽的光斑。

扫码看视频

本 章 小 结

通过本章对绘画工具的学习，掌握多种绘制、填充以及颜色设置的方法。在制图过程中，需要将"画笔"面板与多种
绘制工具相结合，才能够轻松绘制出丰富的效果。

 读书笔记

第6章

数码照片修饰

本章内容简介：

在传统摄影中，很多元素都需要"一次成型"，对操作人员以及设备提出很高的要求，但诸多问题却是在所难免的。图像的数字化处理则解决了这个问题，Photoshop的修复工具组包括"污点修复画笔工具" ⬛、"修复画笔工具" ⬛、"修补工具" ⬛和"红眼工具" ⬛。使用这些工具能够方便快捷地去除数码照片中的瑕疵，如人像面部的斑点、皱纹、红眼，环境中多余的人以及不合理的杂物等。

本章学习要点：

- 掌握多种修复工具的特性与使用方法
- 掌握图像润饰工具的使用方法

6.1 图章工具组

扫码看视频

49. 仿制图章工具与图案图章工具

⊖ 视频精讲：超值赠送\视频精讲\49.仿制图章工具与图案图章工具.flv

6.1.1 仿制图章工具

⊖ 技术速查："仿制图章工具" ![] 可以将图像的一部分绘制到同一图像的另一个位置上。

"仿制图章工具"对于复制对象或修复图像中的缺陷非常有用，如图6-1所示。它可以将图像绘制到具有相同颜色模式的任何打开文档的另一部分，也可以将一个图层的一部分绘制到另一个图层上。

图6-1

单击工具箱中的"仿制图章工具"按钮![]，在选项栏中可以设置画笔大小以及不透明度等参数，如图6-2所示。要使用"仿制图章工具"修复画面的局部，首先需要在画面中按住Alt键单击进行取样，然后在要修复的位置按住鼠标左键进行涂抹，取样的内容会出现在被涂抹的区域，以实现修复画面局部内容的目的。

图6-2

⊙ "切换画笔面板"按钮![]：打开或关闭"画笔"面板。

⊙ "切换仿制源面板"按钮![]：打开或关闭"仿制源"面板。

⊙ 对齐：选中该复选框，可以连续对像素进行取样，即使是释放鼠标以后，也不会丢失当前的取样点。

⊙ 样本：从指定的图层中进行数据取样。

操作步骤

★ 案例实战——使用仿制源面板与仿制图章工具

案例文件	案例文件\第6章\使用仿制源面板与仿制图章工具.psd
视频教学	视频文件\第6章\使用仿制源面板与仿制图章工具.flv
难易指数	★★★★
技术要点	仿制图章工具

案例效果

扫码看视频

本例主要使用"仿制图章工具"制作双胞胎儿童效果，对比效果如图6-3和图6-4所示。

`01` 打开素材文件，如图6-5所示。单击工具箱中的"仿制图章工具"按钮![]，按住Alt键在人物脚部单击进行取样，如图6-5所示。执行"窗口>仿制源"命令，打开"仿制源"面板，单击"仿制源"按钮![]，然后单击"水平翻转"按钮![]，设置其数值为150%，如图6-6所示。

扫码学知识

仿制源面板

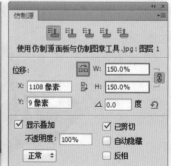

图6-3　　　　　图6-4　　　　　图6-5　　　　　图6-6

`02` 在选项栏中设置合适的画笔大小，如图6-7所示。在画面右侧地面处进行单击并涂抹，如图6-8所示，绘制出右边的人物。最终效果如图6-9所示。

Photoshop CS6中文版从入门到精通（微课视频实例版）

图6—7

图6—8　　　　　　　　　　　图6—9

☆ 视频课堂——使用仿制图章工具修补天空

扫码看视频

案例文件\第6章\视频课堂——使用仿制图章工具修补天空.psd
视频文件\第6章\视频课堂——使用仿制图章工具修补天空.flv
思路解析：
01 单击工具箱中的"仿制图章工具"按钮，设置合适的画笔属性。
02 在天空空白处按住Alt键单击进行取样。
03 在需要去除的地方进行涂抹。

6.1.2　图案图章工具

⊙ 技术速查："图案图章工具"可以使用预设图案或载入的图案进行绘画。
　　单击工具箱中的"图案图章工具"按钮，其选项栏如图6-10所示。在选项栏中可以设置画笔大小、模式、不透明度、流量，还可以在图案列表中选择合适的图案，然后在画面中按住鼠标左键并拖动，即可在画面中绘制出所选的图案内容。

图6—10

⊙ 对齐：选中该复选框，可以保持图案与原始起点的连续性，即使多次单击也不例外，如图6-11所示；取消选中该复选框，则每次单击都重新应用图案，如图6-12所示。
⊙ 印象派效果：选中该复选框，可以模拟出印象派效果的图案，如图6-13和图6-14所示分别是取消选中和选中"印象派效果"复选框时的效果。

图6—11

图6—12

图6—13

图6—14

6.2 修复工具组

6.2.1 污点修复画笔工具

- 视频精讲：超值赠送\视频精讲\50.使用污点修复画笔.flv

- 技术速查：使用"污点修复画笔工具" ✏️ 可以消除图像中的污点或某个对象。

"污点修复画笔工具"不需要设置取样点，直接在需要修复的地方单击，软件自动从所修饰区域的周围进行取样，去除污点。其使用效果如图6-15和图6-16所示。"污点修复画笔工具"的选项栏如图6-17所示。

扫码看视频
50.使用污点修复画笔

图6—15   图6—16

图6—17

- 模式：用来设置修复图像时使用的混合模式。除"正常""正片叠底"等常用模式以外，还有"替换"模式，该模式可以保留画笔描边边缘处的杂色、胶片颗粒和纹理。

- 类型：用来设置修复的方法。选中"近似匹配"单选按钮，可以使用选区边缘周围的像素来查找用作选定区域修补的图像区域；选中"创建纹理"单选按钮，可以使用选区中的所有像素创建一个用于修复该区域的纹理；选中"内容识别"单选按钮，可以使用选区周围的像素进行修复。

★ 案例实战——污点修复画笔去除美女面部斑点

案例文件	案例文件\第6章\污点修复画笔去除美女面部斑点.psd
视频教学	视频文件\第6章\污点修复画笔去除美女面部斑点.flv
难易指数	★★★★★
技术要点	污点修复画笔工具

扫码看视频

案例效果

本例主要使用"污点修复画笔工具"去除美女面部斑点，效果如图6-18所示。

操作步骤

01 打开素材文件，单击工具箱中的"污点修复画笔工具"按钮 ✏️，在人像鼻子部分有斑点的地方单击，进行修复，如图6-19所示。

02 同样，在人像面部有斑点的地方单击，进行修复。最终效果如图6-20所示。

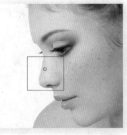

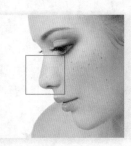

图6—18   图6—19   图6—20

6.2.2 修复画笔工具

扫码看视频

51.修复画笔
工具的使用

○ 视频精讲：超值赠送\视频精讲\51.修复画笔工具的
使用.flv

○ 技术速查："修复画笔工具" ![图标]可以修复图像的瑕
疵，也可以用图像中的像素作为样本进行绘制。

单击工具箱中的"修复画笔工具"按钮，在画面
中按住Alt键并单击，进行取样。然后在需要修复的区
域按住鼠标左键涂抹，"修复画笔工具"可将样本像素的纹理、光照、透明度和阴影与所修复的像素进行匹配，从而使修复
后的像素不留痕迹地融入图像的其他部
分，对比效果如图6-21所示。其选项栏
如图6-22所示。

图6-21

图6-22

○ 源：设置用于修复像素的源。选中"取样"单选按
钮，可以使用当前图像的像素来修复图像；选中"图
案"单选按钮，可以使用某个图案作为取样点。

○ 对齐：选中该复选框，可以连续对像素进行取样，即使
释放鼠标也不会丢失当前的取样点；取消选中该复选
框，则会在每次停止并重新开始绘制时使用初始取样
点中的样本像素。

操作步骤

★ 案例实战——使用修复画笔去除面部细纹

案例文件	案例文件\第6章\使用修复画笔去除面部细纹.psd
视频教学	视频文件\第6章\使用修复画笔去除面部细纹.flv
难易指数	☆☆☆☆☆
技术要点	修复画笔工具

案例效果 扫码看视频

本例主要使用"修复画笔工具"去除人像面部的细纹以
及脖子部分的皱纹，效果如图6-23和图6-24所示。

01 打开素材文件，可以看到人像眼睛和嘴附近有很多细纹，如图6-25所示。

02 单击工具箱中的"修复画笔工具"按钮![图标]，执行"窗口>仿制源"命令。单击"仿制源"按钮，设置"源"的X为
"1901像素"，Y为"1595像素"，如图6-26所示。

图6-23

图6-24

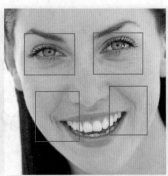

图6-25

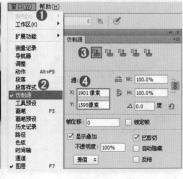

图6-26

03 在选项栏中设置适当画笔大小，按住Alt键，单击吸取眼部周围的皮肤，在眼部皱纹处涂抹，遮盖细纹，如图6-27所示。

04 同样按住Alt键，单击吸取另一只眼睛周围的皮肤，在眼部皱纹处涂抹，遮盖细纹，如图6-28所示。

05 用同样方法去除嘴附近的细纹，最终效果如图6-29所示。

图6-27

图6-28

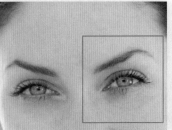

图6-29

6.2.3 修补工具

Photoshop CS6中文版从入门到精通（微课视频实例版）

扫码看视频

52. 修补工具的使用

- 视频精讲：超值赠送\视频精讲\52.修补工具的使用.flv
- 技术速查："修补工具"   可以利用样本或图案来修复所选图像区域中不理想的部分。

图6-30　　　　　图6-31

单击工具箱中的"修补工具"，在画面中按住鼠标左键并拖动，绘制一个选区，这个区域为需要去除的区域。然后将光标移动到选区内部，按住鼠标左键并拖动，拖动到目标区域，此时软件会自动利用目标区域的内容覆盖要修补的区域。修补对象前后

图6-32

的对比效果如图6-30和图6-31所示。默认情况下，在"修补工具"的选项栏中选择"源"选项，如图6-32所示。如果选择为"目标"，那么绘制的范围应该为目标范围。

- 选区创建方式：激活"新选区"按钮，可以创建一个新选区（如果图像中存在选区，则原始选区将被新选区替代）；激活"添加到选区"按钮，可以在当前选区的基础上添加新的选区；激活"从选区减去"按钮，可以在原始选区中减去当前绘制的选区；激活"与选区交叉"按钮，可以得到原始选区与当前创建的选区相交的部分。
- 修补：创建选区，如图6-33所示，选中"源"单选按钮，将选区拖曳到要修补的区域后，释放鼠标就会用当前选区中的图像修补原来选中的内容，如图6-34所示；选中"目标"单选按钮，则会将选中的图像复制到目标区域，如图6-35所示。
- 透明：选中该复选框，可以使修补的图像与原始图像产生透明的叠加效果，该选项适用于修补清晰分明的纯色背景或渐变背景。
- 使用图案：使用"修补工具"创建选区以后，如图6-36所示，单击 使用图案 按钮，可以使用图案修补选区内的图像，如图6-37所示。

图6-33

图6-34　　　　　图6-35　　　　　图6-36　　　　　图6-37

★ **案例实战——使用修补工具去除文字**

案例文件	案例文件\第6章\使用修补工具去除文字.psd
视频教学	视频文件\第6章\使用修补工具去除文字.flv
难易指数	★★★★★
技术要点	修补工具

案例效果

扫码看视频

本例主要使用"修补工具"去除画面中的文字，对比效果如图6-38和图6-39所示。

图6-38　　　　　图6-39

操作步骤

01 打开素材文件，如图6-40所示。

02 单击工具箱中的"修补工具"按钮，在选项栏中单击"新选区"按钮，选中"源"单选按钮，拖曳鼠标绘制文字的选区，按住鼠标左键向下拖曳，如图6-41所示。

03 释放鼠标能够看到麦子部分与底图进行了混合，最终效果如图6-42所示。

图6-40　　　　　　　　　　图6-41　　　　　　　　　　图6-42

6.2.4　内容感知移动工具

扫码看视频

53. 内容感知
知移动工具
的使用

● 视频精讲：超值赠送\视频精讲\53.内容感知移动工具的使用.flv

● 技术速查：使用"内容感知移动工具" ✂ 可以在没有复杂图层或慢速、精确地选择选区的情况下快速地重构图像。

　　"内容感知移动工具"的选项栏与"修补工具"的选项栏相似，如图6-43所示。首先单击工具箱中的"内容感知移动工具"按钮 ✂ ，在图像上绘制区域，并将影像任意地移动到指定的区块中，这时Photoshop就会自动将影像与四周的景物融合在一起，而原始的区域则会进行智能填充，如图6-44～图6-46所示。

图6-43

图6-44　　　　　　　　图6-45　　　　　　　　图6-46

6.2.5　红眼工具

扫码看视频

54. 红眼工
具的使用

● 视频精讲：超值赠送\视频精讲\54.红眼工具的使用.flv

● 技术速查："红眼工具" ◉ 可以去除由闪光灯导致的红色反光。

　　在光线较暗的环境中照相时，由于眼睛的虹膜张开得很宽，经常会出现"红眼"现象。使用"红眼工具"在红眼上单击即可去除，如图6-47和图6-48所示。其选项栏如图6-49所示。

图6-47　　　　　　图6-48

● 瞳孔大小：用来设置瞳孔的大小，即眼睛暗色中心的大小。

● 变暗量：用来设置瞳孔的暗度。

图6-49

答疑解惑——如何避免"红眼"的产生？

　　"红眼"是由于相机闪光灯在主体视网膜上反光引起的。为了避免出现红眼，除了可以在Photoshop中进行矫正以外，还可以使用相机的红眼消除功能来消除红眼。

思维点拨：红眼产生的原因

红眼是由于眼睛在暗处瞳孔放大，闪光灯照射后，瞳孔后面的血管反射红色的光线造成的。同时眼睛没有正视相机也容易产生红眼。采用可以进行角度调整的高级闪光灯，在拍摄时闪光灯不要平行于镜头方向，而是与镜头成30°的角，这样闪光的时候实际是产生环境光源，能够有效避免瞳孔受到刺激放大。另外，最好不要在特别昏暗的地方采用闪光灯拍摄，开启红眼消除系统后要尽量保证拍摄对象都面对镜头。

★ 案例实战——快速去掉照片中的红眼

案例文件	案例文件\第6章\快速去掉照片中的红眼.psd
视频教学	视频文件\第6章\快速去掉照片中的红眼.flv
难易指数	★★★★★
技术要点	红眼工具

扫码看视频

案例效果

本例主要使用"红眼工具"去掉照片中的红眼，效果如图6-50所示。

操作步骤

01 打开素材文件，如图6-51所示。

图6-50   图6-51

02 单击工具箱中的"红眼工具"按钮 ，在选项栏中设置"瞳孔大小"为50%，"变暗量"为50%，单击人像右眼，可以看到右眼红色的瞳孔变为黑色，如图6-52所示。

03 用同样方法对人像左眼进行处理。最终效果如图6-53所示。

图6-52   图6-53

6.3 历史记录工具组

扫码看视频

57.历史记录画笔工具组的使用

🔄 视频精讲：超值赠送\视频精讲\57.历史记录画笔工具组的使用.flv

6.3.1 历史记录画笔工具

🔄 技术速查："历史记录画笔工具" 可以真实地还原某一区域的某一步操作。

"历史记录画笔工具"可以将标记的历史记录状态或快照用作源数据对图像进行修改。首先需要执行"窗口>历史记录"命令，打开"历史记录"面板。接着在"历史记录"面板中标记某一个历史记录状态或快照。接着使用"历史记录画笔工具"在画面中涂抹，被涂抹的区域会变为所标记的历史记录状态或快照相同的效果。如图6-54和图6-55所示为原始图像以及使用"历史记录画笔工具"还原"拼贴"的效果图像。

图6-54　　　　　　　　　　图6-55

技巧提示

"历史记录画笔工具"通常与"历史记录"面板一起使用，关于"历史记录"面板的内容请参考2.8节。

★ 案例实战——使用历史记录画笔还原局部效果

案例文件	案例文件\第6章\使用历史记录画笔还原局部效果.psd
视频教学	视频文件\第6章\使用历史记录画笔还原局部效果.flv
难易指数	★★★★★
技术要点	历史记录画笔工具

扫码看视频

案例效果

本例主要使用"历史记录画笔工具"还原局部效果，如

图6-56和图6-67所示。

操作步骤

01 打开素材文件，如图6-58所示。

02 执行"滤镜>风格化>凸出"命令，在弹出的对话框中设置适当的数值，如图6-59和图6-60所示。

图6-56　　　　　　　　图6-57　　　　　　　　图6-58

03 进入"历史记录"面板，此时可以看到历史记录被标记在最初状态上，如图6-61所示。单击工具箱中的"历史记录画笔工具"按钮，适当调整画笔大小，对人像部分进行适当涂抹，即可将涂抹的区域还原为最初效果。最终效果如图6-62所示。

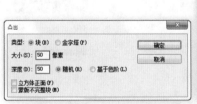

图6-59　　　　　　　图6-60　　　　　　　图6-61　　　　　　　图6-62

6.3.2 历史记录艺术画笔工具

🔘 技术速查：使用"历史记录艺术画笔工具"可以将标记的历史记录状态或快照用作源数据对图像进行修改。

与"历史记录画笔工具"不同的是，"历史记录艺术画笔工具"在使用原始数据的同时，还可以为图像创建不同的颜色和艺术风格，其选项栏如图6-63所示。

图6-63

技巧提示

　　"历史记录艺术画笔工具"在实际工作中的使用频率并不高，因为它属于任意涂抹工具，很难有规整的绘画效果。不过它提供了一种全新的创作思维方式，可以创作出一些独特的效果。

- 样式：选择一个选项来控制绘画描边的形状，包括"绷紧短""绷紧中"和"绷紧长"等，如图6-64和图6-65所示分别是"绷紧短"和"绷紧卷曲"的效果。
- 区域：用来设置绘画描边所覆盖的区域。数值越大，覆盖的区域越大，描边的数量也越多。
- 容差：限定可应用绘画描边的区域。低容差可以用于在

图6-64　　　　　　　　图6-65

6.4 模糊锐化工具组

扫码看视频

⟳ 视频精讲：超值赠送\视频精讲\55.模糊、锐化、涂抹、加深、减淡、海绵.flv

　　图像润饰工具组包括两组共6个工具："模糊工具" △、"锐化工具" △和"涂抹工具" ⊿可以对图像进行模糊、锐化和涂抹处理；"减淡工具" ▣、"加深工具" ◎和"海绵工具" ◉可以对图像局部的明暗、饱和度等进行处理。

55.模糊、锐化、涂抹、加深、减淡、海绵

6.4.1 模糊工具

- 技术速查："模糊工具" △可柔化硬边缘或减少图像中的细节。

　　使用"模糊工具"在某个区域按住鼠标左键并拖动即可使该区域变模糊，绘制的次数越多，该区域就越模糊，如图6-66和图6-67所示。"模糊工具"的选项栏如图6-68所示。

- 模式：用来设置混合模式，包括"正常""变暗""变亮""色相""饱和度""颜色""明度"。
- 强度：用来设置模糊强度。

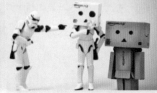

图6-66　　　　　　　　图6-67

图6-68

6.4.2 锐化工具

- 技术速查："锐化工具" △可以增强图像中相邻像素之间的对比，以提高图像的清晰度。

　　使用"锐化工具"前后的对比效果如图6-69和图6-70所示。"锐化工具"与"模糊工具"的大部分参数都相同，其选项栏如图6-71所示。选中"保护细节"复选框，在进行锐化处理时，将对图像的细节进行保护。

图6-69　　　　　　　　图6-70

图6-71

6.4.3 涂抹工具

⬡ 技术速查："涂抹工具" 可以模拟手指划过湿油漆时所产生的效果。

"涂抹工具"可以通过在画面中按住鼠标左键进行拖动的方式拾取鼠标单击处的颜色，并沿着拖曳的方向展开这种颜色，如图6-72和图6-73所示。"涂抹工具"的选项栏如图6-74所示。

⬡ 模式：用来设置混合模式，包括"正常""变暗""变亮""色相""饱和度""颜色""明度"。

⬡ 强度：用来设置涂抹强度。

⬡ 手指绘画：选中该复选框，可以使用前景颜色进行涂抹绘制。

图6-72　　　　图6-73

图6-74

☆ 视频课堂——使用涂抹工具制作炫彩妆面

扫码看视频

案例文件\第6章\视频课堂——使用涂抹工具制作炫彩妆面.psd
视频文件\第6章\视频课堂——使用涂抹工具制作炫彩妆面.flv
思路解析：
- 01 使用"渐变工具"在新建图层中填充色谱渐变。
- 02 使用"涂抹工具"进行涂抹。
- 03 调整图层的混合模式。

6.5 减淡加深工具组

⬡ 视频精讲：超值赠送\视频精讲\55.模糊、锐化、涂抹、加深、减淡、海绵.flv

扫码看视频

55. 模糊、锐化、涂抹、加深、减淡、海绵

6.5.1 减淡工具

⬡ 技术速查："减淡工具" 可以对图像亮部、中间调和暗部分别进行减淡处理，对比效果如图6-75和图6-76所示。

使用"减淡工具"在画面中按住鼠标左键进行涂抹，可以使这部分区域变亮。在某个区域上方绘制的次数越多，该区域就会变得越亮，其选项栏如图6-77所示。

⬡ 范围：选择要修改的色调。选择"中间调"选项时，可以更改灰色的中间范围，如图6-78所示；选择"阴影"选项时，可以更改暗部区域，如图6-79所示；选择"高光"选项时，可以更改亮部区域，如图6-80所示。

⬡ 曝光度：用于设置减淡的强度。

⬡ 保护色调：可以保护图像的色调不受影响。

图6-75　　　　图6-76

图6-77

图6-78　　　　　　　　　　图6-79　　　　　　　　　　图6-80

★ **案例实战——使用减淡工具美白人像**

案例文件	案例文件\第6章\使用减淡工具美白人像.psd
视频教学	视频文件\第6章\使用减淡工具美白人像.flv
难易指数	★★★★☆
技术要点	减淡工具

扫码看视频

操作步骤

01 单击工具箱中的"减淡工具"按钮 ，在选项栏中选择一个圆形柔角画笔，设置合适的大小，设置"曝光度"为20%，取消选中"保护色调"复选框，如图6-83所示。打开素材文件，如图6-84所示。在人像面部皮肤处进行涂抹，可以看到这部分肤色明显变亮，如图6-85所示。

02 继续涂抹皮肤的其他部分，美白整个面部，如图6-86所示。

03 此时，由于五官也被减淡了很多，所以人像呈现出比较模糊的状态。单击工具箱中的"加深工具"按钮 ，在选项栏中设置合适的画笔大小，设置"范围"为阴影，"曝光度"为40%，取消选中"保护色调"复选框，然后在眉眼以及嘴部区域进行涂抹，如图6-87所示。

04 强化五官后，人像面部显得非常白皙。最终效果如图6-88所示。

案例效果

本例主要使用"减淡工具"美白人像，效果如图6-81和图6-82所示。

图6-81　　　　　　　　图6-82

图6-83

图6-84

图6-85　　　　　　　　图6-86　　　　　　　　图6-87　　　　　　　　图6-88

6.5.2 加深工具

○ **技术速查：** "加深工具" 可以对图像进行加深处理。

使用"加深工具"在某个区域上方绘制的次数越多，该区域就会变得越暗，如图6-89和图6-90所示。

图6-89　　　　　　　　图6-90

技巧提示

　　"加深工具"的选项栏（见图6-91）与"减淡工具"的选项栏完全相同，因此这里不再讲解。

图6-91

 思维点拨：物体的明暗关系

　　物体的明暗变化是由于位置、方向及受光程度不同所产生的，所以可概括为亮面、灰面、暗面。理解不同物体的明暗变化关系，可以更好地去描绘对象，力求表现出物体的质感。明暗是表现物体立体感、空间感的有力手段，对真实地表现对象具有重要作用。

★ 案例实战——加深减淡制作流淌的橙子

案例文件	案例文件\第6章\加深减淡制作流淌的橙子.psd
视频教学	视频文件\第6章\加深减淡制作流淌的橙子.flv
难易指数	★★★★★
技术要点	加深工具、减淡工具

扫码看视频

案例效果

　　本例使用"加深工具"与"减淡工具"在流淌的形状上进行涂抹，模拟出液体的立体感，案例效果如图6-92所示。

操作步骤

　　01 打开背景素材文件，如图6-93所示。置入橙子素材，并调整至合适大小及位置，执行"图层>栅格化>智能对象"命令。如图6-94所示。

图6-92　　　　　　　　图6-93　　　　　　　　图6-94

　　02 单击工具箱中的"磁性套索工具"按钮 ，沿着橙子边缘单击并绘制一个路径，如图6-95所示。闭合路径，可以得到橙子部分的选区，如图6-96所示。

　　03 单击"图层"面板中的"添加图层蒙版"按钮 ，隐藏背景部分，如图6-97所示。使用"套索工具"在橙子左侧绘制一个流淌形状的选区，新建图层，填充橙黄色，如图6-98所示。

图6-95　　　　　　　　图6-96　　　　　　　　图6-97　　　　　　　　图6-98

04 单击工具箱中的"加深工具"按钮，设置大小为40像素的柔角边画笔，取消选中"保护色调"复选框，如图6-99所示。在流淌形状下边按住鼠标左键并涂抹，加深边缘效果，如图6-100所示。

05 单击工具箱中的"减淡工具"按钮，设置大小为30像素的柔角边画笔，取消选中"保护色调"复选框，如图6-101所示。在流淌形状上进行涂抹，减淡高光部分。在绘制时，要适当调整画笔大小和曝光度的数值，以制作出层次感，如图6-102所示。

图6-99

图6-101

图6-100

图6-102

06 添加图层蒙版，使用黑色柔角画笔工具涂抹流淌形状与橙子部分的交界处，使其更加融合，如图6-103所示。用同样方法制作橙子右侧的流淌形状，如图6-104所示。

07 在流淌图层下新建图层，使用柔角画笔在流淌形状下绘制阴影区域，如图6-105所示。设置阴影图层的"不透明度"为55%，最终效果如图6-106所示。

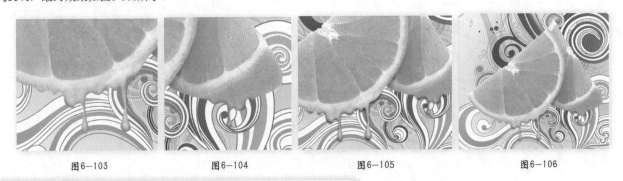

图6-103　　　　　　图6-104　　　　　　图6-105　　　　　　图6-106

☆ 视频课堂——利用加深工具和减淡工具进行通道抠图

扫码看视频

案例文件\第6章\视频课堂——利用加深工具和减淡工具进行通道抠图.psd
视频文件\第6章\视频课堂——利用加深工具和减淡工具进行通道抠图.flv
思路解析：
01 打开人像素材，进入"通道"面板。
02 复制一个黑白差异较大的通道。
03 使用"加深工具"和"减淡工具"强化通道的黑白对比。
04 载入该通道副本的选区，回到画面中删除背景。
05 置入前景、背景素材即可。

6.5.3　海绵工具

◎ 技术速查："海绵工具" 可以增加或降低图像中某个区域的饱和度。如果是灰度图像，该工具将通过灰阶远离或靠近中间灰色来增加或降低对比度。

单击工具箱中的"海绵工具"，其选项栏如图6-107所示。

图6-107

◎ 模式：选择"饱和"选项时，可以增加色彩的饱和度，如图6-108所示；选择"降低饱和度"选项时，可以降低色彩的饱和度，如图6-109所示。

◎ 流量：为"海绵工具"指定流量。数值越大，"海绵工具"的强度越大，效果越明显，如图6-110和图6-111所示分别是"流量"为30%和80%时的涂抹效果。

图6-108

图6-109

图6-110

图6-111

◎ 自然饱和度：选中该复选框，可以在增加饱和度的同时防止颜色过度饱和而产生溢色现象。

★ **案例实战——使用海绵工具制作复古效果**

案例文件	案例文件\第6章\使用海绵工具制作复古效果.psd
视频教学	视频文件\第6章\使用海绵工具制作复古效果.flv
难易指数	★★★★★
技术要点	海绵工具、镜头校正滤镜

扫码看视频

案例效果

本例主要使用"海绵工具"、镜头校正滤镜制作复古效果，如图6-112和图6-113所示。

操作步骤

01 打开素材文件，如图6-114所示。单击工具箱中的"海绵工具"按钮 ，在选项栏中选择柔角圆形画笔，设置合适的笔刷大小，并设置"模式"为"降低饱和度"，"流量"为100%，取消选中"自然饱和度"复选框，如图6-115所示。

图6-112

图6-113

图6-114

图6-115

02 调整完毕后，对图像左侧人像及背景区域进行多次涂抹，降低饱和度，如图6-116所示。

03 下面可以适当调整画笔大小，对其他部分的细节进行精细涂抹，如图6-117所示。

04 执行"图层>新建调整图层>曲线"命令，创建一个曲线调整图层，增强画面对比度，如图6-118所示。效果如图6-119所示。

图6-116

图6-117

图6-118

图6-119

05 按Shift+Ctrl+Alt+E组合键，盖印当前画面效果。执行"滤镜>镜头校正"命令，在弹出的窗口中选择"自定"选项卡，设置"晕影"的"数量"为-100，"中点"为20，如图6-120所示。

06 单击"确定"按钮完成滤镜操作。最终效果如图6-121所示。

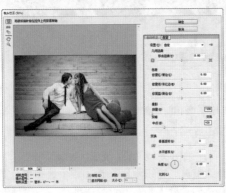
图6-120

图6-121

课后练习

【课后练习——去除皱纹还原年轻态】

思路解析：拍摄数码照片时，画面中经常会出现瑕疵，如环境中的杂物、多余的人影或者人像面部的瑕疵等，在Photoshop中可以使用多种修复工具对画面中的瑕疵进行去除。

扫码看视频

本章小结

本章学习了多种修饰修复工具，通过使用这些工具，可以去除数码照片中大部分的常见瑕疵。需要注意的是，在修饰数码照片时不要局限于只用某一个工具处理，不同的工具适用的情况各不相同，所以配合使用多种工具更有利于解决问题。

第7章

矢量工具与路径

本章内容简介：

在使用Photoshop中的钢笔工具和形状工具绘图前，首先要了解使用这些工具可以绘制出什么图形，也就是通常所说的绘图模式。而在了解了绘图模式之后，就需要了解路径与锚点之间的关系，因为在使用钢笔工具等矢量工具绘图时，基本上都会涉及它们。

本章学习要点：

· 熟练掌握"钢笔工具"的使用方法
· 掌握路径的操作与编辑方法
· 掌握形状工具的使用方法
· 掌握"路径"面板的使用方法

7.1 了解绘图模式

Photoshop的矢量绘图工具包括钢笔工具和形状工具。钢笔工具主要用于绘制不规则的图形，而形状工具则是通过选取内置的图形样式绘制较为规则的图形。在使用矢量工具绘图前首先要在工具选项栏中选择绘图模式，包括"形状""路径""像素"3种类型，如图7-1所示。其效果分别如图7-2～图7-4所示。

图7-1　　　　图7-2　　　　图7-3　　　　图7-4

7.1.1 "形状"模式

在工具箱中单击"自定形状工具"按钮，然后设置绘制模式为"形状"，即可在选项栏中设置填充类型，如图7-5所示。单击填充按钮，在弹出的"填充"窗口中可以从"无颜色""纯色""渐变""图案"4个类型中选择一种。

单击"无颜色"按钮，即可取消填充，如图7-6所示；单击"纯色"按钮，可以从颜色列表中选择预设颜色，或单击"拾色器"按钮，在弹出的拾色器中选择所需颜色，如图7-7所示；单击"渐变"按钮，可以设置渐变效果的填充，如图7-8所示；单击"图案"按钮，可以选择某种图案，并设置合适的缩放数值，如图7-9所示。

描边也可以进行"无颜色""纯色""渐变""图案"4种类型的设置。在颜色设置的右侧可以进行描边粗细的设置，如图7-10所示。

图7-5

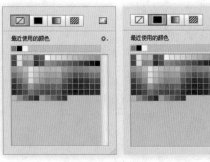

图7-6

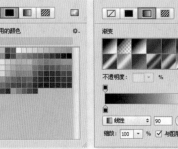

图7-7

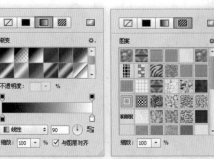

图7-8

图7-9

图7-10

还可以对形状描边类型进行设置，单击类型下拉列表右侧的按钮，在弹出的面板中可以选择预设的描边类型，还可以对描边的对齐方式、端点类型以及角点类型进行设置，如图7-11所示。单击"更多选项"按钮，可以在弹出的"描边"对话框中创建新的描边类型，如图7-12所示。

设置了合适的选项后，如图7-13所示，在画布中拖曳光标即可绘制形状。绘制形状可以在单独的一个图层中创建形状，如图7-14所示。在"路径"面板中显示了这一形状的路径，如图7-15所示。

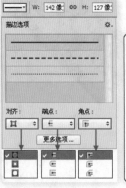

图7-11

图7-12

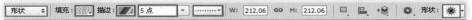

图7-13

Photoshop CS6中文版从入门到精通（微课视频实例版）

图7-14　　　　　　　　图7-15

7.1.2　"路径"模式

○ 技术速查：路径是一种轮廓，虽然路径不包含像素，但是可以使用颜色填充或描边路径。

　　单击工具箱中的形状工具，然后在选项栏中选择"路径"选项，可以创建工作路径，其选项栏如图7-16所示。

图7-16

○ 选区：单击该按钮可以将当前路径转换为选区。

○ 蒙版：单击该按钮可以以当前路径为所选图层创建。

矢量蒙版。

○ 形状：单击该按钮可以将当前路径转换为形状。

○ "路径操作"按钮：设置路径的运算方式。

○ "路径对齐方式"按钮：使用"路径选择工具"选择两个以上路径后，在"路径对齐方式"列表中选择相应模式可以对路径进行对齐与分布的设置。

○ "路径排列方式"按钮：调整路径堆叠顺序。

　　路径可以使用钢笔工具和形状工具来绘制，绘制的路径可以是开放式（如图7-17）、闭合式（如图7-18）以及组合式（如图7-19）。路径可以作为矢量蒙版来控制图层的显示区域，并且路径可以转换为选区。工作路径不会出现在"图层"面板中，只出现在"路径"面板中。为了方便随时使用，可以将路径保存在"路径"面板中。

图7-17　　　　图7-18　　　　图7-19

　　路径由一个或多个直线段或曲线段组成，锚点标记路径段的端点。在曲线段上，每个选中的锚点显示一条或两条方向线，方向线以方向点结束，方向线和方向点的位置共同决定了曲线段的大小和形状，如图7-20所示（A：曲线段，B：方向点，C：方向线，D：选中的锚点，E：未选中的锚点）。

　　锚点分为平滑点和角点两种类型。由平滑点连接的路径段可以形成平滑的曲线，如图7-21所示。由角点连接起来的路径段可以形成直线或转折曲线，如图7-22所示。

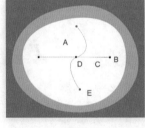

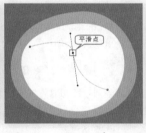

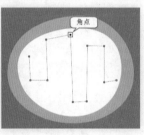

图7-20　　　　　　　图7-21　　　　　　　图7-22

7.1.3　"像素"模式

　　在使用形状工具状态下可以选择"像素"方式，在选项栏中设置绘制模式为"像素"，如图7-23所示，设置合适的混合模式与不透明度。这种绘图模式会以当前前景色在所选图层中进行绘制，如图7-24和图7-25所示。

图7-23

图7-24　　　　　　　　　图7-25

7.2 钢笔工具组

7.2.1 钢笔工具

Photoshop CS6中文版从入门到精通（微课视频实例版）

◇ 视频精讲：超值赠送\视频精讲\60.使用钢笔工具.flv

◇ 技术速查："钢笔工具" 是最基本、最常用的路径绘制工具，使用该工具可以绘制任意形状的直线或曲线路径。

扫码看视频

60.使用钢笔工具

◻ 动手学：使用"钢笔工具"绘制直线

（1）单击工具箱中的"钢笔工具"按钮 ，然后在选项栏中选择"路径"选项，将光标移至画面中，单击可创建一个锚点，如图7-26所示。

（2）释放鼠标，将光标移至下一位置单击，创建第二个锚点，两个锚点会连接成一条由角点定义的直线路径，如图7-27和图7-28所示。

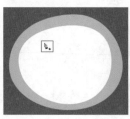 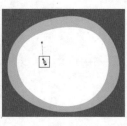 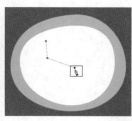

图7-26　　　　　　图7-27　　　　　　图7-28

技巧提示

按住Shift键可以绘制水平、垂直或以45°角为增量的直线。

（3）将光标放在路径的起点，当光标变为 形状时，单击即可闭合路径，如图7-29所示。

（4）如果要结束一段开放式路径的绘制，可以按住Ctrl键并在画面的空白处单击，或者按Esc键结束路径的绘制，如图7-30所示。

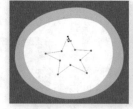 

图7-29　　　　　　图7-30

◻ 动手学：使用"钢笔工具"绘制曲线路径

（1）按Ctrl+N快捷键新建一个大小为500像素×500像素的文档，选择"钢笔工具" ，然后在选项栏中选择"路径"选项，接着在画布中单击并拖曳光标创建一个平滑点，如图7-31所示。

（2）将光标放置在下一个位置，然后单击并拖曳光标创建第2个平滑点，注意要控制好曲线的走向，如图7-32所示。

（3）继续绘制出其他的平滑点，如图7-33所示。

（4）选择"直接选择工具" ，选择各个平滑点并调节好其方向线，使其生成平滑的曲线，如图7-34所示。

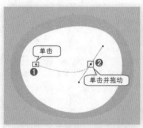  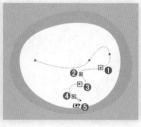 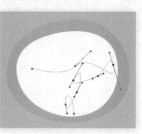

图7-31　　　　　图7-32　　　　　图7-33　　　　　图7-34

◻ 动手学：使用"钢笔工具"绘制多边形

（1）选择"钢笔工具" ，然后在选项栏中选择"路径"选项，接着将光标放置在画面中，当光标变成 形状时单击，确定路径的起点，如图7-35所示。

（2）按住Shift键将光标移动到下一个位置，单击创建一个锚点，两个锚点会连成一条水平的直线路径，如图7-36所示。

（3）继续按住Shift键向右下移动，绘制出45°角倍数的斜线，如图7-37所示。用同样的方法继续绘制，如图7-38所示。

（4）将光标放置在起点上，当光标变成 形状时，单击闭合路径，效果如图7-39所示。

 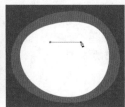 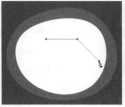 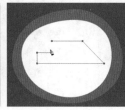 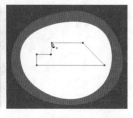

图7-35　　　　　　图7-36　　　　　　图7-37　　　　　　图7-38　　　　　　图7-39

☆ 视频课堂——使用钢笔工具抠图合成

扫码看视频

案例文件\第7章\视频课堂——使用钢笔工具抠图合成.psd

视频文件\第7章\视频课堂——使用钢笔工具抠图合成.flv

思路解析：

01 打开人像素材，使用"钢笔工具"绘制需要保留的人像部分的路径。

02 将路径转换为选区。

03 以人像选区为人像图层添加图层蒙版，使背景隐藏。

04 置入新的前景、背景素材。

7.2.2　自由钢笔工具

扫码看视频

61.自由钢笔
工具的使用

视频精讲：超值赠送\视频精讲\61.自由钢笔工具的使用.flv

技术速查：使用"自由钢笔工具" 可以轻松绘制出比较随意的路径。

单击工具箱中的"自由钢笔工具"按钮 ，在选项栏中单击 图标，在下拉菜单中可以对磁性钢笔的"曲线拟合"数值进行设置，如图7-40所示。该数值用于控制绘制路径的精度。数值越大，路径越精确；数值越小，路径越平滑。使用"自由钢笔工具"绘图非常简单，在画面中单击并拖动光标即可自动添加锚点，无须确定锚点的位置，就像用铅笔在纸上绘图一样，完成路径后可进一步对其进行调整，如图7-41所示。

图7-40　　　　　　图7-41

7.2.3　磁性钢笔工具

技术速查：使用"磁性钢笔工具" 能够自动捕捉颜色差异的边缘以快速绘制路径，常用于抠图操作。

单击工具箱中的"自由钢笔工具"按钮 ，在选项栏中选中"磁性的"复选框，此时"自由钢笔工具"将切换为"磁性钢笔工具"。单击 图标，在下拉菜单中可以对"磁性钢笔工具"的参数进行设置。设置完毕后在画面中主体物边缘单击并沿轮廓拖动光标，可以看到"磁性钢笔工具"会自动捕捉颜色差异较大的区域创建路径，如图7-42所示。

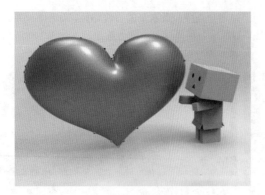

图7-42

“磁性钢笔工具”选项栏中的主要参数介绍如下。

- 宽度：用于设置“磁性钢笔工具”所能捕捉的距离。
- 对比：用于控制图像边缘的对比度。
- 频率：决定添加锚点的密度。

7.2.5　删除锚点

技术速查：使用“删除锚点工具” 🖉 可以删除路径上的锚点。

　　单击工具箱中的“删除锚点工具”按钮 🖉 ，将光标放在锚点上，单击即可删除该锚点，如图7-44和图7-45所示。或者在使用“钢笔工具”的状态下直接将光标移动到锚点上，光标也会变为 ♧ 形状，单击即可删除锚点。

7.2.6　转换锚点类型

技术速查：“转换为点工具” ⬚ 主要用来转换锚点的类型。

　　使用“转换为点工具” ⬚ 在角点上单击，可以将角点转换为平滑点，如图7-46所示；在角点上单击并拖动即可调整平滑点的形状，如图7-47所示。

　　使用“转换为点工具” ⬚ 在平滑点上单击，可以将平滑点转换为角点，如图7-48和图7-49所示。

7.2.4　添加锚点

技术速查：使用“添加锚点工具” 🖉 可以直接在路径上添加锚点。

　　单击“添加锚点工具”按钮 🖉 ，在路径上单击即可添加新的锚点。或者在使用“钢笔工具”的状态下，将光标放在路径上，当光标变成 ♧. 形状时，在路径上单击也可添加一个锚点，如图7-43所示。

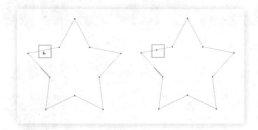

图7-43

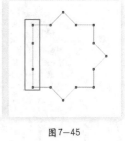

图7-44　　　　　　图7-45

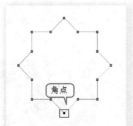

图7-46

图7-47

图7-48

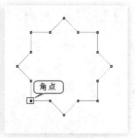

图7-49

★ **案例实战——使用钢笔工具制作按钮**

案例文件	案例文件\第7章\使用钢笔工具制作按钮.psd
视频教学	视频文件\第7章\使用钢笔工具制作按钮.flv
难易指数	★★★★★
技术要点	钢笔工具、图层样式

案例效果

扫码看视频

　　本例主要是利用“钢笔工具”以及图层样式制作按钮，如图7-50所示。

图7-50

操作步骤

01 新建文件，使用"渐变工具"，在选项栏中设置蓝色系的渐变，选择渐变类型为径向，如图7-51所示。在画面中拖曳填充，效果如图7-52所示。

02 使用"钢笔工具"，在选项栏中设置绘制模式为"形状"，"填充"颜色为绿色，"描边"为无，如图7-53所示。在画面中绘制合适的形状，效果如图7-54所示。

图7-51　　　　　　　　　　图7-52　　　　　　　　　　图7-53

03 选择绿色形状图层，执行"图层>图层样式>渐变叠加"命令，设置"混合模式"为"柔光"，编辑渐变颜色为从黑色到白色，设置"样式"为"线性"，如图7-55所示。效果如图7-56所示。

图7-54　　　　　　　　　　图7-55　　　　　　　　　　图7-56

04 新建图层，使用"钢笔工具"绘制合适的形状，如图7-57所示。在白色形状图层上右击，在弹出的快捷菜单中执行"栅格化图层"命令，为白色图层添加图层蒙版。使用"渐变工具"，设置从黑色到白色的渐变，在蒙版中拖曳进行绘制，如图7-58所示。效果如图7-59所示。

05 设置前景色为白色，使用"横排文字工具"，设置合适的字号及字体，在画面中单击输入文字。新建图层，使用"矩形选框工具"在按钮顶部绘制合适的矩形，为其填充白色，如图7-60所示。

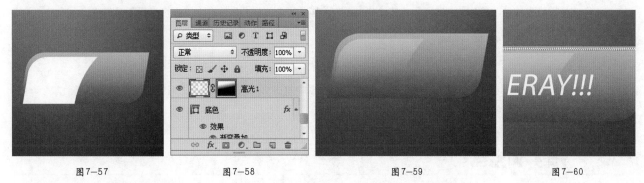

图7-57　　　　　　　图7-58　　　　　　　图7-59　　　　　　　图7-60

06 为白色矩形添加图层蒙版，使用"渐变工具"，在选项栏中设置黑白色系的渐变，设置渐变类型为线性，如图7-61所示。选中图层蒙版，在蒙版中拖曳填充，如图7-62所示。效果如图7-63所示。

图7-61

07 用同样方法制作同样的底部发光，如图7-64所示。置入柠檬素材，执行"图层>栅格化>智能对象"命令。摆放在合适位置上。最终效果如图7-65所示。

图7-62   图7-63   图7-64   图7-65

思维点拨：颜色搭配"少而精"原则

虽然丰富的颜色看起来吸引人，但是一定要坚持"少而精"的原则，即颜色搭配尽量要少，这样画面会显得较为整体、不杂乱，如图7-66所示。当然特殊情况除外，如要体现绚丽、缤纷、丰富等主题时，色彩需要多一些。一般来说，一张图像中色彩不宜超过四五种，否则会使画面很杂乱、跳跃、无重心，如图7-67所示。

图7-66   图7-67

7.3   路径的基本操作

扫码看视频

63. 路径的
编辑操作

 视频精讲：超值赠送\视频精讲\63.路径的编辑操作.flv

  路径可以像其他对象一样进行选择、移动、变换等常规操作，也可以进行定义为形状、建立选区、描边等特殊操作，还可以像选区运算一样进行"运算"。

7.3.1   选择并移动路径

  技术速查：使用"路径选择工具" 单击路径上的任意位置，可以选择单个的路径；按住Shift键单击可以选择多个路径。同时，它还可以用来移动、组合、对齐和分布路径。

  "路径选择工具"的选项栏如图7-68所示。按住Ctrl键并单击可以将当前工具转换为"直接选择工具" 。

图7-68

  "路径运算"按钮：选择两个或多个路径时，在工具选项栏中单击运算按钮，会产生相应的交叉结果。

  "路径对齐方式"按钮：设置路径对齐与分布的选项。

  "路径排列方法"按钮：设置路径的层级排列关系。

7.3.2   选择并调整锚点

  技术速查："直接选择工具" 主要用来选择路径上的单个或多个锚点，可以移动锚点、调整方向线。

  使用"直接选择工具"单击可以选中某一个锚点，如图7-69所示；框选或按住Shift键单击可以选择多个锚点，如图7-70所示；按住Ctrl键并单击可以将当前工具转换为"路径选择工具" 。

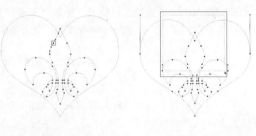

图7-69   图7-70

Photoshop CS6中文版从入门到精通（微课视频实例版）

7.3.3 路径的运算

创建多个路径或形状时，可以在工具选项栏中单击相应的运算按钮，设置子路径的重叠区域会产生什么样的交叉结果，如图7-71所示。下面通过实例来讲解路径的运算方法。如图7-72和图7-73所示为即将进行运算的两个图形。

- 合并形状 ⬚：单击该按钮，新绘制的图形将添加到原有的图形中，如图7-74所示。
- 减去顶层形状 ⬚：单击该按钮，可从原有的图形中减去新绘制的图形，如图7-75所示。
- 与形状区域相交 ⬚：单击该按钮，可得到新图形与原有图形的交叉区域，如图7-76所示。
- 排除重叠形状 ⬚：单击该按钮，可得到新图形与原有图形重叠部分以外的区域，如图7-77所示。

图7-73　　图7-74　　图7-75　　图7-76　　图7-77

7.3.4 变换路径

选择路径，然后执行"编辑>变换路径"菜单下的命令，即可对其进行相应的变换，如图7-78所示。也可以使用快捷键Ctrl+T进行变换。变换路径与变换图像的方法完全相同，这里不再重复讲解。

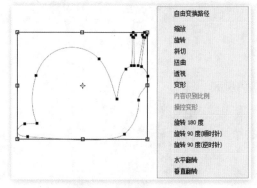

图7-78

7.3.5 对齐、分布与排列路径

使用"路径选择工具" ▶选择多个路径，在选项栏中单击"路径对齐方式"按钮，在弹出的菜单中可以对所选路径进行对齐、分布方式的设置，如图7-79所示。

当文件中包含多个路径时，选择路径，单击选项栏中的"路径排列方法"按钮 ▣，在下拉列表中选择相关选项，可以将选中路径的层级关系进行相应的排列，如图7-80所示。

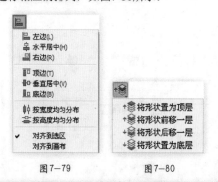

图7-79　　　图7-80

7.3.6 定义为自定形状

绘制路径以后，执行"编辑>定义自定形状"命令可以将其定义为形状，如图7-81和图7-82所示。

定义完成后，单击工具箱中的"自定形状工具"按钮 ▣，在选项栏中单击形状下拉列表按钮，在形状预设中可以看到新自定的形状，如图7-83所示。

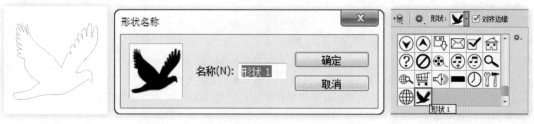

图7-81　　　　　　图7-82　　　　　　图7-83

7.3.7 动手学：将路径转换为选区

如果需要将路径转换为选区，可以在路径上右击，然后在弹出的快捷菜单中选择"建立选区"命令，在打开的"建立选区"对话框中进行设置，如图7-84和图7-85所示。也可以使用快捷键Ctrl+Enter，将路径转换为选区。

如果需要载入路径的选区，可以按住Ctrl键在"路径"面板中单击路径的缩略图，或单击"将路径作为选区载入"按钮 ，如图7-86和图7-87所示。

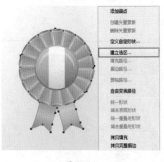
图7-84

图7-85

图7-86

图7-87

7.3.8 动手学：填充路径

扫码看视频

64.填充路径
与描边路径

视频精讲：超值赠送\视频精讲\64.填充路径与描边路径.flv

（1）使用"钢笔工具"或形状工具（"自定形状工具"除外）状态下，在绘制完成的路径上右击，在弹出的快捷菜单中选择"填充路径"命令，如图7-88所示。

（2）在打开的"填充子路径"对话框中可以对填充内容进行设置，其中包含多种类型的填充内容，并且可以设置当前填充内容的混合模式以及不透明度等属性，如图7-89所示。

图7-88

（3）可以尝试使用"颜色"与"图案"填充路径，效果如图7-90和图7-91所示。

图7-89

图7-90

图7-91

7.3.9 描边路径

视频精讲：超值赠送\视频精讲\64.填充路径与描边路径.flv

技术速查："描边路径"命令能够以设置好的绘画工具沿任何路径创建描边。

在Photoshop中可以使用多种工具描边路径，如铅笔、画笔、橡皮擦、仿制图章等，如图7-92所示。选中"模拟压力"复选框可以模拟手绘描边效果；取消选中此复选框，描边为线性、均匀的效果。如图7-93和图7-94所示分别为未选中和选中"模拟压力"复选框的效果。

扫码看视频

64.填充路径
与描边路径

在描边之前，需要先设置好描边所使用的工具的参数。例如，要使用画笔进行描边，那么就需要在"画笔"面板中设置合适的类型、大小及前景色，再使用"钢笔工具"或形状工具绘制出路径，如图7-95所示。

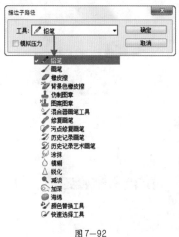

图7-92　　　　　　　　　图7-93　　　　　　　　　图7-94　　　　　　　　　图7-95

在路径上右击，在弹出的快捷菜单中选择"描边路径"命令，打开"描边子路径"对话框，在该对话框中可以选择描边的工具，如图7-96所示。使用画笔描边路径的效果如图7-97所示。

图7-96　　　　　　　　　图7-97

技巧提示

设置好画笔的参数后，在使用画笔状态下按Enter键可以直接为路径描边。

★ 案例实战——使用钢笔工具合成自然招贴

案例文件	案例文件\第7章\使用钢笔工具合成自然招贴.psd
视频教学	视频文件\第7章\使用钢笔工具合成自然招贴.flv
难易指数	★★★★★
技术要点	自由钢笔工具、钢笔工具、转换为选区、形状设置

案例效果

扫码看视频

本例主要使用"自由钢笔工具"、"钢笔工具"、"转换为选区"、形状设置等合成自然招贴，如图7-98所示。

操作步骤

01 打开背景素材1.jpg，如图7-99所示。

02 置入鹦鹉素材2.jpg，执行"图层>栅格化>智能对象"命令。置于画面中合适的位置。单击工具箱中的"自由钢笔工具"按钮，在选项栏中设置绘制模式为"路径"，选中"磁性的"复选框，如图7-100所示。沿鹦鹉边缘绘制路径，效果如图7-101所示。

图7-98　　　　　　　　　图7-99　　　　　　　　　图7-100　　　　　　　　　图7-101

03 得到完整路径后按Ctrl+Enter快捷键将路径转换为选区，并为其添加图层蒙版，使背景隐藏，如图7-102所示。复制鹦鹉，水平翻转并缩放，摆放在画面中合适位置，如图7-103所示。

　　04 置入人像素材3.jpg并栅格化，置于画面中合适的位置，使用"钢笔工具"沿人像外轮廓绘制路径，如图7-104所示。按Ctrl+Enter快捷键将路径转换为选区，并为其添加图层蒙版，使背景隐藏，如图7-105所示。

图7-102　　　　　　　　　图7-103　　　　　　　　　图7-104　　　　　　　　　图7-105

　　05 在人像图层下方新建图层，使用黑色柔角画笔工具在人物脚下绘制阴影效果，如图7-106所示。

　　06 在"图层"面板顶部新建图层，设置前景色为橙色，使用柔角画笔工具在画面中合适位置进行绘制，如图7-107所示。设置其混合模式为"变亮"，如图7-108所示。效果如图7-109所示。

　　07 置入喷溅素材4.png，执行"图层>栅格化>智能对象"命令。置于画面中合适位置，设置图层的"不透明度"为10%，如图7-110所示。

图7-106　　　　　　图7-107　　　　　　图7-108　　　　　　图7-109　　　　　　图7-110

　　08 使用"钢笔工具"，在选项栏中设置绘制模式为"形状"，"填充"为无，"描边"颜色为蓝色，大小为"1点"，并选择直线，如图7-111所示。在画面中绘制曲线，为其添加图层蒙版，隐藏合适的部分，如图7-112所示。效果如图7-113所示。

图7-111

　　09 再次使用"钢笔工具"，设置颜色为橙色，在画面中绘制橙色的曲线。最终效果如图7-114所示。

图7-112　　　　　　　　　图7-113　　　　　　　　　图7-114

Photoshop CS6中文版从入门到精通（微课视频实例版）

☆ 视频课堂——制作演唱会海报

案例文件\第7章\视频课堂——制作演唱会海报.psd

视频文件\第7章\视频课堂——制作演唱会海报.flv

思路解析：

01 打开背景素材，置入人像素材。

02 使用"钢笔工具"为人像素材去除背景。

03 使用"钢笔工具""多边形工具"绘制出底部形状，并填充合适颜色。

04 输入文字并添加图层样式。

扫码看视频

7.4 使用"路径"面板

🔍 技术速查："路径"面板主要用来存储、管理以及调用路径，在面板中显示了存储的所有路径、工作路径以及矢量蒙版的名称和缩览图。

执行"窗口>路径"命令，可以打开"路径"面板，"路径"面板及其面板菜单如图7-115所示。

储存工作路径

新建路径

复制/粘贴路径

隐藏/显示路径

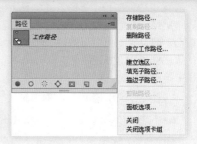

图7-115

⬡ "用前景色填充路径"按钮●：单击该按钮，可以用前景色填充路径区域。

⬡ "用画笔描边路径"按钮○：单击该按钮，可以用设置好的"画笔工具"对路径进行描边。

⬡ "将路径作为选区载入"按钮：单击该按钮，可以将路径转换为选区。

⬡ "从选区生成工作路径"按钮◇：如果当前文档中存在选区，单击该按钮，可以将选区转换为工作路径。

⬡ "添加图层蒙版"按钮：单击该按钮，即可以当前选区为图层添加图层蒙版。

⬡ "创建新路径"按钮：单击该按钮，可以创建一个新的路径。按住Alt键的同时单击该按钮，可以弹出"新建路径"对话框，并进行名称的设置。拖曳需要复制的路径到按钮上，可以复制出路径的副本。

⬡ "删除当前路径"按钮：将路径拖曳到该按钮上，可以将其删除。

☆ 视频课堂——制作儿童主题网站

案例文件\第7章\视频课堂——制作儿童主题网站.psd

视频文件\第7章\视频课堂——制作儿童主题网站.flv

思路解析：

01 首先使用"矩形工具"制作背景以及顶部导航栏。

02 使用"钢笔工具"绘制导航栏上的五边形。

03 使用"椭圆工具"绘制页面上的多彩圆形。

04 使用"自定形状工具"绘制底部的图标。

05 使用"圆角矩形工具"制作底部的粉色按钮。

06 置入素材并输入文字。

扫码看视频

7.5 形状工具组

扫码看视频

62. 使用形状工具

视频精讲：超值赠送\视频精讲\62.使用形状工具.flv

Photoshop中的形状工具组包含多种形状工具，单击工具箱中的"矩形工具"按钮▢，在弹出的工具组中可以看到6种形状工具，如图7-116所示。使用这些形状工具可以绘制出各种各样的形状，如图7-117所示。

图7-116

图7-117

7.5.1 矩形工具

⊙ 技术速查：使用"矩形工具"▢可以绘制出正方形和矩形。

"矩形工具"的使用方法与"矩形选框工具"类似，首先在选项栏中设置合适的绘制模式，然后在画面中按住鼠标左键并拖动，即可绘制出矩形路径/形状/像素。绘制时按住Shift键可以绘制出正方形；按住Alt键可以以鼠标单击点为中心绘制矩形；按住Shift+Alt快捷键可以以鼠标单击点为中心绘制正方形，如图7-118所示。在选项栏中单击▾图标，可以打开"矩形工具"的设置选项，如图7-119所示。

⊙ 不受约束：选中该单选按钮，可以绘制出任意大小的矩形。

⊙ 方形：选中该单选按钮，可以绘制出任意大小的正方形。

⊙ 固定大小：选中该单选按钮，可以在其后面的文本框中输入宽度（W）和高度（H），然后在图像上单击即可创建出矩形，如图7-120所示。

图7-118

⊙ 比例：选中该单选按钮，可以在其后面的文本框中输入宽度（W）和高度（H）比例，此后创建的矩形始终保持该比例，如图7-121所示。

图7-119

图7-120

图7-121

⊙ 从中心：以任何方式创建矩形时，选中该复选框，鼠标单击点即为矩形的中心。

⊙ 对齐边缘：选中该复选框，可以使矩形的边缘与像素的边缘相重合，这样图形的边缘就不会出现锯齿。

7.5.2 圆角矩形工具

⊙ 技术速查：使用"圆角矩形工具"▢可以创建出具有圆角效果的矩形。

"圆角矩形工具"的使用方法及选项与"矩形工具"完全相同。单击"圆角矩形工具"按钮▢，在选项栏中可以对"半径"数值进行设置，如图7-122所示。"半径"选项用来设置圆角的半径，数值越大，圆角越大，如图7-123所示。设置完毕后在画面中按住鼠标左键并拖动，即可绘制出圆角矩形。

图7-122

图7-123

Photoshop CS6中文版从入门到精通（微课视频实例版）

★ 案例实战——使用圆角矩形工具制作播放器

案例文件	案例文件\第7章\使用圆角矩形工具制作播放器.psd
视频教学	视频文件\第7章\使用圆角矩形工具制作播放器.flv
难易指数	★★★★★
技术要点	圆角矩形工具

扫码看视频

案例效果

本例主要使用"圆角矩形工具"制作播放器，效果如

图7-124所示。

操作步骤

01 打开素材文件，如图7-125所示。单击工具箱中的"圆角矩形工具"按钮，并在选项栏中选择 路径 模式，设置"半径"为"50像素"，如图7-126所示。

图7-124　　　　　　　　　　　图7-125

图7-126

02 置入人像素材，执行"图层>栅格化>智能对象"命令。从左上角单击确定圆角矩形的起点，并向右下角拖动绘制出圆角矩形，然后右击，在弹出的快捷菜单中执行"建立选区"命令，如图7-127所示。

03 在弹出的"建立选区"对话框中设置"羽化半径"为0像素，如图7-128所示。得到选区后为照片图层添加图层蒙版，使多余部分隐藏，如图7-129所示。

图7-127

图7-128

图7-129

04 为该图层添加图层样式，执行"图层>图层样式>描边"命令，设置描边"大小"为13像素，"位置"为"内部"，"不透明度"为16%，"颜色"为灰色，如图7-130所示。

05 选择"内发光"选项，设置"混合模式"为"正常"，"不透明度"为75%，颜色为黑色，"阻塞"为60%，"大小"为20像素，如图7-131所示。效果如图7-132所示。

06 载入蒙版选区，单击工具箱中的"椭圆选框工具"按钮，在选项栏中设置绘制模式为"从选区中减去"，在圆角矩形选区的右下部分进行绘制，如图7-133所示。得到剩余的左上部分选区，如图7-134所示。

07 新建图层，填充从白色到透明的渐变作为光泽效果，如图7-135所示。

08 用同样的方法制作另外一部分光泽，最终效果如图7-136所示。

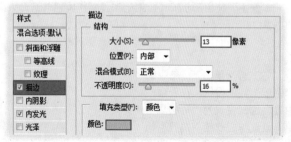

图7-130

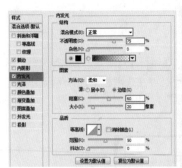

图7-131　　　　　　　图7-132　　　　　　　图7-133

图7-134　　　　　　　图7-135　　　　　　　图7-136

7.5.3　椭圆工具

◯ 技术速查：使用"椭圆工具" 可以创建出椭圆和正圆形状，如图7-137所示。

"椭圆工具"的设置选项与"矩形工具"相似。如果要创建椭圆，拖曳鼠标进行创建即可；如果要创建圆形，可以按住Shift键或Shift+Alt快捷键（以鼠标单击点为中心）进行创建。

图7-137

★ 案例实战——使用椭圆工具制作质感气泡

案例文件	案例文件\第7章\使用椭圆工具制作质感气泡.psd
视频教学	视频文件\第7章\使用椭圆工具制作质感气泡.flv
难易指数	★★★★★
技术要点	形状工具、钢笔工具

扫码看视频

案例效果

本例主要使用形状工具、钢笔工具制作质感气泡，效果如图7-138所示。

操作步骤

01　新建文件，单击工具箱中的"椭圆工具"按钮 ◉，在选项栏中设置绘制模式为"形状"，"填充"类型为渐变，编辑一种蓝色系渐变，渐变类型为"径向"，如图7-139所示。

02　在画面中按住Shift键绘制正圆，效果如图7-140所示。

03　再次单击工具箱中的"钢笔工具"按钮，在选项栏中设置绘制模式为"形状"，填充设置与之前绘制的圆形相同，设置运算方式为"合并形状"，在左下角绘制三角形，如图7-141所示。

图7-138　　　　　　　图7-139　　　　　　　图7-140

04 新建图层，设置前景色为白色，使用"椭圆工具"，设置绘制模式为"像素"，绘制合适大小的椭圆，如图7-142所示。为其添加图层蒙版，使用黑色画笔在蒙版中涂抹擦除多余的部分，设置图层的"不透明度"为35%，如图7-143所示。效果如图7-144所示。

   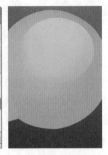

图7-141　　　　　　　图7-142　　　　　　　图7-143　　　　　　　图7-144

05 继续新建图层，用同样方法制作另外一部分光泽，并设置图层的"不透明度"为90%，如图7-145所示。效果如图7-146所示。

06 再次新建图层，使用"钢笔工具"，在选项栏中设置绘制模式为路径，在右侧绘制月牙路径形状，如图7-147所示。按Ctrl+Enter快捷键将路径转换为选区，为其填充白色，效果如图7-148所示。

图7-145　　　　　　　图7-146　　　　　　　图7-147　　　　　　　图7-148

07 同样为其添加图层蒙版，使用黑色画笔在蒙版中涂抹擦除多余部分，如图7-149所示。效果如图7-150所示。

08 使用"横排文字工具"，在按钮上方输入字母 t。执行"图层>图层样式>斜面和浮雕"命令，设置"样式"为"内斜面"，"方法"为"平滑"，"深度"为100%，"大小"为20像素，"角度"为-58度，"高度"为21度，"阴影"的"不透明度"为30%，如图7-151所示。置入背景素材文件并栅格化，调整图层顺序，最终效果如图7-152所示。

图7-149　　　　　　　图7-150　　　　　　　图7-151　　　　　　　图7-152

7.5.4 多边形工具

○ 技术速查：使用"多边形工具" ⬡ 可以创建出多边形（最少为3条边）和星形，如图7-153所示。

单击工具箱中的"多边形工具"按钮 ⬡，在选项栏中单击 ⚙ 按钮，可以设置"边""半径""平滑拐点""星形"等参数，如图7-154所示。设置完毕后在画面中按住鼠标左键即可以进行绘制。

○ 边：设置多边形的边数，设置为3时，可以创建出正三角形；设置为4时，可以绘制出正方形；设置为5时，可以绘制出正五边形，如图7-155所示。

图7-153	图7-154	图7-155
		边数为3 边数为4 边数为5

- **半径**：用于设置多边形或星形的半径长度（单位为cm），设置好半径以后，在画面中拖曳鼠标即可创建出相应半径的多边形或星形。

- **平滑拐角**：选中该复选框，可以创建出具有平滑拐角效果的多边形或星形，如图7-156所示。

- **星形**：选中该复选框，可以创建星形，下面的"缩进边依据"文本框主要用来设置星形边缘向中心缩进的百分比，数值越大，缩进量越大，如图7-157所示分别是20%、50%和80%的缩进效果。

- **平滑缩进**：选中该复选框，可以使星形的每条边向中心平滑缩进，如图7-158所示。

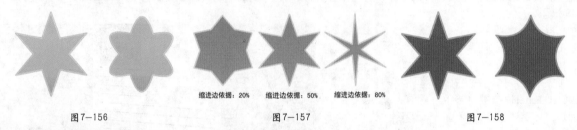

	缩进边依据：20% 缩进边依据：50% 缩进边依据：80%	
图7-156	图7-157	图7-158

7.5.5 直线工具

- **技术速查**：使用"直线工具" ✐ 可以创建出直线和带有箭头的形状，如图7-159所示。

单击工具箱中的"直线工具"按钮 ✐ ，在选项栏中单击 ☸ 按钮，可以设置"直线工具"的选项，如图7-160所示。通过此处的设置，可以制作出带有箭头的直线。

- **粗细**：设置直线或箭头线的粗细，单位为像素，如图7-161所示。

- **起点/终点**：选中"起点"复选框，可以在直线的起点处添加箭头；选中"终点"复选框，可以在直线的终点处添加箭头；选中"起点"和"终点"复选框，则可以在两头都添加箭头，如图7-162所示。

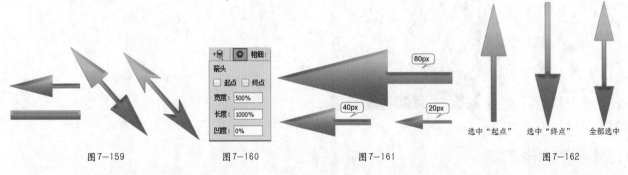

			选中"起点" 选中"终点" 全部选中
图7-159	图7-160	图7-161	图7-162

- **宽度**：用来设置箭头宽度与直线宽度的百分比，范围为10%～1000%，如图7-163所示分别为使用200%、800%和1000%创建的箭头。

- **长度**：用来设置箭头长度与直线宽度的百分比，范围为10%～5000%，如图7-164所示分别为使用100%、500%和1000%创建的箭头。

- **凹度**：用来设置箭头的凹陷程度，范围为-50%～50%。值为0时，箭头尾部平齐；值大于0时，箭头尾部向内凹陷；值小于0时，箭头尾部向外凸出，如图7-165所示。

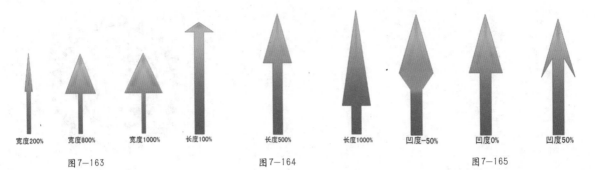

宽度200% 宽度800% 宽度1000% 长度100% 长度500% 长度1000% 凹度-50% 凹度0% 凹度50%

图7-163   图7-164   图7-165

7.5.6 自定形状工具

使用"自定形状工具" 可以创建出非常多的形状。这些形状既可以是Photoshop的预设形状，也可以是用户自定义或加载的外部形状。单击工具箱中的"自定形状工具"按钮 ，在选项栏的"形状"下拉列表中可以选择合适形状，如图7-166所示。然后在画面中按住鼠标左键并拖动光标即可绘制出相应形状。

图7-166

★ **案例实战——使用自定形状工具制作徽章**

案例文件	案例文件\第7章\使用自定形状工具制作徽章.psd
视频教学	视频教学\第7章\使用自定形状工具制作徽章.flv
难易指数	★★★★★
技术要点	自定形状工具

扫码看视频

案例效果

本例主要使用"自定形状工具"制作徽章，如图7-167所示。

操作步骤

01 新建一个合适大小的文件，单击工具箱中的"自定形状工具"按钮 ，在选项栏中设置工具模式为"形状"，"填充"颜色为深蓝色，"描边"为无，设置一种合适的形状，如图7-168所示。

图7-167

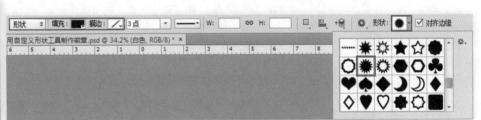

图7-168

02 在画面中按住Shift键进行绘制，制作一个正多角星形，如图7-169所示。

03 继续使用"自定形状工具"，设置填充颜色为白色，在选项栏中选择圆形形状，如图7-170所示。按住Shift键绘制一个小一点的正圆，如图7-171所示。

04 用同样方法多次制作不同颜色的正圆，并依次缩小，如图7-172所示。选择最上面一层正圆，执行"图层>图层样式>内发光"命令，设置"混合模式"为"正常"，"不透明度"为100%，颜色为深蓝色，"大小"为50像素，如图7-173所示。

图7-169

图7-170

图7-171

图7-172

05 选择"渐变叠加"选项，设置"混合模式"为"正常"，"不透明度"为100%，设置一种蓝色系渐变，如图7-174所示。此时最上层的圆出现了立体感，如图7-175所示。

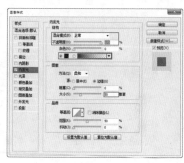

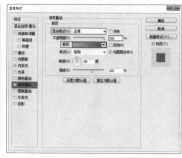

图7-173　　　　　　　　　　图7-174　　　　　　　　　　图7-175

06　使用"自定形状工具"，设置颜色为深蓝色，在选项栏中选择五角星的形状，如图7-176所示。按住Shift键绘制一个正五角星，将其放置在合适位置，如图7-177所示。

07　多次绘制正五角星并放置在合适位置，如图7-178所示。单击工具箱中的"文字工具"按钮 T ，设置合适的字体及大小，在画面中输入数字，如图7-179所示。

08　用同样的方法输入另外两组文字，如图7-180所示。单击工具箱中的"钢笔工具"按钮 ，在浅蓝色的圆上绘制一条圆形路径，如图7-181所示。

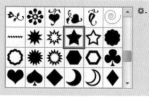

图7-176　　　　　　　图7-177　　　　　　　图7-178　　　　　　　图7-179　　　　　　　图7-180

09　单击"文字工具"按钮 T ，将光标移至路径上，单击输入文字，制作路径文字，如图7-182所示。单击"套索工具"按钮 ，在中间的圆上绘制高光形状，并填充为白色，如图7-183所示。

10　单击"图层"面板中的"添加图层蒙版"按钮 ，使用"渐变填充工具"，设置由白到黑的渐变，在蒙版中进行拖曳填充，完成高光效果的制作，如图7-184所示。

11　设置图层的"不透明度"为96%，置入背景素材文件并栅格化，将其摆放在图层面板底部。效果如图7-185所示。

图7-181　　　　　　　图7-182　　　　　　　图7-183　　　　　　　图7-184　　　　　　　图7-185

☆ 视频课堂——使用矢量工具进行交互界面设计

案例文件\第7章\视频课堂——使用矢量工具进行交互界面设计.psd
视频文件\第7章\视频课堂——使用矢量工具进行交互界面设计.flv
思路解析：
01　使用"圆角矩形工具"制作右侧屏幕主体。
02　使用"圆角矩形工具"制作底部按钮。
03　使用"钢笔工具"绘制左上角不规则形态。

扫码看视频

★ 综合实战——使用矢量工具制作儿童产品广告

案例文件	案例文件\第7章\使用矢量工具制作儿童产品广告.psd
视频教学	视频文件\第7章\使用矢量工具制作儿童产品广告.flv
难易指数	★★★★★
技术要点	钢笔工具、混合模式以及图层蒙版

扫码看视频

案例效果

本例主要是使用"钢笔工具""混合模式"以及"图层蒙版"制作儿童产品广告,如图7-186所示。

图7-186

操作步骤

01 新建文件,使用"渐变工具",设置蓝白色的渐变,"渐变类型"为线性,在画面中拖曳绘制,效果如图7-187所示。

02 新建图层,使用"钢笔工具",设置绘制模式为"路径",在画面中绘制合适的路径形状,如图7-188所示。按Ctrl+Enter快捷键将路径快速转换为选区,并为其填充黑色,效果如图7-189所示。

图7-187

图7-188

03 设置图层的"不透明度"为10%,如图7-190所示。效果如图7-191所示。

图7-189

图7-190

图7-191

04 复制黑色图层,置于"图层"面板顶部,设置其"不透明度"为100%,按Ctrl+U快捷键执行"色相/饱和度"命令,设置"明度"为100,如图7-192所示。效果如图7-193所示。

05 新建图层,使用"钢笔工具",在画面中绘制心形形状,如图7-194所示。按Ctrl+Enter快捷键将路径转换为选区,为其填充白色,效果如图7-195所示。

图7-192

图7-193

图7-194

06 对心形图层执行"图层>图层样式>内发光"命令,设置"不透明度"为75%,颜色为青蓝色,"方法"为"柔和","源"为"边缘","阻塞"为20%,"大小"为200像素,如图7-196所示。选择"外发光"选项,设置"不透明度"为80%,颜色为蓝色,"方法"为"柔和","大小"为46像素,如图7-197所示。

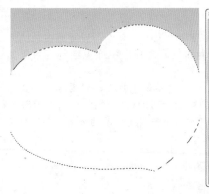

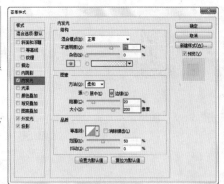

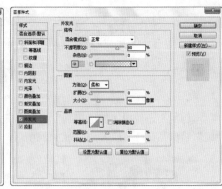

图7-195　　　　　　　　　　图7-196　　　　　　　　　　图7-197

07 选择"投影"选项，设置其"不透明度"为40%，"角度"为-93度，"距离"为5像素，"扩展"为0，"大小"为5像素，如图7-198所示。效果如图7-199所示。

08 置入卡通素材1.jpg，执行"图层>栅格化>智能对象"命令。置于画面中合适的位置，效果如图7-200所示。

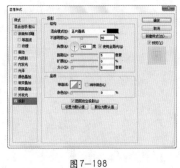

图7-198　　　　　　　　　　图7-199　　　　　　　　　　图7-200

09 置入婴儿素材2.jpg，执行"图层>栅格化>智能对象"命令。置于画面中合适的位置，为其添加图层蒙版，隐藏合适的部分，效果如图7-201所示。在婴儿图层底部新建图层，设置合适的前景色，使用柔角画笔在婴儿底部绘制婴儿的阴影效果，如图7-202所示。

10 在"图层"面板顶部新建图层，使用"钢笔工具"，设置绘制模式为"路径"，在画面中绘制彩带的部分形状，如图7-203所示。按Ctrl+Enter快捷键将其转换为选区，为其填充红色，效果如图7-204所示。

图7-201　　　　　　　　图7-202　　　　　　　　图7-203　　　　　　　　图7-204

11 对其执行"图层>图层样式>渐变叠加"命令，设置红色系的渐变，设置"样式"为"线性"，"角度"为0度，如图7-205所示。选择"投影"选项，设置"不透明度"为40%，"角度"为-93度，"距离"为10像素，"扩展"为0，"大小"为15像素，如图7-206所示。效果如图7-207所示。

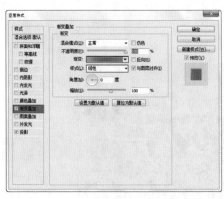
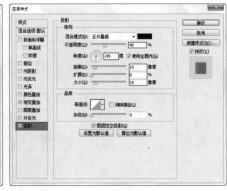
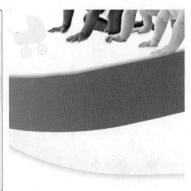

图7-205　　　　　　　　　　　　图7-206　　　　　　　　　　　　图7-207

12 用同样方法制作出丝带两侧的效果，如图7-208所示。

13 使用"钢笔工具"，设置绘制模式为"路径"，在画面中绘制合适的路径。使用"横排文字工具"，设置合适的颜色、字体以及字号，将光标置于路径上，单击输入路径文字，如图7-209所示。再次使用"横排文字工具"，设置合适的前景色、字号以及字体，在画面中输入合适的文字，如图7-210所示。

图7-208　　　　　　　　　　　　图7-209　　　　　　　　　　　　图7-210

14 选中并复制"品"字，将其置于原图层上方，适当将其向上移动，对其执行"图层>图层样式>渐变叠加"命令，编辑合适的渐变颜色，设置"样式"为"线性"，如图7-211所示。效果如图7-212所示。

15 用同样方法为其他文字添加同样的图层样式。最终效果如图7-213所示。

图7-211　　　　　　　　　　　　图7-212

图7-213

课 后 练 习

【课后练习——使用形状工具制作矢量招贴】

思路解析：本案例通过使用多种形状工具制作出卡通风格的画面，并配合使用渐变，丰富画面效果。

扫码看视频

【课后练习——使用钢笔工具制作混合插画】

思路解析：本例主要使用"钢笔工具"绘制画面中的花纹，并配合"画笔工具"与"混合模式"制作人物的妆面。利用矢量元素与位图元素结合，制作混合插画。

扫码看视频

本 章 小 结

　　"钢笔工具"是Photoshop中最具代表性的矢量工具，也是Photoshop中最为常用的工具之一。"钢笔工具"不仅仅用于形状的绘制，更多的是用于复制精确选区的制作，从而实现抠图的目的。所以，为了更快、更好地使用"钢笔工具"，熟记路径编辑工具的快捷键切换方式是非常有必要的。

第8章

文字的编辑与应用

本章内容简介：

文字工具不只应用于排版方面，在平面设计与图像编辑中也占有非常重要的地位。Photoshop中的文字工具由基于矢量的文字轮廓组成，所以文字也具有部分矢量图形所特有的属性，如对已有的文字对象进行编辑时，可以任意缩放文字或调整文字大小而不会产生锯齿现象。

本章学习要点：

* 掌握文字工具的使用方法
* 掌握路径文字与变形文字的制作方法
* 掌握段落版式的设置方法
* 掌握文字属性的编辑方法

8.1 使用文字工具

视频精讲：超值赠送\视频精讲\59.文字的创建、编辑与使用.flv

　　Photoshop提供了4种创建文字的工具。"横排文字工具" T 和"直排文字工具" IT 主要用来创建点文字、段落文字和路径文字，如图8-1所示；"横排文字蒙版工具" T 和"直排文字蒙版工具" IT 主要用来创建文字选区，如图8-2所示。

图8-1

图8-2

扫码看视频

59.文字的创建、编辑与使用

8.1.1　文字工具

技术速查：Photoshop中包括两种文字工具，分别是"横排文字工具" T 和"直排文字工具" IT 。

　　"横排文字工具"可以用来输入横向排列的文字；"直排文字工具"可以用来输入竖向排列的文字，如图8-3和图8-4所示。两种工具的使用方法基本相同，单击工具箱中的工具按钮，接着在选项栏中设置字体、大小、对齐方式、颜色等属性。设置完毕后在画面中键入文字，文字输入完毕后按下键盘上的Ctrl+Enter键完成文字的制作。需要注意的是，在画面中键入文字的方式有多种，不同的方式创建出的文字类型是不同的，在后面的小节中将进行详细的讲解。

图8-3

图8-4

　　"横排文字工具"与"直排文字工具"的选项栏参数基本相同，在文字工具选项栏中可以设置字体的系列、样式、大小、颜色和对齐方式等，如图8-5所示。

图8-5

8.1.2　文字蒙版工具

技术速查：使用文字蒙版工具可以创建文字选区，其中包含"横排文字蒙版工具" T 和"直排文字蒙版工具" IT 两种。

　　使用文字蒙版工具输入文字，如图8-6所示。在选项栏中单击"提交当前编辑"按钮 ✓ 后，文字将以选区的形式出现，如图8-7所示。在文字选区中，可以填充前景色、背景色以及渐变色等，如图8-8所示。

图8-6

图8-7

图8-8

Photoshop CS6中文版从入门到精通（微课视频实例版）

PROMPT 技巧提示

　　在使用文字蒙版工具输入文字时，将光标移动到文字以外区域，光标会变为移动状态，这时单击并拖曳可以移动文字蒙版的位置，如图8-9所示。

　　按住Ctrl键，文字蒙版四周会出现类似自由变换的定界框，如图8-10所示。可以对该文字蒙版进行移动、旋转、缩放、斜切等操作，如图8-11～图8-13所示分别为旋转、缩放和斜切效果。

图8-9

图8-10　　　　　　　　　图8-11　　　　　　　　　图8-12　　　　　　　　　图8-13

8.1.3　动手学：更改文本方向

　　（1）单击工具箱中的"横排文字工具"按钮 T ，在选项栏中设置合适的字体，设置字号为150点，字体颜色为绿色，并在视图中单击输入字母。输入完毕后，单击工具箱中的"提交当前编辑"按钮 ✓ 或按Ctrl+Enter快捷键完成当前操作，如图8-14所示。

　　（2）在选项栏中单击"切换文本取向"按钮 凹 ，可以将横向排列的文字更改为直向排列的文字，如图8-15所示。执行"文字>垂直/水平"命令，可以切换当前文字是以横排或是直排的方式显示。

　　（3）单击工具箱中的"移动工具"按钮，选中文字图层即可调整直排文字的位置，如图8-16所示。

图8-14　　　　　　　　　　　图8-15　　　　　　　　　　　图8-16

8.1.4　动手学：设置字体系列

　　在文档中输入文字以后，如果要更改整个文字图层的字体，可以在"图层"面板中选中该文字图层，在选项栏中单击"设置字体系列"下拉按钮，并在下拉列表中选择合适的字体，如图8-17和图8-18所示。

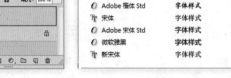

图8-17　　　　　　　　　图8-18

或者执行"窗口>字符"命令，打开"字符"面板，并在"字符"面板中选择合适字体，如图8-19和图8-20所示。

若要改变一个文字图层中的部分字符，可以使用文字工具在需要更改的字符后方单击并向前拖动选择需要更改的字符，如图8-21所示。然后按照上面的操作进行字体的更改即可，如图8-22所示。

图8-19　　　　图8-20　　　　图8-21　　　　图8-22

 答疑解惑——如何为Photoshop添加其他字体？

在实际工作中，为了达到特殊效果，经常需要使用各种各样的字体，这时就需要用户自己安装额外的字体。Photoshop中所使用的字体其实是调用操作系统中的系统字体，所以用户只需要把字体文件安装在操作系统的字体文件夹下即可。目前比较常用的字体安装方法基本上有以下几种。

- 光盘安装：打开光驱，放入字体光盘，光盘会自动运行安装字体程序，选中所需要安装的字体，按照提示即可安装到指定目录下。
- 自动安装：很多字体文件是EXE格式的可执行文件，这种字库文件的安装比较简单，双击运行并按照提示进行操作即可。
- 手动安装：当遇到没有自动安装程序的字体文件时，需要执行"开始>设置>控制面板"命令，打开"控制面板"，然后双击"字体"选项，接着将外部的字体复制到打开的"字体"文件夹中。

安装好字体以后，重新启动Photoshop就可以在选项栏中的字体系列中查找到安装的字体。

8.1.5　动手学：设置字体样式

字体样式只针对部分英文字体有效。输入字符后，可以在选项栏中设置字体的样式，如图8-23所示，包括Airstream、Alba、Alba Matter和Alba Super，这几种样式的效果如图8-24～图8-27所示。

图8-23

图8-24　　　　图8-25　　　　图8-26　　　　图8-27

8.1.6　动手学：设置字体大小

输入文字以后，如果要更改字体的大小，可以直接选中文本图层，在选项栏中输入数值，也可以在下拉列表中选择预设的字体大小，如图8-28所示。

图8-28

若要改变部分字符的大小，则需要选中需要更改的字符，如图8-29所示，然后在选项栏中进行设置，如图8-30所示。

图8-29　　　　　　　　图8-30

8.1.7　动手学：消除锯齿

输入文字以后，可以在选项栏中为文字指定一种消除锯齿的方式，如图8-31所示。

- 选择"无"方式时，Photoshop不会应用消除锯齿，如图8-32所示。
- 选择"锐利"方式时，文字的边缘最为锐利，如图8-33所示。
- 选择"犀利"方式时，文字的边缘比较锐利，如图8-34所示。
- 选择"浑厚"方式时，文字会变粗一些，如图8-35所示。
- 选择"平滑"方式时，文字的边缘会非常平滑，如图8-36所示。

图8-31

图8-32　　　　　图8-33　　　　　图8-34　　　　　图8-35　　　　　图8-36

8.1.8　动手学：设置文本对齐

文本对齐方式是根据输入字符时光标的位置来设置的。在文字工具的选项栏中提供了3个设置文本段落对齐方式的按钮，分别为"左对齐文本"、"居中对齐文本"和"右对齐文本"。选择文本以后，单击所需要的对齐按钮，就可以使文本按指定的方式对齐，如图8-37～图8-39所示为3种对齐方式的效果。

图8-37　　　　　　　　图8-38　　　　　　　　图8-39

技巧提示

如果当前使用的是"直排文字工具"，那么对齐按钮会分别变成"顶对齐文本"按钮、"居中对齐文本"按钮和"底对齐文本"按钮。这3种对齐方式的效果如图8-40～图8-42所示。

图8-40　　　　　　　图8-41　　　　　　　图8-42

8.1.9 动手学：设置文本颜色

输入文本时，文本颜色默认为前景色。如果要修改文字颜色，可以先在文档中选择文本，然后在选项栏中单击颜色块，接着在弹出的"选择文本颜色"对话框中设置所需要的颜色，如图8-43所示。

图8-43

如图8-44和图8-45所示为更改文本颜色前后的效果。

图8-44　　　　　　　图8-45

★ 案例实战——使用文字工具制作网站Banner

案例文件	案例文件\第8章\使用文字工具制作网站Banner.psd
视频教学	视频文件\第8章\使用文字工具制作网站Banner.flv
难易指数	★★★★★
技术要点	文字工具、图层样式

扫码看视频

案例效果

本例主要使用文字工具和图层样式等制作网站Banner，效果如图8-46所示。

操作步骤

01 打开本书资源包中的素材文件1.jpg，如图8-47所示。

图8-46　　　　　　　图8-47

02 使用"横排文字工具"，在选项栏中设置合适的字号以及字体，设置颜色为白色，在画面中单击并输入两组文字，然后使用光标选中其中某几个字符，并将所选字符设置为不同颜色，如图8-48所示。

图8-48

03 选中文字图层，按Ctrl+T快捷键对其执行"自由变换"操作，将其旋转到合适的角度，如图8-49所示。按Ctrl+Enter快捷键完成自由变换，如图8-50所示。

图8-49　　　　　　　图8-50

04 选中大标题文字，对其执行"图层>图层样式>投影"命令，设置"不透明度"为45%，"角度"为79度，"距离"为12像素，"扩展"为0，"大小"为0像素，如图8-51所示。效果如图8-52所示。用同样方法制作底部的文字，如图8-53所示。

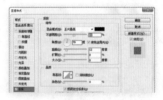

图8-51

图8-52　　　　　　　图8-53

05 最后将素材文件2.png置于画面中合适的位置。执行"图层>栅格化>智能对象"命令。最终效果如图8-54所示。

图8-54

Photoshop CS6中文版从入门到精通（微课视频实例版）

8.2 创建不同类型的文字

在设计中经常需要使用多种版式类型的文字，在Photoshop中将文字分为几个类型，包括点文字、段落文字、路径文字和变形文字等。如图8-55～图8-58所示为一些包含多种文字类型的作品。

图8-55

图8-56

图8-57

图8-58

8.2.1 点文字

💿 **技术速查：** 点文字是一个水平或垂直的文本行，每行文字都是独立的。行的长度随着文字的输入而不断增加，不会进行自动换行，需要手动使用Enter键进行换行。

（1）单击工具箱中的"横排文字工具"按钮 T，在画面中单击，然后输入字符，如图8-59所示。

（2）如果要修改文本内容，可以在"图层"面板中双击文字图层，此时该文字图层的文本处于全部选中的状态，如图8-60和图8-61所示。

图8-59

图8-60

图8-61

（3）在要修改的内容前面单击并向后拖曳选中需要更改的字符，如将Moment修改为Zing，需要将光标放置在Moment前单击并向后拖曳选中Moment，接着输入Zing即可，如图8-62～图8-64所示。

图8-62

图8-63

图8-64

在文本输入状态下，单击3次可以选择一行文字；单击4次可以选择整个段落的文字；按Ctrl+A快捷键可以选择所有的文字。

（4）如果要修改字符的属性，可以选择要修改属性的字符，如图8-65所示，然后在"字符"面板中修改其字号以及颜色，如图8-66所示，可以看到只有选中的文字发生了变化，如图8-67所示。用同样的方法修改其他文字的属性，效果如图8-68所示。

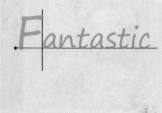

图8-65　　　　　　　　图8-66　　　　　　　　图8-67　　　　　　　　图8-68

★ 案例实战——使用文字工具制作粉笔字

案例文件	案例文件\第8章\使用文字工具制作粉笔字.psd
视频教学	视频文件\第8章\使用文字工具制作粉笔字.flv
难易指数	★★★★★
技术要点	文字工具

扫码看视频

案例效果

本例主要使用文字工具制作粉笔字，效果如图8-69所示。

图8-69

操作步骤

01 打开本书资源包中的素材文件1.jpg，如图8-70所示。

02 单击工具箱中的"横排文字工具"按钮，在选项栏中设置合适的字号以及字体，在画面中单击并输入文字，如图8-71所示。

03 为文字图层添加图层蒙版，选择"画笔工具"，选择合适的画笔形状，设置画笔"大小"为"100像素"，如图8-72所示。设置画笔颜色为黑色，在蒙版中合适的位置单击进行绘制，如图8-73所示。效果如图8-74所示。

图8-70　　　　　　　　图8-71　　　　　　　　图8-72　　　　　　　　图8-73

04 设置前景色为白色，再次使用"横排文字工具"，在画面中单击输入合适的文字，如图8-75所示。

05 在文字上单击并拖动选中其中一个单词，在选项栏中设置合适的文字颜色，如图8-76所示。效果如图8-77所示。

图8-74　　　　　　　　　图8-75　　　　　　　　　图8-76

06 用同样方法更改其他文字的颜色，如图8-78所示。

07 继续为文字图层添加图层蒙版，使用黑色画笔在蒙版中合适的位置绘制，隐藏多余部分。最终效果如图8-79所示。

图8-77　　　　　　　　　图8-78　　　　　　　　　图8-79

☆ 视频课堂——制作电影海报风格金属质感文字

案例文件\第8章\视频课堂——制作电影海报风格金属质感文字.psd
视频文件\第8章\视频课堂——制作电影海报风格金属质感文字.flv
思路解析：
01 使用"横排文字工具"在画面中单击并输入标题文字。
02 在标题文字下方输入4行文字，并在"字符"面板中设置其对齐方式。
03 为标题文字设置图层样式。
04 复制标题文字的图层样式并粘贴到底部文字图层上。

扫码看视频

8.2.2　段落文字

✪ **技术速查**：段落文字由于具有可自动换行、可调整文字区域大小等优势，常用于大量的文本排版中，如海报、画册等，如图8-80和图8-81所示。

（1）单击工具箱中的"横排文字工具"按钮，设置前景色为黑色，设置合适的字体及大小，在操作界面单击并拖曳创建文本框，如图8-82所示，然后在其中输入文字，如图8-83所示。

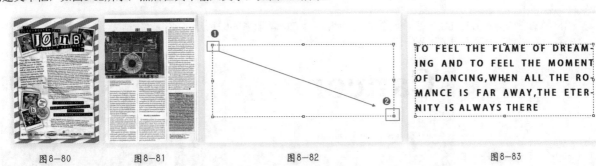

图8-80　　　　　图8-81　　　　　　　　　图8-82　　　　　　　　　图8-83

（2）使用"横排文字工具"在段落文字中单击显示出文字的定界框。拖动控制点调整定界框的大小，文字会在调整后的定界框内重新排列，如图8-84所示。当定界框较小而不能显示全部文字时，其右下角的控制点会变为 ⊞ 状，如图8-85所示。

（3）将光标移至定界框外，当指针变为弯曲的双向箭头 ↻ 时，拖动鼠标可以旋转文字，如图8-86所示。在旋转过程中如果按住Shift键，能够以15°角为增量进行旋转。

TO FEEL THE FLAME
OF DREAMING AND
TO FEEL THE
MOMENT OF
DANCING,WHEN ALL
THE ROMANCE IS
FAR AWAY,THE
ETERNITY IS
ALWAYS THERE

单击并拖曳鼠标

图8-84

TO FEEL THE FLAME OF
DREAMING AND TO FEEL
THE MOMENT OF
DANCING,WHEN ALL THE
ROMANCE IS FAR

图8-85

图8-86

（4）如果想要完成对文本的编辑操作，可以单击工具选项栏中的✓按钮或者按Ctrl+Enter快捷键；如果要放弃对文字的修改，可以单击工具选项栏中的⊘按钮或者按Esc键。

★ 案例实战——杂志版式的制作

案例文件	案例文件\第8章\杂志版式的制作.psd
视频教学	视频文件\第8章\杂志版式的制作.flv
难易指数	★★★★★
技术要点	点文字的创建、段落文字的创建

扫码看视频

案例效果

本例主要使用点文字和段落文字完成杂志版式的制作，效果如图8-87所示。

操作步骤

01 打开背景素材1.jpg，单击工具箱中的"横排文字工具"按钮 T，在选项栏中设置合适字体、大小，设置对齐模式为居中对齐，颜色为黑色，然后在画面左上角单击并输入文字，如图8-88所示。

02 再次使用"横排文字工具"，在选项栏中更改字体、字号及颜色，输入粉色文字，然后在粉色文字前输入黑色数字，如图8-89所示。

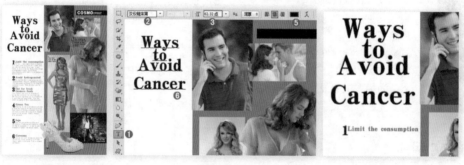

图8-87　　　　　　　图8-88　　　　　　　图8-89

03 继续使用"横排文字工具"，在选项栏中设置合适字体、字号，设置对齐方式为左对齐，颜色为黑色，如图8-90所示。在粉色文字下方按住鼠标左键并进行拖曳，绘制文本框，如图8-91所示。在文本框内输入黑色段落文本，如图8-92所示。

图8-90

04 用同样的方法输入另外几组文字，设置"不透明度"为20%，如图8-93所示。使用"横排文字工具"在右上角黑色矩形上单击并输入文字，设置不同字体及颜色，如图8-94所示。

图8-91　　　　　　　图8-92　　　　　　　图8-93　　　　　　　图8-94

05 再次使用"横排文字工具",分别在合适位置绘制文本框,输入黑色文字,如图8-95和图8-96所示。

06 用同样的方法在右下角的人像旁边输入白色文字。最终效果如图8-97所示。

图8-95

图8-96

图8-97

8.2.3 路径文字

● **技术速查**:路径文字是一种依附于路径并且可以按路径走向排列的文字行,如图8-98和图8-99所示。

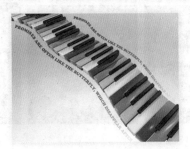

图8-98

图8-99

在Photoshop中,为了制作路径文字,需要先绘制路径,如图8-100所示。然后将文字工具移动到路径上并单击,如图8-101所示。创建的文字会沿着路径排列,改变路径形状时,文字的排列方式也会随之发生改变,如图8-102所示。

图8-100

图8-101

图8-102

★ 案例实战——制作路径文字

案例文件	案例文件\第8章\制作路径文字.psd
视频教学	视频文件\第8章\制作路径文字.flv
难易指数	★★★★★
技术要点	钢笔工具、文字工具

扫码看视频

案例效果

本例主要使用"钢笔工具"、文字工具等制作路径文字,如图8-103所示。

操作步骤

01 打开本书资源包中的素材文件1.jpg,如图8-104所示。

02 使用"横排文字工具",设置合适的字号以及字体,在画面中输入文字,如图8-105所示。

03 对文字执行"图层>图层样式>渐变叠加"命令,设置"不透明度"为100%，编辑一种合适的渐变颜色，设置"样式"为"线性"，"角度"为117度，如图8-106所示。效果如图8-107所示。

   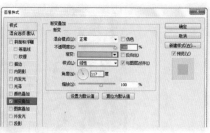

图8-103　　　　　　图8-104　　　　　　图8-105　　　　　　图8-106

04 使用"钢笔工具"，设置绘制模式为"路径"，在画面中绘制路径，如图8-108所示。

05 使用"横排文字工具"，设置合适的字体以及字号，将光标置于路径上，即可输入路径文字，如图8-109所示。继续使用"横排文字工具"输入合适的文字，如图8-110所示。

06 使用"横排文字工具"，设置前景色为白色，设置合适的字号以及字体，在画面中输入文字，并将其旋转合适的角度。将所有白色文字置于同一图层组中，将其命名为"文字-合并"，如图8-111所示。

图8-107　　　　　　图8-108　　　　　　图8-109　　　　　　图8-110　　　　　　图8-111

07 新建图层，使用"渐变工具"，在选项栏中编辑合适的渐变颜色，设置渐变类型为线性，如图8-112所示，在画面中拖曳绘制渐变，如图8-113所示。

08 选中"图层1"，右击，在弹出的快捷菜单中执行"创建剪贴蒙版"命令，如图8-114所示。效果如图8-115所示。

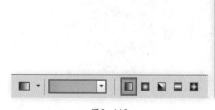   

图8-112　　　　　　图8-113　　　　　　图8-114　　　　　　图8-115

8.2.4　变形文字

◎ 技术速查：在Photoshop中，可以对文字对象进行一系列内置的变形操作，通过这些变形操作可以在不栅格化文字图层的状态下制作多种变形文字，如图8-116和图8-117所示。

输入文字以后，在文字工具的选项栏中单击"创建文字变形"按钮，打开"变形文字"对话框，在该对话框中可以选择变形文字的方式，如图8-118所示，这些变形文字的效果如图8-119所示。

Photoshop CS6中文版从入门到精通（微课视频实例版）

图8-116

图8-117

图8-118

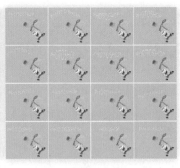
图8-119

 技巧提示

　　对带有"仿粗体"样式的文字进行变形会弹出如图8-120所示的对话框，单击"确定"按钮将去除文字的"仿粗体"样式，并且经过变形操作的文字不能够添加"仿粗体"样式。

图8-120

　　创建变形文字后，可以通过调整其他参数选项来调整变形效果。每种样式都包含相同的参数选项，下面以"鱼形"样式为例来介绍变形文字的各项功能，如图8-121和图8-122所示。

- 水平/垂直：选中"水平"单选按钮，文本扭曲的方向为水平方向，如图8-123所示；选中"垂直"单选按钮，文本扭曲的方向为垂直方向，如图8-124所示。
- 弯曲：用来设置文本的弯曲程度，如图8-125和图8-126所示分别是"弯曲"为-50%和100%时的效果。
- 水平扭曲：设置水平方向透视扭曲变形的程度，如图8-127和图8-128所示分别是"水平扭曲"为-66%和86%时的扭曲效果。

图8-121

图8-122

图8-123

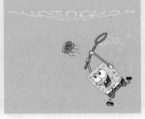
图8-124

图8-125

图8-126

- 垂直扭曲：设置垂直方向透视扭曲变形的程度，如图8-129和图8-130所示分别是"垂直扭曲"为-60%和60%时的扭曲效果。

图8-127

图8-128

图8-129

图8-130

★ 案例实战——制作多彩变形文字

案例文件	案例文件\第8章\制作多彩变形文字.psd
视频教学	视频文件\第8章\制作多彩变形文字.flv
难易指数	★★★★★
技术要点	变形文字、样式

案例效果

本例主要是利用文字变形和载入样式制作多彩质感文字，案例效果如图8-131所示。

操作步骤

扫码看视频

01 打开本书资源包中的素材文件1.jpg，如图8-132所示。

02 使用"横排文字工具"，设置合适的字号以及字体，在画面中输入文字。单击"创建文字变形"按钮，设置"样式"为"扇形"，"弯曲"为50%，如图8-133所示。效果如图8-134所示。

03 用同样方法制作底部的文字，如图8-135所示。

图8-131　　　　　　　　　　图8-132

图8-133　　　　　　　　图8-134　　　　　　　　图8-135

04 执行"编辑>预设>预设管理器"命令，设置"预设类型"为"样式"，单击"载入"按钮，如图8-136所示。在弹出的对话框中选择"样式1.asl"，单击"载入"按钮，如图8-137所示。单击"完成"按钮。用同样方法载入"样式2.asl"。

05 执行"窗口>样式"命令，选中标题文字图层，单击新载入的样式，如图8-138所示。效果如图8-139所示。

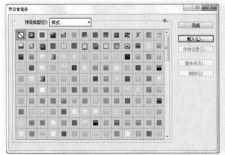  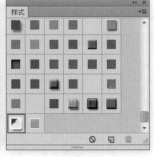

图8-136　　　　　　　　图8-137　　　　　　　　图8-138

06 选中底部的文字图层，为其添加"样式2"，如图8-140所示。最终效果如图8-141所示。

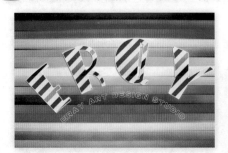 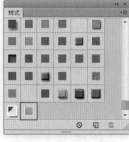 

图8-139　　　　　　　　图8-140　　　　　　　　图8-141

☆ 视频课堂——使用文字工具制作时尚杂志

案例文件\第8章\视频课堂——使用文字工具制作时尚杂志.psd
视频文件\第8章\视频课堂——使用文字工具制作时尚杂志.flv
思路解析：

扫码看视频

01 置入素材，使用形状工具绘制画面中的彩色形状。

02 使用文字工具在画面中单击输入标题文字。

03 使用文字工具在画面中拖动绘制出段落文本框，然后在其中输入段落文字。

8.3 编辑文字

8.3.1 动手学：点文本和段落文本的转换

如果当前选择的是点文本，执行"文字>转换为段落文本"命令，可以将点文本转换为段落文本；如果当前选择的是段落文本，执行"文字>转换为点文本"命令，可以将段落文本转换为点文本。

8.3.2 将文字图层转换为普通图层

 技术速查：对文字图层执行"栅格化"命令即可将其转换为普通图层。

Photoshop中的文字图层不能直接应用滤镜或进行涂抹绘制等变换操作，若要对文本应用滤镜或变换时，就需要将其转换为普通图层，使矢量文字对象变成像素对象。在"图层"面板中选择文字图层，然后在图层名称上右击，接着在弹出的快捷菜单中选择"栅格化文字"命令，就可以将文字图层转换为普通图层，如图8-142所示。

图8-142

☆ 视频课堂——栅格化文字制作多层饼干

案例文件\第8章\视频课堂——栅格化文字制作多层饼干.psd
视频文件\第8章\视频课堂——栅格化文字制作多层饼干.flv
思路解析：

扫码看视频

01 使用"横排文字工具"在画面中添加文字。将文字对象栅格化后并进行液化变形操作。

02 为文字添加图层样式增强立体感，使用画笔工具绘制饼干文字上的颗粒。

03 多次复制文字并变形，并分别添加图层样式，使之呈现出立体感。

8.3.3 将文字图层转换为形状图层

 技术速查："转换为形状"命令可以将文字转换为带有矢量蒙版的形状图层。

选择文字图层，然后在图层名称上右击，接着在弹出的快捷菜单中选择"转换为形状"命令，执行成"转换为形状"命令以后不会保留原始文字属性，如图8-143所示。

图8-143

173

★ 案例实战——将文字转换为形状制作艺术字

案例文件	案例文件\第8章\将文字转换为形状制作艺术字.psd
视频教学	视频教学\第8章\将文字转换为形状制作艺术字.flv
难易指数	★★★★★
技术要点	椭圆选框工具、文字工具、钢笔工具、直接选择工具

案例效果

本例主要使用"椭圆选框工具""横排文字工具""钢笔工具""直接选择工具"等制作艺术文字，如图8-144所示。

扫码看视频

操作步骤

01 打开背景素材文件，如图8-145所示。

02 创建一个"文字"图层组。单击工具箱中的"横排文字工具"按钮 T.，在选项栏中选择合适的字体，分别输入"纯""真""咖""啡"4个字，并调整好4个文字图层的位置。选择"纯"字图层，在"图层"面板中右击，在弹出的快捷菜单中执行"转换为形状"命令，如图8-146所示。此时文字图层转换为形状图层，隐藏"背景"组，如图8-147所示。

图8-144

图8-145

图8-146

03 单击工具箱中的"直接选择工具"按钮 k.，单击"纯"字左侧偏旁的锚点，并向左拖曳变形，如图8-148所示。

04 调整描点，绘制出花纹形状，如图8-149所示。

05 选择"真"字，将其转换为形状，对文字进行调整，使用"直接选择工具"，选择左侧的锚点向外拖曳拉长，如图8-150所示。

06 下面需要对其进行进一步的变形，但是可进行调整的控制点明显不足，所以需要使用"钢笔工具"，在路径上单击添加控制点，然后使用"直接选择工具"调整点的位置，并配合"转换点工具"调整路径弧度。用同样方法制作出文字右上角的花纹效果，如图8-151所示。

图8-147 　 图8-148 　 图8-149 　 图8-150 　 图8-151

07 用同样方法对"咖""啡"二字进行变形制作，如图8-152所示。

08 将"文字"组使用合并快捷键Ctrl+E合并为一个图层，然后执行"窗口>样式"命令，打开"样式"面板，如图8-153所示。在"样式"面板选择一种样式，文字效果如图8-154所示。

09 显示隐藏的"背景"组。最终效果如图8-155所示。

图8-152

图8-153

图8-154

图8-155

8.3.4 创建文字的工作路径

选中文字图层，然后执行"文字>建立工作路径"命令，或在文字图层上右击，在弹出的快捷菜单中执行"建立工作路径"命令，即可得到文字的路径，如图8-156和图8-157所示。

图8-156

图8-157

★ 案例实战——创建工作路径制作云朵文字

案例文件	案例文件\第8章\创建工作路径制作云朵文字.psd
视频教学	视频文件\第8章\创建工作路径制作云朵文字.flv
难易指数	★★★★★
技术要点	描边路径、文字工具

案例效果

扫码看视频

本例主要使用描边路径、文字工具等制作云朵效果文字，如图8-158所示。

图8-158

操作步骤

01 打开本书资源包中的素材文件1.jpg，如图8-159所示。

图8-159

02 使用"横排文字工具"，设置合适的字号和字体，在画面中输入文字。载入文字图层选区，右击，在弹出的快捷菜单中执行"建立工作路径"命令，在弹出的对话框中单击"确定"按钮，如图8-160所示。隐藏文字图层，效果如图8-161所示。

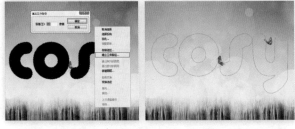

图8-160　　　　　　　　　图8-161

03 设置前景色为白色，按F5键打开"画笔"面板，设置画笔笔尖形状为圆形柔角，设置"大小"为"30像素"，"间距"为25%，如图8-162所示。选择"形状动态"选项，设置"大小抖动"为0%，"控制"为"钢笔压力"，"最小直径"为20%，如图8-163所示。选择"双重画笔"选项，设置"模式"为"颜色加深"，"大小"为"75像素"，"间距"为5%，"数量"为1，如图8-164所示。选择"传递"选项，设置"不透明度抖动"为26%，"流量抖动"为21%，如图8-165所示。

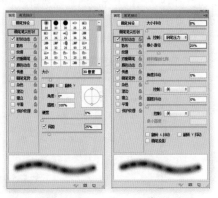

图8-162　　　　　　　　　图8-163

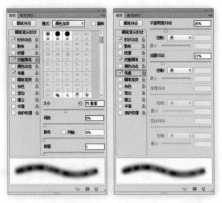

图8-164　　　　　　　　　图8-165

04 新建图层，在画面中右击，在弹出的快捷菜单中执行"描边路径"命令，然后在弹出的对话框中设置"工具"为"画笔"，如图8-166所示。单击"确定"按钮，效果如图8-167所示。

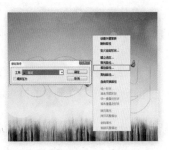

图8-166

图8-167

05 再次打开"画笔"面板，取消选中"双重画笔"选项，选择"散布"选项，设置"散布"为130%，如图8-168所示。使用同样方法为路径描边，效果如图8-169所示。

06 适当调整画笔大小及流量，继续执行"描边路径"命令，如图8-170所示。

  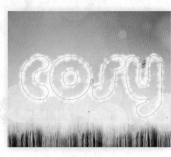

图8-168　　　　　　　图8-169　　　　　　　图8-170

07 用同样方法制作顶部的心形形状，如图8-171所示。置入前景蝴蝶素材2.png，执行"图层>栅格化>智能对象"命令。最终效果如图8-172所示。

图8-171　　　　　　　图8-172

8.3.5　拼写检查

◎ **技术速查：** "拼写检查"命令可以检查当前文本中的英文单词拼写是否有错误。

　　选择文本，然后执行"编辑>拼写检查"命令，打开"拼写检查"对话框，Photoshop会提供修改建议，如图8-173和图8-174所示。想要更改可以单击"更改"按钮，如需忽略此处并继续检查可以单击"忽略"按钮。

◎ **不在词典中：** 在这里显示错误的单词。

◎ **更改为/建议：** 在"建议"列表中选择单词以后，"更改为"文本框中就会显示选中的单词。

◎ **忽略：** 单击该按钮，继续拼写检查而不更改文本。

◎ **全部忽略：** 单击该按钮，在剩余的拼写检查过程中忽略有疑问的字符。

◎ **更改：** 单击该按钮，可以校正拼写错误的字符。

◎ **更改全部：** 单击该按钮，校正文档中出现的所有拼写错误。

图8-173　　　　　　　　　图8-174

● 添加：单击该按钮，可以将无法识别的正确单词存储到词典中。这样后面再次出现该单词时，就不会被检查为拼写错误。

● 检查所有图层：选中该复选框，可以对所有文字图层进行拼写检查。

8.3.6　动手学：查找和替换文本

● 技术速查：使用"查找和替换文本"命令能够快速地查找和替换指定的文字。

执行"编辑>查找和替换文本"命令，可以打开"查找和替换文本"对话框，如图8-175所示。

● 查找内容：在这里输入要查找的内容。

● 更改为：在这里输入要更改的内容。

● 查找下一个：单击该按钮，即可查找到需要更改的内容。

● 更改：单击该按钮，即可将查找到的内容更改为指定的文字内容。

● 更改全部：若要替换所有要查找的文本内容，可以单击该按钮。

● 完成：单击该按钮，可以关闭"查找和替换文本"对话框，完成查找和替换文本的操作。

图8-175

● 搜索所有图层：选中该复选框，可以搜索当前文档中的所有图层。

● 向前：从文本中的插入点向前搜索。如果取消选中该复选框，不管文本中的插入点在什么位置，都可以搜索图层中的所有文本。

● 区分大小写：选中该复选框，可以搜索与"查找内容"文本框中的文本大小写完全匹配的文字。

● 全字匹配：选中该复选框，可以忽略嵌入在更长字中的搜索文本。

☆ 视频课堂——使用文字工具制作清新自然风艺术字

案例文件\第8章\视频课堂——使用文字工具制作清新自然风艺术字.psd
视频文件\第8章\视频课堂——使用文字工具制作清新自然风艺术字.flv
思路解析：
01 使用"横排文字工具"分别输入4个文字。
02 转换为形状后，调整文字形态。
03 将所有文字合并为一个图层，添加描边和外发光样式。
04 置入风景素材，对文字合并图层创建剪贴蒙版。
05 置入前景素材。

扫码看视频

8.4 使用"字符"/"段落"面板

在文字工具的选项栏中，可以快捷地对文本的部分属性进行修改。如果要对文本进行更多设置，就需要使用到"字符"面板和"段落"面板。

8.4.1　"字符"面板

● 技术速查："字符"面板中提供了比文字工具选项栏更多的调整选项。

文字在画面中占有重要的位置，文字本身的变化及文字的编排、组合等对画面来说极为重要。文字不仅是信息的传达，也是视觉传达最直接的方式，在画面中运用好文字，首先要掌握字体、字号、字距、行距。

在"字符"面板中，除了包括常见的字体系列、字体样式、字体大小、文字颜色和消除锯齿等设置外，还包括行距、字距等常见设置，如图8-176所示。

- 设置字体大小 T：在下拉列表中选择预设数值或者输入自定义数值即可更改字符大小。

- 设置行距 ：行距是指上一行文字基线与下一行文字基线之间的距离。选择需要调整的文字图层，然后在"设置行距"文本框中输入行距数值或在其下拉列表中选择预设的行距值，接着按Enter键即可。如图8-177和图8-178所示分别是行距值为30点和60点时的文字效果。

- 字距微调 VA：用于微调两个字符之间的字距。在设置时，先要将光标插入需要进行字距微调的两个字符之间，然后在文本框中输入所需的字距微调数量。输入正值时，字距会扩大；输入负值时，字距会缩小。如图8-179～图8-181所示分别为插入光标以及字距为200与-100的对比效果。

- 字距调整 ：用于设置文字的字符间距。输入正值时，字距会扩大；输入负值时，字距会缩小。如图8-182和图8-183所示为正字距与负字距效果。

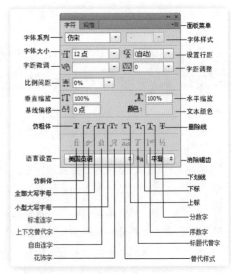

图8-176

图8-177　　　　　　　　　　图8-178

图8-179

图8-180

图8-181

图8-182

图8-183

- 比例间距 ：比例间距是按指定的百分比来减少字符周围的空间。因此，字符本身并不会被伸展或挤压，而是字符之间的间距被伸展或挤压了。如图8-184和图8-185所示分别为比例间距为0和100%时的字符效果。

- 垂直缩放 /水平缩放 ：用于设置文字的垂直或水平缩放比例，以调整文字的高度或宽度。如图8-186～图8-188所示分别为100%垂直和水平缩放，300%垂直、120%水平缩放以及80%垂直、150%水平缩放比例的文字效果。

图8-184

图8-185

图8-186

图8-187

Photoshop CS6中文版从入门到精通（微课视频实例版）

◎ 基线偏移 $\underset{\underline{A}}{A}$：用来设置文字与文字基线之间的距离。输入正值时，文字会上移；输入负值时，文字会下移。如图8-189和图8-190所示分别为基线偏移50点与-50点的对比效果。

◎ 颜色：单击色块，即可在弹出的拾色器中选取字符的颜色。

◎ 文字样式 **T** T TT Tr T¹ T₁ **T** T：设置文字的效果，共有仿粗体、仿斜体、全部大写字母、小型大写字母、上标、下标、下划线和删除线8种，如图8-191所示。

图8-188　　　　　　　　图8-189　　　　　　　　图8-190　　　　　　　　图8-191

◎ Open Type功能 fi ∂ st A aa T 1ˢᵗ ½：分别为"标准连字" fi、"上下文替代字" ∂、"自由连字" st、"化饰字" A、"文体替代字" aa、"标题替代字" T、"序数字" 1ˢᵗ 和"分数字" ½。

◎ 语言设置：用于设置文本连字符和拼写的语言类型。

◎ 消除锯齿方式：输入文字以后，可以在选项栏中为文字指定一种消除锯齿的方式。

☆ 视频课堂——使用文字工具制作多彩花纹立体字

案例文件\第8章\视频课堂——使用文字工具制作多彩花纹立体字.psd
视频文件\第8章\视频课堂——使用文字工具制作多彩花纹立体字.flv
思路解析：

01 使用文字工具依次输入单个文字。
02 将文字栅格化后进行变形操作。
03 复制每个字符，放置在后面并更改颜色，模拟出立体效果。
04 置入花纹素材，并赋予文字表面。

扫码看视频

8.4.2 "段落"面板

◎ 技术速查："段落"面板提供了用于设置段落编排格式的所有选项。

在文字排版中经常会用到"段落"面板，通过"段落"面板可以设置段落文本的对齐方式和缩进量等参数，如图8-192所示。

◎ 左对齐文本 ▤：文字左对齐，段落右端参差不齐，如图8-193所示。

◎ 居中对齐文本 ▤：文字居中对齐，段落两端参差不齐，如图8-194所示。

◎ 右对齐文本 ▤：文字右对齐，段落左端参差不齐，如图8-195所示。

◎ 最后一行左对齐 ▤：最后一行左对齐，其他行左右两端强制对齐，如图8-196所示。

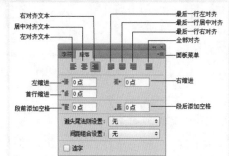

图8-192

图8-193

图8-194　　　　　　　　　　　　图8-195　　　　　　　　　　　　图8-196

- 最后一行居中对齐▤：最后一行居中对齐，其他行左右两端强制对齐，如图8-197所示。
- 最后一行右对齐▤：最后一行右对齐，其他行左右两端强制对齐，如图8-198所示。
- 全部对齐▤：在字符间添加额外的间距，使文本左右两端强制对齐，如图8-199所示。

图8-197　　　　　　　　　　　　图8-198　　　　　　　　　　　　图8-199

 技巧提示

当文字为直排列方式时，对齐按钮会发生一些变化，如图8-200所示。

图8-200

- 左缩进▸▤：用于设置段落文本向右（横排文字）或向下（直排文字）的缩进量。如图8-201所示是设置左缩进为6点时的段落效果。

- 右缩进▤◂：用于设置段落文本向左（横排文字）或向上（直排文字）的缩进量。如图8-202所示是设置右缩进为6点时的段落效果。

- 首行缩进▤：用于设置段落文本中每个段落的第1行向右（横排文字）或第1列文字向下（直排文字）的缩进量。如图8-203所示是设置首行缩进为10点时的段落效果。

- 段前添加空格▤：设置光标所在段落与前一个段落之间的间隔距离。如图8-204所示是设置段前添加空格为10点时的段落效果。

- 段后添加空格▤：设置当前段落与另外一个段落之间的间隔距离。如图8-205所示是设置段后添加空格为10点时的段落效果。

- 避头尾法则设置：不能出现在一行的开头或结尾的字符称为避头尾字符，Photoshop提供了基于标准JIS的宽松和严格的避头尾集，宽松的避头尾设置忽略长元音字符和小平假名字符。选择"JIS宽松"或"JIS严格"选项时，可以防止在一行的开头或结尾出现不能使用的字母。

- 间距组合设置：用于设置日语字符、罗马字符、标点和特殊字符在行开头、行结尾和数字的间距文本编排方式。选择"间距组合1"选项，可以对标点使用半角间距；选择"间距组合2"选项，可以对行中除最后一个字符外的大多数字符使用全角间距；选择"间距组合3"选项，可以对行中的大多数字符和最后一个字符使用全角间距；选择"间距组合4"选项，可以对所有字符使用全角间距。

图8-201

图8-202

图8-203

连字：选中该复选框以后，在输入英文单词时，如果段落文本框的宽度不够，英文单词将自动换行，并在单词之间用连字符连接起来，如图8-206所示。

图8-204

图8-205

图8-206

8.4.3　"字符样式"面板

⊙ 技术速查：在"字符样式"面板中可以创建字符样式、更改与存储字符属性。

在进行书籍、报纸杂志等包含大量文字的排版任务时，经常需要为多个文字图层赋予相同的样式，在Photoshop CS6中提供的"字符样式"面板为此类操作提供了便利的操作方式。在需要使用时，只需要选中文字图层，并选择相应字符样式即可，如图8-207所示。

⊙ "清除覆盖"按钮 ↺：单击该按钮，即可清除当前字体样式。
⊙ "通过合并覆盖重新定义字符样式"按钮 ✔：单击该按钮，即可以所选文字合并覆盖当前字符样式。
⊙ "创建新样式"按钮 ▱：单击该按钮，可以创建新的样式。
⊙ "删除选项样式/组"按钮 🗑：单击该按钮，可以将当前选中的新样式或新样式组删除。

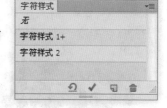
图8-207

8.4.4　"段落样式"面板

⊙ 技术速查："段落样式"面板与"字符样式"面板的使用方法相同，都可以进行样式的定义、编辑与调用。

字符样式主要用于类似标题文字的较少文字的排版，而段落样式多应用于类似正文的大段文字的排版，如图8-208所示。

扫码学知识

创建与使用
字符样式

图8-208

★ 综合实战——草地上的木质文字

案例文件	案例文件\第8章\草地上的木质文字.psd
视频教学	视频教学\第8章\草地上的木质文字.flv
难易指数	★★★★★
技术要点	文字工具、自由变换、图层样式

扫码看视频

案例效果

本例主要是使用"文字工具""自由变换""图层样式"制作草地上的木质文字，如图8-209所示。

操作步骤

01 打开背景素材文件，如图8-210所示。

02 使用"横排文字工具"，设置前景色为白色，设置合适的字号以及字体，在画面中输入字母E，然后使用"自由变换"快捷键Ctrl+T，将其旋转到合适的角度，如图8-211所示。

图8-209　　　　　　　　　图8-210　　　　　　　　　图8-211

03 对文字图层执行"图层>图层样式>渐变叠加"命令，编辑一种咖啡色系的渐变颜色，设置"样式"为"线性"，如图8-212所示。选择"图案叠加"选项，选择合适的图案，如图8-213所示。选择"外发光"选项，设置"不透明度"为100%，编辑一种合适的外发光渐变，设置"方法"为"精确"，"大小"为20像素，如图8-214所示。选择"投影"选项，设置"颜色"为黑色，"距离"为0像素，"扩展"为100%，"大小"为20像素，如图8-215所示。效果如图8-216所示。

图8-212　　　　　图8-213　　　　　图8-214　　　　　图8-215　　　　　图8-216

04 用同样的方法制作其他文字，选中3个文字图层并进行合并，如图8-217所示。

05 对其执行"图层>图层样式>渐变叠加"命令，设置"混合模式"为"柔光"，"不透明度"为60%，编辑一种黑白色系的渐变，设置"样式"为"线性"，如图8-218所示。选择"投影"选项，设置"混合模式"为"正片叠底"，"距离"为5像素，"扩展"为0，"大小"为29像素，如图8-219所示。效果如图8-220所示。

图8-217　　　　　　　图8-218　　　　　　　图8-219　　　　　　　图8-220

06 最后置入前景装饰素材2.png，执行"图层>栅格化>智能对象"命令。置于画面中合适位置，装饰画面效果，如图8-221所示。

图8-221

★ 综合实战——使用文字工具制作文字海报

案例文件	案例文件\第8章\使用文字工具制作文字海报.psd
视频教学	视频文件\第8章\使用文字工具制作文字海报.flv
难易指数	★★★★★
技术要点	文字工具

扫码看视频

案例效果

本例主要是通过使用文字工具创建点文字以及段落文字，如图8-222所示。

图8-222

操作步骤

01 新建文件，设置前景色为白色。单击工具箱中的"圆角矩形工具"按钮，在选项栏中设置绘制模式为"像素"，"半径"为"10像素"，在画面中绘制白色圆角矩形，如图8-223所示。执行"图层>图层样式>描边"命令，设置"大小"为10像素，"位置"为"外部"，"混合模式"为"正常"，设置颜色为绿色，如图8-224所示。效果如图8-225所示。

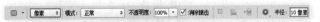

图8-223

图8-224　　　　　　图8-225

02 置入素材文件1.jpg并栅格化，载入圆角矩形图层选区，为素材图层添加图层蒙版，效果如图8-226所示。

03 新建图层，使用"钢笔工具"沿着素材的底部边缘绘制适当的闭合路径，并将其转换为选区，填充白色，如图8-227所示。

图8-226　　　　　　图8-227

04 新建图层组，命名为"文字"。单击工具箱中的"横排文字工具"按钮T，在选项栏中设置合适的字体、字号以及颜色，如图8-228所示。在画面中单击并输入标题文字，如图8-229所示。

图8-228

图8-229

05 选中该文字图层，按Ctrl+J快捷键，复制该图层，并适当移动，在选项栏中更改文字的颜色为绿色，如图8-230所示。效果如图8-231所示。

图8-230

图8-231

06 用同样的方法输入其他标题文字，如图8-232所示。

07 下面开始段落文字的制作。单击工具箱中的"横排文字工具"按钮T，在画面中单击并拖动光标绘制出文本框，如图8-233所示。

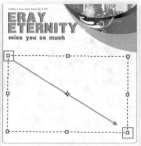

图8-232　　　　　　　　　　图8-233

08 在其中输入文字，在选项栏中设置合适的字体属性。执行"窗口>段落"命令，打开"段落"面板，在其中设置对齐方式为"最后一行左对齐"，如图8-234所示。效果如图8-235所示。

图8-234　　　　　　　　　　图8-235

09 用同样的方法制作其他段落文字以及点文字，效果如图8-236所示。

10 选中"文字"图层组，执行"编辑>自由变换"命令，将文字组旋转到合适角度，最终效果如图8-237所示。

图8-236　　　　　　　　　　图8-237

课 后 练 习

【课后练习——使用文字工具制作欧美风海报】

思路解析：本案例主要使用文字工具，通过对创建的文字进行属性与样式的更改，制作出丰富的文字海报效果。

扫码看视频

1.png

2.jpg

本 章 小 结

本章主要讲解了文字工具的使用方法，通过"字符"/"段落"面板更改文字属性，以及使用"文字"菜单中的命令对文字进行编辑。但是文字的应用不仅仅局限在对图像的说明上，更多的时候是为了丰富和增强画面效果，所以这就需要我们将文字工具与其他功能相结合使用，例如文字与图层样式结合可以制作出多种多样的特效文字，文字与矢量工具结合可以制作出变化万千的艺术字，文字与图像结合则能够制作出丰富多彩的海报。

第9章

图层的基本操作

■本章内容简介：

相对于传统绘画的"单一平面操作"模式而言，以Photoshop为代表的"多图层"模式则大大扩展了图像编辑的空间。在使用Photoshop制图时，有了"图层"这一功能，不仅能够更加快捷地达到目的，更能够制作出意想不到的效果。通过图层的堆叠与混合可以制作出多种多样的效果，用素。在Photoshop中，图层是图像处理时必备的承载元图层来实现效果是一种直观而简便的方法。

本章学习要点：

- 掌握"图层"面板的使用方法
- 掌握图层的常用操作

9.1 图层基础知识

9.1.1 图层的原理

图层的原理其实非常简单，就像分别在多个透明的玻璃上绘画一样，在"玻璃1"上进行绘画不会影响到其他玻璃上的图像；移动"玻璃2"的位置时，那么"玻璃2"上的对象也会跟着移动；将"玻璃4"放在"玻璃3"上，那么"玻璃3"上的对象将被"玻璃4"覆盖。将所有玻璃叠放在一起，则显现出图像的最终效果，如图9-1所示。

图9-1

9.1.2 图层的优势

图层的优势在于每一个图层中的对象都可以单独进行处理，既可以移动图层，也可以调整图层堆叠的顺序，而不会影响其他图层中的内容，还可以通过调整图层之间的堆叠方式调整最终效果，如图9-2和图9-3所示。

图9-2

图9-3

技巧提示

在编辑图层之前，首先需要在"图层"面板中单击该图层，将其选中，所选图层将成为当前图层。绘画以及色调调整只能在一个图层中进行，而移动、对齐、变换或应用"样式"面板中的样式等可以一次性处理所选的多个图层。

9.1.3 认识"图层"面板

扫码看视频

65.图层基础知识与图层面板

● 视频精讲：超值赠送\视频精讲\65.图层基础知识与图层面板.flv

● 技术速查："图层"面板是用于创建、编辑和管理图层以及图层样式的一种直观的"控制器"。

在"图层"面板中，图层名称的左侧是图层的缩览图，它显示了图层中包含的图像内容，而缩览图中的棋盘格代表图像的透明区域，如图9-4所示。

扫码学知识

认识不同的图层

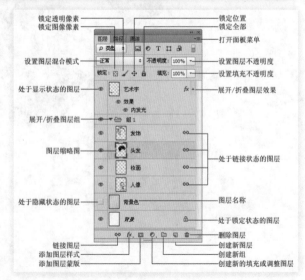

图9-4

- 锁定透明像素回：将编辑范围限制为只针对图层的不透明部分。
- 锁定图像像素✔：防止使用绘画工具修改图层的像素。
- 锁定位置✛：防止图层的像素被移动。
- 锁定全部🔒：锁定透明像素、图像像素和位置，处于这种状态下的图层将不能进行任何操作。
- 设置图层混合模式：用来设置当前图层的混合模式，使之与下面的图像产生混合。
- 设置图层不透明度：用来设置当前图层的不透明度。
- 设置填充不透明度：用来设置当前图层的填充不透明度。该选项与"不透明度"选项类似，但是不会影响图层样式效果。
- 处于显示/隐藏状态的图层👁/□：当该图标显示为眼睛形状时，表示当前图层处于可见状态；而处于空白状态时，则处于不可见状态。单击该图标可以在显示与隐藏之间进行切换。
- 展开/折叠图层组▼：单击该图标可以展开或折叠图层组。
- 展开/折叠图层效果▼：单击该图标可以展开或折叠图层效果，以显示出当前图层添加的所有效果的名称。
- 图层缩览图：显示图层中所包含的图像内容。其中棋盘格区域表示图像的透明区域，非棋盘格区域表示像素区域（即具有图像的区域）。

答疑解惑——如何更改图层缩览图大小？

在默认状态下，缩览图的显示方式为小缩览图，在图层缩览图上右击，然后在弹出的快捷菜单中选择相应的显示方式，即可更改缩览图大小，如图9-5所示。

图9-5

- 链接图层🔗：用来链接当前选择的多个图层。
- 处于链接状态的图层🔗：当链接好两个或两个以上的图层以后，图层名称的右侧就会显示出链接标志。

被链接的图层可以在选中其中某一图层的情况下进行共同移动或变换等操作。

- 添加图层样式fx：单击该按钮，在弹出的菜单中选择一种样式，可以为当前图层添加一个图层样式。
- 添加图层蒙版□：单击该按钮，可以为当前图层添加一个蒙版。
- 创建新的填充或调整图层◑：单击该按钮，在弹出的菜单中选择相应的命令即可创建填充图层或调整图层。
- 创建新组□：单击该按钮，可以新建一个图层组，也可以使用快捷键Ctrl+G。
- 创建新图层🗊：单击该按钮，可以新建一个图层，也可以使用组合键Shift+Ctrl+N。将选中的图层拖曳到该按钮上，可以为当前所选图层创建出相应的副本图层。
- 删除图层🗑：单击该按钮，可以删除当前选择的图层或图层组。也可以直接在选中图层或图层组的状态下按Delete键进行删除。
- 处于锁定状态的图层🔒：当图层缩览图右侧显示有该图标时，表示该图层处于锁定状态。
- 打开面板菜单☰：单击该图标，可以打开"图层"面板的面板菜单。

9.2 新建图层

新建图层的方法有很多种，可以通过执行"图层"菜单中的命令、使用"图层"面板中的按钮或者使用快捷键创建新的图层。当然也可以通过复制已有的图层来创建新的图层，还可以将图像中的局部创建为新的图层，或通过相应的命令来创建不同类型的图层。

9.2.1 动手学：创建普通图层

在"图层"面板底部单击"创建新图层"按钮，即可在当前图层的上一层新建一个图层，如图9-6所示。如果要在当前图层的下一层新建一个图层，可以按住Ctrl键单击"创建新图层"按钮。

如果要在创建图层的同时设置图层的属性，可以执行"图层>新建>图层"命令，在弹出的"新建图层"对话框中设置图层的名称、颜色、混合模式和不透明度等，如图9-7所示。按住Alt键单击"创建新图层"按钮或直接按Shift+Ctrl+N组合键也可以打开"新建图层"对话框。

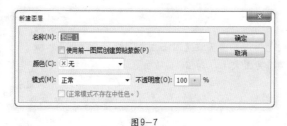

技巧提示

"背景"图层永远处于"图层"面板的最下方，即使按住Ctrl键也不能在其下方新建图层。

图9-6　　　　　　　　　　　图9-7

在图层过多时，为了便于区分查找，可以在"新建图层"对话框中设置图层的颜色，如设置"颜色"为"绿色"，如图9-8所示，那么新建出来的图层就会被标记为绿色，这样有助于区分不同用途的图层，如图9-9所示。

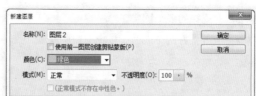

图9-8　　　　　　　图9-9

★ 案例实战——使用拷贝/剪切法创建图层

案例文件	案例文件\第9章\使用拷贝/剪切法创建图层.psd
视频教学	视频文件\第9章\使用拷贝/剪切法创建图层.flv
难易指数	★★★★★
技术要点	"通过拷贝的图层"命令、"通过剪切的图层"命令

案例效果

扫码看视频

本例主要使用"通过拷贝的图层"和"通过剪切的图

层"命令等创建图层，对比效果如图9-10和图9-11所示。

操作步骤

01 打开人像素材1.png，选择背景图层，使用"快速选择工具"选中人像选区，执行"图层>新建>通过拷贝的图层"命令或按Ctrl+J快捷键，将当前图层复制一份，如图9-12所示。

图9-10　　　　　　　　　　　图9-11　　　　　　　　　　　图9-12

Photoshop CS6中文版从入门到精通（微课视频实例版）

02 使用"复制""粘贴"命令或者执行"通过拷贝的图层"命令都可以将选区中的图像复制到一个新的图层中，隐藏原始背景图层，如图9-13所示。

03 如果在图像中创建了选区，执行"图层>新建>通过剪切的图层"命令或按Shift+Ctrl+J快捷键，可以将选区内的图像剪切到一个新的图层中，如图9-14和图9-15所示。

04 最后置入背景素材与前景素材，执行"图层>栅格化>智能对象"命令。并调整图层顺序。最终效果如图9-16所示。

图9-13 图9-14 图9-15 图9-16

9.2.2 动手学：背景和图层的转换

"背景"图层相信大家并不陌生，在Photoshop中打开一张数码照片时，"图层"面板中通常只有一个"背景"图层，并且"背景"图层都处于锁定无法移动的状态。因此，如果要对"背景"图层进行操作，就需要将其转换为普通图层，同时也可以将普通图层转换为"背景"图层，如图9-17所示。

选中"背景"图层，执行"图层>新建>背景图层"命令，在打开的"新建图层"对话框中单击"确定"按钮即可将其转换为普通图层。如果想要将普通图层转换为背景图层，那么需要选择图层，并执行"图层>新建>图层背景"命令。

"背景"图层 普通图层

图9-17

9.2.3 创建填充图层

● 视频精讲：超值赠送\视频精讲\79.创建与使用填充图层.flv

● 技术速查：填充图层是一种比较特殊的图层，它可以使用纯色、渐变或图案填充图层。与普通图层相同，填充图层也可以设置混合模式、不透明度、图层样式以及编辑蒙版等。

（1）以纯色填充图层为例，执行"图层>新建填充图层>纯色"命令，可以打开"新建图层"对话框，在该对话框中可以设置填充图层的名称、颜色、混合模式和不透明度，并且可以为下一图层创建剪贴蒙版，如图9-18和图9-19所示。

扫码看视频

79.创建与使用填充图层

图9-18 图9-19

技巧提示

填充图层也可以直接在"图层"面板中进行创建，单击"图层"面板下面的"创建新的填充或调整图层"按钮，在弹出的菜单中选择相应的命令即可。

（2）在"新建图层"对话框中设置好相关选项以后，单击"确定"按钮，打开"拾色器"对话框，然后拾取一种颜色，单击"确定"按钮后即可创建一个纯色填充图层，如图9-20和图9-21所示。

图9-20   图9-21

（3）如果创建的是渐变填充图层，则会弹出"渐变填充"对话框，如图9-22所示；如果创建的是图案填充图层，则会弹出"图案填充"对话框，如图9-23所示。

（4）创建好填充图层以后，可以对该填充图层进行混合模式、不透明度的调整或编辑其蒙版，当然也可以为其添加图层样式，如图9-24所示。

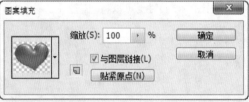

图9-22   图9-23   图9-24

★ 案例实战——使用纯色填充图层制作手纹

案例文件	案例文件\第9章\使用纯色填充图层制作手纹.psd
视频教学	视频文件\第9章\使用纯色填充图层制作手纹.flv
难易指数	★★★★★
技术要点	创建纯色填充图层

扫码看视频

案例效果

本例主要使用创建纯色填充图层命令制作手纹LOGO，效果如图9-25所示。

操作步骤

01 新建文件，设置"宽度"为2480像素，"高度"为2110像素，如图9-26所示。

02 单击工具箱中的"渐变工具"按钮，在选项栏中设置一种由白色到灰色的渐变，单击"径向渐变"按钮，在画面中由中心向外侧拖曳，如图9-27所示。

图9-25   图9-26   图9-27

03 执行"图层>新建填充图层>纯色"命令，在打开的"新建图层"对话框中单击"确定"按钮，如图9-28所示。在拾色器中设置一种橘色，如图9-29所示。

Photoshop CS6中文版从入门到精通（微课视频实例版）

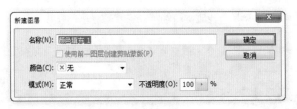

图9-28　　　　　　　　　　　　　　　　　　　　图9-29

04 单击工具箱中的"钢笔工具"按钮，在画面中绘制一个螺旋图形的闭合路径，如图9-30所示。右击，在弹出的快捷菜单中执行"建立选区"命令，按Shift+Ctrl+I组合键反向选择，如图9-31所示。

05 单击纯色图层的图层蒙版，填充黑色，如图9-32所示。

06 用同样的方法可以制作出不同颜色的手指部分，置入背景素材1.jpg并栅格化，摆放在最底层，最终效果如图9-33所示。

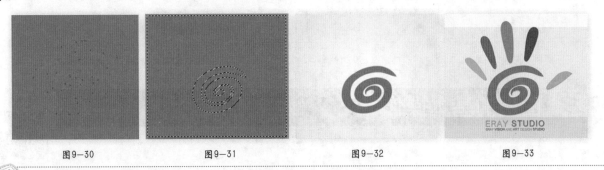

图9-30　　　　　　　　图9-31　　　　　　　　图9-32　　　　　　　　图9-33

思维点拨：色彩

色彩作为商品最显著的外貌特征，能够首先引起消费者的关注。色彩表达着人们的信念、期望和对未来生活的预测。"色彩就是个性""色彩就是思想"，色彩在包装设计中作为一种设计语言，在某种意义上可以说是包装的"包装"。在竞争激烈的商品市场上，要使某一商品具有明显区别于其他商品的视觉特征，达到更富有诱惑消费者的魅力，刺激和引导消费的目的，就都离不开色彩的运用。仅通过色彩，就能实现欣喜的视觉享受。

★ 案例实战——使用渐变填充图层制作饮品菜单

案例文件	案例文件\第9章\使用渐变填充图层制作饮品菜单.psd
视频教学	视频文件\第9章\使用渐变填充图层制作饮品菜单.flv
难易指数	★★★★★
知识掌握	创建渐变填充图层

扫码看视频

案例效果

本例主要使用创建渐变填充图层命令制作饮品菜单，效果如图9-34所示。

操作步骤

01 打开本书资源包中的1.jpg文件，如图9-35所示。

02 单击工具箱中的"圆角矩形工具"按钮，在选项栏中设置绘制模式为"路径"，在画面中绘制一个合适的圆角矩形，按Ctrl+Enter快捷键将路径转换为选区，如图9-36所示。

03 执行"图层>新建填充图层>渐变"命令，可以打开"新建图层"对话框，单击"确定"按钮，如图9-37所示。在弹出的"渐变填充"对话框中双击渐变条，如图9-38所示。

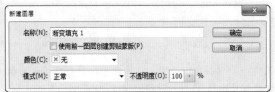

图9-34　　　　　　图9-35　　　　　　图9-36　　　　　　　　　　图9-37

04 在"渐变编辑器"窗口中编辑合适的颜色渐变，如图9-39所示。此时可以看到以圆角矩形选区创建出的渐变填充图层只显示选区以内的部分，如图9-40所示。

05 置入素材文件2.png，执行"图层>栅格化>智能对象"命令。调整至合适大小及位置。最终效果如图9-41所示。

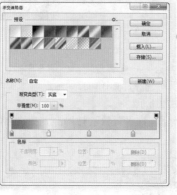

| 图9-38 | 图9-39 | 图9-40 | 图9-41 |

9.3 图层的基本操作

扫码看视频

66. 图层的
基本操作

视频精讲：超值赠送\视频精讲\66.图层的基本操作.flv

图层是Photoshop的核心之一，因为它具有很强的可编辑性。例如选择某一图层、复制图层、删除图层、显示与隐藏图层以及栅格化图层内容等，本节将对图层的编辑进行详细讲解。

9.3.1 动手学：选择/取消选择图层

如果要对文档中的某个图层进行操作，就必须先选中该图层。在Photoshop中，可以选择单个图层，也可以选择连续或非连续的多个图层，如图9-42和图9-43所示。

 技巧提示

在选中多个图层时，可以对多个图层进行删除、复制、移动、变换等操作，但是很多操作，如绘画以及调色等是不能够进行的。

| 图9-42 | 图9-43 |

在"图层"面板中选择一个图层

在"图层"面板中单击某图层，即可将其选中，如图9-44所示。

 技巧提示

选择一个图层后，按Alt+]快捷键可以将当前图层切换为与之相邻的上一个图层，按Alt+[快捷键可以将当前图层切换为与之相邻的下一个图层。

图9-44

在"图层"面板中选择多个连续图层

如果要选择多个连续的图层，可以先选择位于连续图层顶端的图层，如图9-45所示，然后按住Shift键单击位于连续图层底端的图层，即可选择中间连续的图层，如图9-46所示。当然也可以先选择位于底端的图层，然后按住Shift键单击位于顶端的图层，同样可以选择连续图层。

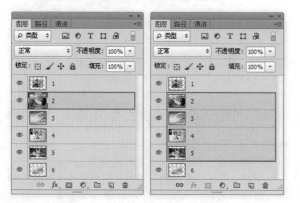

图9-45 图9-46

在"图层"面板中选择多个非连续图层

如果要选择多个非连续的图层，可以先选择其中一个图层，如图9-47所示，然后按住Ctrl键单击其他图层的名称，如图9-48所示。

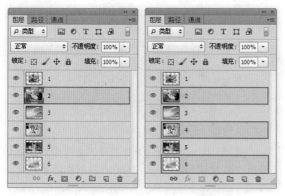

图9-47 图9-48

技巧提示

如果使用Ctrl键连续选择多个图层，只能单击其他图层的名称，绝对不能单击图层缩览图，否则会载入图层的选区。

选择所有图层

如果要选择所有图层，可以执行"选择>所有图层"命令或按Ctrl+Alt+A组合键，即可选除"背景"图层以外的所有图层。如果要选择包含"背景"图层在内的所有图层，可以按住Ctrl键单击"背景"图层的名称。

在画布中快速选择某一图层

当画布中包含很多相互重叠的图层，难以在"图层"面板中进行辨别时，可以在使用"移动工具"的状态下右击目标图像的位置，在显示出的当前重叠图层列表中选择需要的图层，如图9-49所示。

图9-49

技巧提示

在使用其他工具的状态下，可以按住Ctrl键暂时切换到"移动工具"状态，然后右击，同样可以显示当前位置重叠的图层列表。

快速选择链接的图层

如果要选择链接的图层，可以先选择一个链接图层。然后执行"图层>选择链接图层"命令即可，如图9-50和图9-51所示。

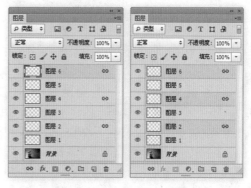

图9-50 图9-51

取消选择图层

如果不想选择任何图层，可以执行"选择>取消选择图层"命令。另外，也可以在"图层"面板中最下面的空白处单击，即可取消选择所有图层，如图9-52和图9-53所示。

图9-52　　　　　　　图9-53

9.3.2　调整图层的堆叠顺序

💿 技术速查：在"图层"面板中排列着很多图层，排列位置靠上的图层优先显示，而排列在后面的图层则可能被遮盖住。在操作的过程中经常需要调整"图层"面板中图层的顺序以配合操作需要，如图9-54和图9-55所示。

图9-54　　　　　　　图9-55

选择一个图层，然后执行"图层>排列"菜单下的子命令，可以调整图层的排列顺序，如图9-56所示。

图9-56

☎ **答疑解惑——如果图层位于图层组中，排列顺序会是怎样？**

如果所选图层位于图层组中，执行"前移一层""后移一层"和"反向"命令时，与图层不在图层组中没有区别，但是执行"置为顶层"和"置为底层"命令时，所选图层将被调整到当前图层组的最顶层或最底层。

也可以在"图层"面板中将一个图层拖曳到另外一个图层的上面或下面，即可调整图层的排列顺序，如图9-57和图9-58所示。

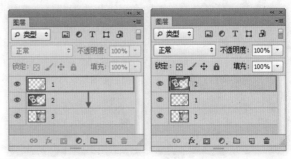

图9-57　　　　　　　图9-58

9.3.3　使用图层组管理图层

💿 技术速查：图层组可以将图层进行"分门别类"，使文档操作更加有条理，寻找起来也更加方便快捷。

在进行一些比较复杂的合成时，图层的数量往往会越来越多，要在众多图层中找到需要的图层，将会是一件非常麻烦的事情。所以，可以使用图层组来方便地管理图层。

创建图层组

单击"图层"面板底部的"创建新组"按钮 📁，即可在"图层"面板中出现新的图层组，如图9-59所示。

图9-59

在"图层"面板中按住Alt键选择需要的图层，然后将其拖曳至"新建组"按钮上，即可以将所选图层创建为图层组。

也可以创建嵌套结构的图层组，即该组内还包含其他图层组，也就是"组中组"。创建方法是将当前图层组拖曳到"创建新组"按钮 📁 上，这样原始图层组将成为新组的下级组。或者创建新组，将原有的图层组拖曳放置在新创建的图层组中。

将图层移入或移出图层组

选择一个或多个图层，然后将其拖曳到图层组内，如

图9-60所示，就可以将其移入该组中，如图9-61所示。

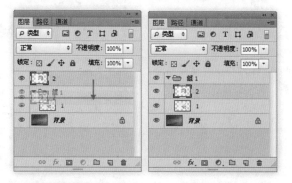

图9-60　　　　　　　图9-61

将图层组中的图层拖曳到组外，如图9-62所示，就可以将其从图层组中移出，如图9-63所示。

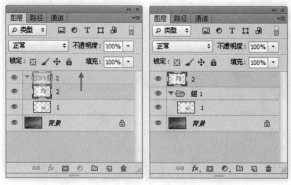

图9-62　　　　　　　图9-63

⬚ 取消图层编组

在图层组名称上右击，然后在弹出的快捷菜单中选择"取消图层编组"命令，如图9-64所示。

图9-64

9.3.4　动手学：复制图层

在要复制的图层上右击，在弹出的快捷菜单中选择"复制图层"命令（快捷键Ctrl+J），如图9-65所示。或将需要复制的图层拖曳到"创建新图层"按钮 ▢ 上，即可复制出

该图层的副本，如图9-66所示。

图9-65　　　　　　　图9-66

9.3.5　动手学：删除图层

如果要删除一个或多个图层，可以选择相应图层，将其拖曳到"删除图层"按钮 🗑 上，如图9-67所示。或者直接按Delete键。执行"图层>删除>隐藏图层"命令，可以删除所有隐藏的图层。

图9-67

9.3.6　显示与隐藏图层/图层组

● 技术速查：图层缩略图左侧的图标 👁/▣ 用来控制图层的可见性。单击图标可以在图层的显示与隐藏之间进行切换。

图标 👁 出现时，表示该图层可见，如图9-68所示；图标 ▣ 出现时，表示该图层隐藏，如图9-69所示。执行"图层>隐藏图层"命令，可以将选中的图层隐藏起来。

图9-68　　　　　　　图9-69

答疑解惑——如何快速隐藏多个连续图层？

将光标放在一个图层前的 ◉ 图标上，然后按住鼠标左键垂直向上或向下拖曳光标，可以快速隐藏多个相邻的图层，这种方法也可以快速显示隐藏的图层，如图9-70所示。

如果文档中存在两个或两个以上的图层，按住Alt键单击 ◉ 图标，可以快速隐藏该图层以外的所有图层，按住Alt键再次单击 ◉ 图标，可以显示被隐藏的图层。

图9-70

9.3.7　链接图层与取消链接

◉ **技术速查**：链接图层可以快速地对多个图层进行统一操作，如进行移动、变换、创建剪贴蒙版等操作。

在制作过程中，对于例如LOGO的文字和图形部分、包装盒的正面和侧面部分等，如果每次操作都必须选中这些图层将会很麻烦，取而代之的是可以将这些图层链接在一起，如图9-71和图9-72所示。

选择需要进行链接的两个或两个以上图层，然后执行"图层>链接图层"命令或单击"图层"面板底部的"链接图层"按钮 ⊖ ，可以将这些图层链接起来，如图9-73和图9-74所示。

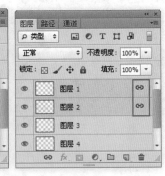

图9-71　　　　　图9-72　　　　　　　图9-73　　　　　　　图9-74

如果要取消某一图层的链接，可以选择其中一个链接图层，然后单击"链接图层"按钮 ⊖ ；若要取消全部链接图层，需要选中全部链接图层并单击"链接图层"按钮 ⊖ 。

9.3.8　修改图层的名称与颜色

◉ **技术速查**：在图层较多的文档中，修改图层名称及其颜色有助于快速找到相应的图层。

执行"图层>重命名图层"命令，或在图层名称上双击，激活名称输入框，即可以修改图层名称，如图9-75所示。

更改图层颜色也是一种便于快速找到图层的方法，在图层上右击，在弹出的快捷菜单的下半部分可以看到多种颜色名称，选择其中一种即可更改当前图层前方的色块效果，选择"无颜色"选项即可去除颜色效果，如图9-76所示。

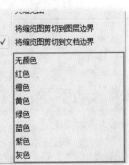

图9-75　　　　　　　　　　　　　　　图9-76

9.3.9 锁定图层

- 技术速查：锁定图层可以用来保护图层透明区域、图像像素和位置，使用这些按钮可以根据需要完全锁定或部分锁定图层，以免因操作失误而对图层的内容造成破坏。

  在"图层"面板的上半部分有多个锁定按钮，如图9-77所示。

- "锁定透明像素"按钮 ▧：激活该按钮以后，可以将编辑范围限定在图层的不透明区域。锁定了图层的透明像素，使用"画笔工具"在图像上进行涂抹，只能在含有图像的区域进行绘画。

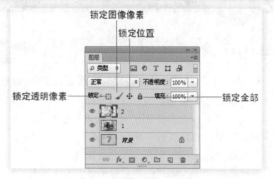

图9-77

 答疑解惑——为什么锁定状态图标有空心的和实心的？

　　当图层被完全锁定之后，图层名称的右侧会出现一个实心的锁图标 🔒，如图9-78所示；当图层只有部分属性被锁定时，图层名称的右侧会出现一个空心的锁图标 🔓，如图9-79所示。

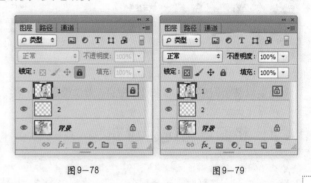

图9-78　　　　　　　　　　图9-79

- "锁定图像像素"按钮 ✔：激活该按钮后，只能对图层进行移动或变换操作，不能在图层上绘画、擦除或应用滤镜。
- "锁定位置"按钮 ✛：激活该按钮后，图层将不能移动。该功能对于设置了精确位置的图像非常有用。
- "锁定全部"按钮 🔒：激活该按钮后，图层将不能进行任何操作。

9.3.10 栅格化图层内容

- 技术速查：栅格化图层内容是指将矢量对象或不可直接进行编辑的图层转换为可以直接进行编辑的像素图层的过程。

　　文字图层、形状图层、矢量蒙版图层或智能对象等包含矢量数据的图层是不能够直接进行编辑的，需要先将其栅格化以后才能进行相应的编辑。在"图层"面板中选中该图层并右击，执行"栅格化图层"操作，如图9-80所示。执行"图层>栅格化>所有图层"命令，可以将所有非普通图层进行栅格化。

图9-80

9.4 对齐与分布图层

扫码看视频

67. 图层的
对齐与分布

9.4.1 对齐图层

- 视频精讲：超值赠送\视频精讲\67.图层的对齐与分布.flv
- 技术速查：使用"对齐"命令可以对多个图层所处位置进行调整，以制作出秩序井然的画面效果。

当文档中包含多个图层时，如果想要将图层按照一定方式进行排列或对齐，可以在"图层"面板中选择这些图层，如图9-81所示。然后执行"图层>对齐"菜单下的子命令，可以将多个图层进行对齐，如图9-82所示。另外，在使用"移动工具"状态下，选项栏中有一排对齐按钮分别与"图层>对齐"菜单下的子命令相对应。例如执行"图层>对齐>顶边"命令，可以将选定图层上的顶端像素与所有选定图层上最顶端的像素进行对齐，如图9-83所示；执行"图层>对齐>左边"命令，可以将选定图层上的左端像素与最左端图层的左端像素进行对齐，如图9-84所示。

图9-81

图9-82

图9-83

图9-84

如果要以某个图层为基准来对齐图层，首选要链接好需要对齐的图层，然后选择需要作为基准的图层，接着执行"图层>对齐"菜单下的子命令。

9.4.2 将图层与选区对齐

扫码看视频

68. 将图层
与选区对齐

- 视频精讲：超值赠送\视频精讲\68.将图层与选区对齐.flv

当画面中存在选区时，选择一个图层，执行"图层>将图层与选区对齐"命令，在子菜单中即可选择一种对齐方法，所选图层即可以选择的方法进行对齐，如图9-85～图9-88所示。

图9-85

图9-86

图9-87

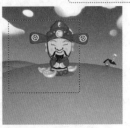

图9-88

9.4.3 分布图层

扫码看视频

67. 图层的
对齐与分布

- 视频精讲：超值赠送\视频精讲\67.图层的对齐与分布.flv
- 技术速查：在Photoshop中可以使用"分布"命令对多个图层的分布方式进行调整，以制作出整齐的画面效果。

当一个文档中包含多个图层（至少为3个图层，且"背景"图层除外）时，执行"图层>分布"菜单下的子命令，可将这些图层按照一定的规律均匀分布，如图9-89所示。

在使用"移动工具"状态下，选项栏中有一排分布按钮分别与"图层>分布"菜单下的子命令相对应，如图9-90所示。

图9-89

图9-90

★ 案例实战——使用对齐与分布制作杂志版式

案例文件	案例文件\第9章\使用对齐与分布制作杂志版式.psd
视频教学	视频文件\第9章\使用对齐与分布制作杂志版式.flv
难易指数	★★★★★
技术要点	"对齐""分布"命令

扫码看视频

案例效果

本例主要使用"对齐"和"分布"命令制作杂志版式，如图9-91所示。

操作步骤

01 打开PSD格式的分层素材文件1.psd，如图9-92和图9-93所示。

02 按住Shift键，在"图层"面板中选择"图层1""图层2""图层3"，如图9-94所示。执行"图层>对齐>垂直居中"命令，如图9-95所示。

图9-91　　图9-92　　图9-93　　图9-94　　图9-95

03 执行"图层>分布>左边"命令，调整图片的间距，如图9-96所示。适当调整图片位置，如图9-97所示。

04 用同样的方法处理另外3个图层，摆放在合适位置。最终效果如图9-98所示。

图9-96　　图9-97

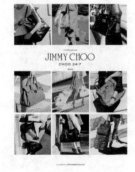

图9-98

思维点拨：排版中的图片数量

在排版设计中，以图片为主的排版样式占有很大的比重，其视觉冲击力比文字强85%。图片的数量多少，可影响读者的阅读兴趣。如果版面只采用一张图片，那么这张图片的内容就决定着人们对版面的印象，该图片的质量也决定着版面效果的优秀与否。增加一张图片，则可活跃版面，同时也就出现了对比的格局。

图片增加到3张以上，就能营造出很"热闹"的版面氛围了，非常适合于普及的、热闹的和新闻性强的读物。有了多张图片，读者就有了浏览的余地。但图片数量的多少并不是设计者随心所欲决定的，而是要根据版面的内容来精心安排，如图9-99和图9-100所示。

图9-99　　图9-100

9.5 自动对齐与自动混合图层

9.5.1 自动对齐图层

🔘 视频精讲：超值赠送\视频精讲\21.自动对齐图层.flv

🔘 技术速查：使用"自动对齐图层"命令可以根据不同图层中的相似内容（如角和边）自动对齐图层。

扫码看视频

21.自动对齐图层

很多时候为了节约成本，拍摄全景图像时经常需要拍摄多张后在后期软件中进行拼接。"自动对齐图层"命令可以指定一个图层作为参考图层，也可以让Photoshop自动选择参考图层，其他图层将与参考图层对齐，以便使匹配的内容能够自动进行叠加。

将拍摄的多张图像置入同一文件中，并摆放在合适位置，在"图层"面板中选择两个或两个以上的图层，如图9-101所示，然后执行"编辑>自动对齐图层"命令，打开"自动对齐图层"对话框，如图9-102所示，设置后单击"确定"按钮，对比效果如图9-103所示。

图9-101

图9-102

图9-103

🔘 自动：通过分析源图像应用"透视"或"圆柱"版面。

🔘 透视：通过将源图像中的一张图像指定为参考图像来创建一致的复合图像，然后变换其他图像，以匹配图层的重叠内容。

🔘 圆柱：通过在展开的圆柱上显示各个图像来减少在"透视"版面中会出现的"领结"扭曲，同时图层的重叠内容仍然相互匹配。

🔘 球面：将图像与宽视角对齐（垂直和水平）。指定某个源图像（默认情况下是中间图像）作为参考图像以后，对其他图像执行球面变换，以匹配重叠的内容。

🔘 拼贴：对齐图层并匹配重叠内容，并且不更改图像中对象的形状（如圆形将仍然保持为圆形）。

🔘 调整位置：对齐图层并匹配重叠内容，但不会变换（伸展或斜切）任何源图层。

🔘 晕影去除：对导致图像边缘（尤其是角落）比图像中心暗的镜头缺陷进行补偿。

🔘 几何扭曲：补偿桶形、枕形或鱼眼失真。

★ 案例实战——自动对齐制作全景图

案例文件	案例文件\第9章\自动对齐制作全景图.psd
视频教学	视频文件\第9章\自动对齐制作全景图.flv
难易指数	
技术要点	自动对齐

案例效果

扫码看视频

本例使用"自动对齐图层"命令将多张图片对齐，效果如图9-104所示。

图9-104

操作步骤

01 按Ctrl+N快捷键，打开"新建"对话框，设置"宽度"为2560像素，"高度"为1024像素，"分辨率"为72像素/英寸，具体参数设置如图9-105所示。

图9-105

Photoshop CS6中文版从入门到精通（微课视频实例版）

02 按Ctrl+O快捷键，打开本书资源包中的3张素材文件，然后按照顺序将素材分别拖曳到操作界面中，如图9-106所示。

图9-106

03 在"图层"面板中选择其中一个图层，然后按住Ctrl键的同时分别单击另外几个图层的名称（注意，不能单击图层的缩略图，因为这样会载入图层的选区），同时选中这些图层，如图9-107所示。

图9-107

技巧提示

在这里也可以先选择"图层1"，然后按住Shift键的同时单击"图层4"的名称或缩略图，这样也可以同时选中这4个图层。使用Shift键选择图层时，可以选择多个连续的图层，而使用Alt键选择图层时，可以选择多个连续或间隔开的图层。

04 执行"编辑>自动对齐图层"命令，在弹出的"自动对齐图层"对话框中选中"自动"单选按钮，如图9-108和图9-109所示。

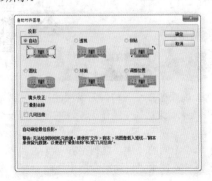

图9-108

图9-109

05 使用"剪切工具"把图剪切整齐。此时可以观察到这3张图像已经对齐，并且图像之间没有间隙，如图9-110所示。

图9-110

9.5.2　自动混合图层

扫码看视频

[22.自动混合图层二维码]

22.自动混合图层

● 视频精讲：超值赠送\视频精讲\22.自动混合图层.flv

● 技术速查："自动混合图层"功能是根据需要对每个图层应用图层蒙版，以遮盖过渡曝光或曝光不足的区域或内容差异。使用"自动混合图层"命令可以缝合或者组合图像，从而在最终图像中获得平滑的过渡效果。

"自动混合图层"命令仅适用于RGB或灰度图像，不适用于智能对象、视频图层、3D图层或"背景"图层。选择两个或两个以上的图层，然后执行"编辑>自动混合图层"命令，打开"自动混合图层"对话框，设置合适的混合方式，即可将多个图层进行混合，如图9-111~图9-113所示。

图9-111　　　　　　图9-112

图9-113

● 全景图：将重叠的图层混合成全景图。

● 堆叠图像：混合每个相应区域中的最佳细节。该选项最适合用于已对齐的图层。

★ 案例实战——使用自动混合命令合成图像

案例文件	案例文件\第9章\使用自动混合命令合成图像.psd
视频教学	视频文件\第9章\使用自动混合命令合成图像.flv
难易指数	★★★★★
技术要点	"自动混合图层"命令

扫码看视频

案例效果

本例使用"自动混合图层"的"堆叠图像"混合方法将两张风景图像进行合成，如图9-114所示。

图9-114

操作步骤

01 按Ctrl+O快捷键，打开本书资源包中的两张素材文件，如图9-115和图9-116所示。

图9-115

图9-116

02 将花朵素材放置在天空的位置，如图9-117所示。

图9-117

03 在"图层"面板中同时选择图层1和2，然后执行"编辑>自动混合图层"命令，接着在弹出的"自动混合图层"对话框中设置"混合方法"为"堆叠图像"，如图9-118所示。最终效果如图9-119所示。

图9-118

图9-119

☆ 视频课堂——制作无景深的风景照片

扫码看视频

案例文件\第9章\视频课堂——制作无景深的风景照片.psd

视频文件\第9章\视频课堂——制作无景深的风景照片.flv

思路解析：

01 置入两幅焦点不同的照片，摆列整齐。

02 选中两张照片，使用"自动混合图层"命令。

9.6 合并与盖印图层

🔘 视频精讲：超值赠送\视频精讲\69.合并图层与盖印图层.flv

　　在编辑过程中经常需要将几个图层进行合并编辑或将文件进行整合以减少占用的内存，这时就需要使用合并与盖印图层命令。

9.6.1　合并图层

🔘 技术速查：使用"合并图层"命令可以将多个图层合并为一个图层。

　　在"图层"面板中选择要合并的图层，然后执行"图层>合并图层"命令或按Ctrl+E快捷键，可将图层合并，合并以后的图层使用上面图层的名称，如图9-120和图9-121所示。

图9-120　　　　　　　图9-121

9.6.2　合并可见图层

　　执行"图层>合并可见图层"命令或按Shift+Ctrl+E组合键，可以合并"图层"面板中的所有可见图层，如图9-122和图9-123所示。

图9-122　　　　　　　图9-123

9.6.3　拼合图像

🔘 技术速查：执行"图层>拼合图像"命令可以将所有图层都拼合到"背景"图层中。

　　拼合图层时，如果有隐藏的图层，则会弹出一个提示对话框，提醒用户是否要扔掉隐藏的图层，如图9-124所示。

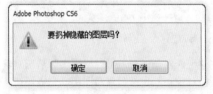

图9-124

9.6.4　动手学：盖印图层

🔘 技术速查："盖印"是一种合并图层的特殊方法，可以将多个图层的内容合并到一个新的图层中，同时保持其他图层不变。

　　盖印图层在实际工作中经常用到，是一种很实用的图层合并方法。选择一个图层，然后按Ctrl+Alt+组合键，可以将该图层中的图像盖印到下面的图层中，原始图层的内容保持不变，如图9-125和图9-126所示。

　　选择多个图层并使用"盖印图层"组合键Ctrl+Alt+E，可以将这些图层中的图像盖印到一个新的图层中，原始图层的内容保持不变。

　　按Shift+Ctrl+Alt+E组合键，可以将所有可见图层盖印到一个新的图层中。

　　选择图层组，然后按Ctrl+Alt+E组合键，可以将组中所有图层内容盖印到一个新的图层中，原始图层组中的内容保持不变。

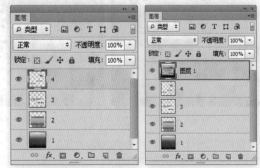

图9-125　　　　　　　图9-126

9.7 智能对象图层

⊙ 技术速查：在Photoshop CS6中，智能对象可以看作嵌入当前文件的一个独立文件，它可以包含位图，也可以包含Illustrator中创建的矢量图形。而且在编辑过程中不会破坏智能对象的原始数据，因此对智能对象图层所执行的操作都是非破坏性操作。

9.7.1 创建智能对象

执行"文件>置入"命令，置入的图像将作为智能对象置入当前文档中，如图9-127所示。如果要将已有的图层转换为智能对象，可以在"图层"面板中选择一个图层，然后执行"图层>智能对象>转换为智能对象"命令，如图9-128所示。智能对象图层也可以像普通图层一样进行移动、复制、删除、变换等操作。而且对智能对象进行缩放时，缩放的只是显示比例，不会对原始内容产生影响。也就是说，将智能对象缩小后再放大到原始大小，图层也不会变模糊。而且为智能对象图层添加滤镜之后，滤镜会以智能滤镜的形式存在，不仅可以随时调整滤镜参数，还可以借助智能滤镜的蒙版控制滤镜操作范围。

图9-127

图9-128

★ 案例实战——编辑智能对象

案例文件	案例文件\第9章\编辑智能对象.psd
视频教学	视频文件\第9章\编辑智能对象.flv
难易指数	★★★★★
知识掌握	掌握如何编辑智能对象

扫码看视频

案例效果

创建智能对象以后，可以根据实际情况对其进行编辑。编辑智能对象不同于编辑普通图层，它需要在一个单独的文档中进行操作。本例主要是针对智能对象的编辑方法进行练习，效果如图9-129所示。

操作步骤

01 打开本书资源包中的1.jpg文件，如图9-130所示。

02 执行"文件>置入"命令，然后在弹出的"置入"对话框中选择文件2.png，此时该素材会作为智能对象置入到当前文档中，如图9-131和图9-132所示。

03 执行"图层>智能对象>编辑内容"命令或双击智能对象图层的缩览图，Photoshop会弹出一个对话框，单击"确定"按钮，如图9-133所示，可以将智能对象在一个单独的文档中打开，如图9-134所示。

图9-129

图9-130

图9-131

图9-132

04 按Ctrl+U快捷键打开"色相/饱和度"对话框，设置"色相"为60，如图9-135所示。效果如图9-136所示。

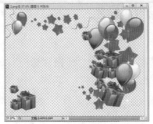
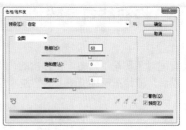

图9-133　　　　　　　图9-134　　　　　　　图9-135

05 单击文档右上角的"关闭"按钮 ✕ 关闭文件,然后在弹出的提示对话框中单击"是"按钮保存对智能对象所进行的修改,如图9-137所示。最终效果如图9-138所示。

图9-136　　　　　　　　　　　图9-137　　　　　　　　　　图9-138

★ 案例实战——替换智能对象内容

案例文件	案例文件\第9章\替换智能对象内容.psd
视频教学	视频文件\第9章\替换智能对象内容.flv
难易指数	★★★★★
知识掌握	掌握如何替换智能对象内容

扫码看视频

案例效果

创建智能对象以后,如果对其不满意,可以将其替换成其他的智能对象,如图9-139和图9-140所示。

操作步骤

01 打开一个包含智能对象的文件1.psd,如图9-141所示。

图9-139　　　　　　　　　图9-140　　　　　　　　　图9-141

02 选择"矢量智能对象"图层,如图9-142所示。执行"图层>智能对象>替换内容"命令,打开"置入"对话框,选择2.png文件,此时智能对象将被替换为2.png。适当调整其大小及位置,最终效果如图9-143所示。

技巧提示

替换智能对象时,图像虽然发生变化,但是图层名称不会改变。

图9-142　　　　　　　　　图9-143

9.7.2 将智能对象转换为普通图层

● 技术速查：执行"图层>智能对象>栅格化"命令可以将智能对象转换为普通图层。

在智能对象图层上右击，在弹出的快捷菜单中执行"栅格化智能对象"命令，可将智能对象转换为普通图层。转换为普通图层以后，原始图层缩览图上的智能对象标志也会消失，如图9-144和图9-145所示。

图9-144

图9-145

课后练习

【课后练习——使用对齐与分布命令制作标准照】

● 思路解析：标准照是日常生活中非常常见的排版，制作起来也非常简单。首先需要根据印刷的尺寸创建合适的文件大小，然后通过多次复制图层，进行合理的对齐和分布即可。

扫码看视频

【课后练习——编辑智能对象】

● 思路解析：当文档中包含智能对象时，不能像对普通图层一样直接对智能对象进行绘制、颜色调整等编辑操作，如需编辑智能对象内容，需要执行特殊操作。

扫码看视频

本 章 小 结

本章主要讲解了图层的基础知识，使读者能够对图层及"图层"面板进行了解，并熟练掌握选择、新建、复制、删除、对齐、分布、查找、合并等基础操作方法。同时还讲解了填充图层与智能对象图层的编辑与使用方法，为下面的学习与实践做准备。

第10章

图层的高级操作

本章内容简介：

图层是Photoshop的核心内容之一，而本章讲解的图层的混合与样式更是图层的精华功能，这两项功能能应用于大部分案例的制作中。图层混合包括图层不透明度、混合模式以及高级混合的设置，而图层样式以其全面的参数设置可供用户单一或搭配使用制作出丰富的质感特效。

本章学习要点：

- 不透明度与填充不透明度的使用
- 图层混合模式的使用技巧
- 不同图层样式配合使用的方法

10.1 图层的不透明度

70. 图层的
不透明度与
混合模式的
设置

⊙ 视频精讲：超值赠送\视频精讲\70.图层的不透明度与混合模式的设置.flv

　　"图层"面板中有专门针对图层的不透明度与填充进行调整的选项，两者在一定程度上来讲都是针对透明度进行调整。不透明度数值越大，图层越不透明；不透明度数值越小，图层越透明。数值为100%时为完全不透明，如图10-1所示；数值为50%时为半透明，如图10-2所示；数值为0时为完全透明，如图10-3所示。

图10-1　　　　　　　　　图10-2　　　　　　　　　图10-3

10.1.1　动手学：调整图层不透明度

⊙ 技术速查："不透明度"选项控制着整个图层的透明属性，包括图层中的形状、像素以及图层样式。

　　如图10-4所示，该图像包含一个"背景"图层与一个"图层0"图层，"图层0"包含多种图层样式，如图10-5所示。

　　如果将"不透明度"调整为50%，可以观察到整个主体以及图层样式都变为半透明的效果，如图10-6和图10-7所示。

图10-4　　　　　　　　图10-5　　　　　　　　图10-6　　　　　　　　图10-7

> 按键盘上的数字键即可快速修改图层的"不透明度"，例如按一下5键，"不透明度"会变为50%；如果按两次5键，"不透明度"会变为55%。

10.1.2　动手学：调整图层填充不透明度

⊙ 技术速查：与"不透明度"选项不同，"填充"不透明度只影响图层中绘制的像素和形状的不透明度，对附加的图层样式效果部分没有影响。

　　将"填充"数值调整为50%，可以观察到主体部分变为半透明效果，而样式效果则没有发生任何变化，如图10-8和图10-9所示。

　　将"填充"数值调整为0%，可以观察到主体部分变为透明，而样式效果仍没有发生任何变化，如图10-10和图10-11所示。

图10-8　　　　　图10-9　　　　　图10-10　　　　　图10-11

 图层的混合模式

🔵 视频精讲：超值赠送\视频精讲\70.图层的不透明度与混合模式的设置.flv

10.2.1　认识图层的混合模式

🔵 **技术速查**：图层的混合模式是指一个图层与其下一图层的色彩叠加方式。

　　图层的混合模式是Photoshop的一项非常重要的功能，它不仅存在于"图层"面板中，在使用绘画工具时也可以通过更改混合模式来调整绘制对象与下面图像的像素的混合方式，可以用来创建各种特效，并且不会损坏原始图像的任何内容。在绘画工具和修饰工具的选项栏，以及"渐隐""填充""描边"命令和"图层样式"对话框中都包含有混合模式。

　　通常情况下，新建图层的混合模式为"正常"，除了"正常"以外，还有很多种混合模式，它们都可以产生迥异的合成效果。如图10-12~图10-14所示为一些使用到混合模式制作的作品。

图10-12　　　　　　图10-13　　　　　　图10-14

　　在"图层"面板中选择一个除"背景"以外的图层，单击面板顶部的 ⇒ 按钮，在弹出的下拉列表中可以选择一种混合模式。图层的混合模式分为6组，共27种，如图10-15所示。

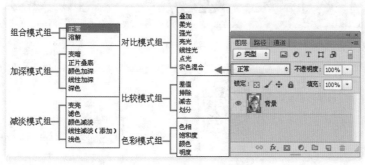

图10-15

10.2.2　组合模式组

- 技术速查：组合模式组中的混合模式需要减小图层的"不透明度"或"填充"数值才能起作用，这两个参数的数值越小，就越能看到下面的图像。

- 正常：这种模式是Photoshop默认的模式。例如，"图层"面板中包含两个图层，如图10-16所示。在正常情况下（"不透明度"为100%），上层图像将完全遮盖住下层图像，如图10-17所示。只有降低"不透明度"数值以后才能与下层图像相混合，如图10-18所示是设置"不透明度"为70%时的混合效果。

- 溶解：在"不透明度"和"填充"数值为100%时，该模式不会与下层图像相混合，只有这两个数值中的任何一个低于100%时才能产生效果，使透明度区域上的像素离散，如图10-19所示。

图10-16　　　　　　　图10-17　　　　　　　图10-18　　　　　　　图10-19

10.2.3　加深模式组

- 技术速查：加深模式组中的混合模式可以使图像变暗。在混合过程中，当前图层的白色像素会被下层较暗的像素替代。

- 变暗：比较每个通道中的颜色信息，并选择基色或混合色中较暗的颜色作为结果色，同时替换比混合色亮的像素，而比混合色暗的像素保持不变，如图10-20所示。

- 正片叠底：任何颜色与黑色混合产生黑色，任何颜色与白色混合保持不变，如图10-21所示。

- 颜色加深：通过增加上下层图像之间的对比度来使像素变暗，与白色混合后不产生变化，如图10-22所示。

- 线性加深：通过减小亮度使像素变暗，与白色混合不产生变化，如图10-23所示。

- 深色：比较两个图像所有通道的数值的总和，然后显示数值较小的颜色，如图10-24所示。

图10-20　　　　　图10-21　　　　　图10-22　　　　　图10-23　　　　　图10-24

★ 案例实战——使用线性加深混合模式制作闪电效果

案例文件	案例文件\第10章\使用线性加深混合模式制作闪电效果.psd
视频教学	视频文件\第10章\使用线性加深混合模式制作闪电效果.flv
难易指数	
技术要点	线性加深混合模式、图层蒙版

扫码看视频

案例效果

本例主要通过使用"线性加深"混合模式使风景素材

与白色背景完美融合，效果如图10-25所示。

操作步骤

01 打开人像素材文件1.jpg，使用"钢笔工具"，沿着撕纸的边缘绘制路径，如图10-26所示。

02 置入风景素材2.jpg，执行"图层>栅格化>智能对象"命令。设置其混合模式为"线性加深"，如图10-27所

图10-25 图10-26 图10-27 图10-28

示。此时可以看到风景素材与底部素材产生了混合效果，如图10-28所示。

03 按Ctrl+Enter快捷键将路径转换为选区，使用选择反向组合键Shift+Ctrl+I选择反向选区，然后选择风景图层，单击"图层"面板底部的"添加图层蒙版"按钮，为其添加图层蒙版，如图10-29所示。效果如图10-30所示。

图10-29 图10-30

10.2.4 减淡模式组

- 技术速查：减淡模式组与加深模式组产生的混合效果完全相反，它可以使图像变亮。在混合过程中，图像中的黑色像素会被较亮的像素替换，而任何比黑色亮的像素都可能提亮下层图像。

- 变亮：比较每个通道中的颜色信息，并选择基色或混合色中较亮的颜色作为结果色，同时替换比混合色暗的像素，而比混合色亮的像素保持不变，如图10-31所示。

- 滤色：与黑色混合时颜色保持不变，与白色混合时产生白色，如图10-32所示。

- 颜色减淡：通过减小上下层图像之间的对比度来提亮底层图像的像素，如图10-33所示。

- 线性减淡（添加）：与"线性加深"模式产生的效果相反，可以通过提高亮度来减淡颜色，如图10-34所示。

- 浅色：比较两个图像所有通道的数值的总和，然后显示数值较大的颜色，如图10-35所示。

图10-31 图10-32 图10-33 图10-34 图10-35

★ 案例实战——使用混合模式制作炫彩效果

案例文件	案例文件\第10章\使用混合模式制作炫彩效果.psd
视频教学	视频文件\第10章\使用混合模式制作炫彩效果.flv
难易指数	★★★★★
技术要点	"变亮""滤色"混合模式

扫码看视频

案例效果

本例主要是通过使用画笔工具绘制彩色区域，并配合图层混合模式的使用使彩色区域融入画面中制作炫彩效果，如图10-36和图10-37所示。

操作步骤

01 打开人像素材文件1.jpg，新建图层，设置前景色为绿色，使用柔角画笔工具在右上角位置进行涂抹，如图10-38所示。设置图层的混合模式为"变亮"，如图10-39所示。此时可以看到绿色与人像素材产生了混合效果，如图10-40所示。

图10-36　　　　　　图10-37　　　　　　　　图10-38　　　　　　　图10-39　　　　　　　　图10-40

[02] 再次新建图层，设置前景色为洋红，使用柔角画笔工具在画面左下角绘制涂抹，如图10-41所示。设置图层的混合模式为"滤色"，效果如图10-42所示。

[03] 再次新建图层，设置合适的前景色，使用柔角画笔工具在画面左上角绘制涂抹，设置图层的混合模式为"变亮"，如图10-43所示。效果如图10-44所示。

[04] 新建图层，用同样的方法在右下角绘制黄色，并设置图层的混合模式为"浅色"，如图10-45所示。置入前景素材2.png，执行"图层>栅格化>智能对象"命令。置于画面中合适位置。最终效果如图10-46所示。

图10-41　　　　　图10-42　　　　　　图10-43　　　　　　　图10-44　　　　　　图10-45　　　　　　图10-46

10.2.5　对比模式组

- 技术速查：对比模式组中的混合模式可以加强图像的差异。在混合时，50%的灰色会完全消失，任何亮度值高于50%灰色的像素都可能提亮下层图像，亮度值低于50%灰色的像素则可能使下层图像变暗。

- 叠加：对颜色进行过滤并提亮上层图像，具体取决于底层颜色，同时保留底层图像的明暗对比，如图10-47所示。

- 柔光：使颜色变暗或变亮，具体取决于当前图像的颜色。如果上层图像比50%灰色亮，则图像变亮；如果上层图像比50%灰色暗，则图像变暗，如图10-48所示。

- 强光：对颜色进行过滤，具体取决于当前图像的颜色。如果上层图像比50%灰色亮，则图像变亮；如果上层图像比50%灰色暗，则图像变暗，如图10-49所示。

- 亮光：通过增加或减小对比度来加深或减淡颜色，具体取决于上层图像的颜色。如果上层图像比50%灰色亮，则图像变亮；如果上层图像比50%灰色暗，则图像变暗，如图10-50所示。

图10-47　　　　　　　　图10-48

- 线性光：通过减小或增加亮度来加深或减淡颜色，具体取决于上层图像的颜色。如果上层图像比50%灰色亮，则图像变亮；如果上层图像比50%灰色暗，则图像变暗，如图10-51所示。

- 点光：根据上层图像的颜色来替换颜色。如果上层图像比50%灰色亮，则替换比较暗的像素；如果上层图像比50%灰色暗，则替换较亮的像素，如图10-52所示。

- 实色混合：将上层图像的RGB通道值添加到底层图像的RGB值。如果上层图像比50%灰色亮，则使底层图像变亮；如果上层图像比50%灰色暗，则使底层图像变暗，如图10-53所示。

图10-49　　　　　图10-50　　　　　图10-51　　　　　图10-52　　　　　图10-53

★ 案例实战——使用混合模式与图层蒙版制作瓶中风景

案例文件	案例文件\第10章\使用混合模式与图层蒙版制作瓶中风景.psd
视频教学	视频文件\第10章\使用混合模式与图层蒙版制作瓶中风景.flv
难易指数	★★★★★
技术要点	"叠加""正片叠底"混合模式

扫码看视频

案例效果

本例主要是通过使用图层的混合模式和图层蒙版将风景素材融入瓶子的液体中，如图10-54所示。

操作步骤

01 打开素材文件1.jpg，如图10-55所示。

02 置入素材文件2.jpg，执行"图层>栅格化>智能对象"命令。单击"图层"面板底部的"添加图层蒙版"按钮 ，为其添加图层蒙版，使用黑色柔角画笔在蒙版中合适位置涂抹绘制，使瓶子以外的部分隐藏，并设置图层的混合模式为"叠加"，如图10-56所示。效果如图10-57所示。

  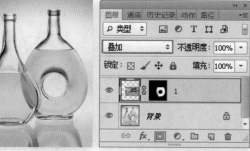 

图10-54　　　　　图10-55　　　　　图10-56　　　　　图10-57

03 置入素材文件3.jpg，执行"图层>栅格化>智能对象"命令。同样为其添加图层蒙版，使用黑色柔角画笔在蒙版中涂抹左侧黄色瓶子以外的区域，设置图层的混合模式为"正片叠底"，如图10-58所示。效果如图10-59所示。

04 选中图层1，右击，在弹出的快捷菜单中执行"复制图层"命令，如图10-60所示。在弹出的对话框中单击"确定"按钮，如图10-61所示。复制图层1，置于"图层"面板的顶部，并设置图层的"不透明度"为50%，如图10-62所示。按Ctrl+T快捷键，右击，在弹出的快捷菜单中执行"垂直翻转"命令，将其移动到合适位置，按Enter键结束，如图10-63所示。效果如图10-64所示。

图10-58　　　　　图10-59　　　　　图10-60　　　　　图10-61

05 用同样的方法制作另一个倒影，如图10-65所示。最终效果如图10-66所示。

图10-62　　　　　图10-63　　　　　图10-64　　　　　图10-65　　　　　图10-66

10.2.6　比较模式组

- 技术速查：比较模式组中的混合模式可以比较当前图像与下层图像，将相同的区域显示为黑色，不同的区域显示为灰色或彩色。如果当前图层中包含白色，那么白色区域会使下层图像反相，而黑色不会对下层图像产生影响。
- 差值：上层图像与白色混合将反转底层图像的颜色，与黑色混合则不产生变化，如图10-67所示。
- 排除：创建一种与"差值"模式相似，但对比度更低的混合效果，如图10-68所示。
- 减去：从目标通道中相应的像素上减去源通道中的像素值，如图10-69所示。
- 划分：比较每个通道中的颜色信息，然后从底层图像中划分上层图像，如图10-70所示。

图10-67　　　　　　图10-68　　　　　　图10-69　　　　　　图10-70

10.2.7　色彩模式组

- 技术速查：使用色彩模式组中的混合模式时，Photoshop会将色彩分为色相、饱和度和亮度3种成分，然后再将其中的一种或两种应用在混合后的图像中。
- 色相：用底层图像的明亮度和饱和度以及上层图像的色相来创建结果色，如图10-71所示。
- 饱和度：用底层图像的明亮度和色相以及上层图像的饱和度来创建结果色，在饱和度为0的灰度区域应用该模式不会产生任何变化，如图10-72所示。
- 颜色：用底层图像的明亮度以及上层图像的色相和饱和度来创建结果色，这样可以保留图像中的灰阶，对于为单色图像上色或给彩色图像着色非常有用，如图10-73所示。
- 明度：用底层图像的色相和饱和度以及上层图像的明亮度来创建结果色，如图10-74所示。

图10-71

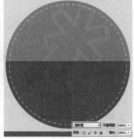
图10-72

图10-73

图10-74

☆ 视频课堂——使用混合模式打造创意饮品合成

扫码看视频

案例文件\第10章\视频课堂——使用混合模式打造创意饮品合成.psd
视频文件\第10章\视频课堂——使用混合模式打造创意饮品合成.flv
思路解析：
01 使用渐变填充、纯色填充、画笔工具制作背景。
02 置入饮料素材，通过调整图层调整颜色，并使用图层蒙版将背景隐藏。
03 置入光效素材、水花素材、气泡素材等，通过调整混合模式将其融入画面中。
04 最后置入其他装饰素材并通过创建曲线调整图层，增强画面对比度。

扫码看视频

10.3 添加与编辑图层样式

71. 图层样式
的基本操作

❋ 视频精讲：超值赠送\视频精讲\71.图层样式的基本操作.flv

10.3.1 动手学：添加图层样式

 技术速查："图层样式"对话框集合了全部的图层样式以及图层混合
选项，在这里可以添加、删除或编辑图层样式。

执行"图层>图层样式"菜单下的子命令，将弹出"图层样式"对话
框，在某一样式前单击，选中样式名称前面的复选框☑，表示在图层中添
加了该样式。调整好相应的设置后，单击"确定"按钮即可为当前图层添
加该样式，如图10-75和图10-76所示。

单击"图层"面板下面的"添加图层样式"按钮 fx，在弹出的菜单中
选择一种样式，即可打开"图层样式"对话框，如图10-77所示。或在"图
层"面板中双击需要添加样式的图层缩览图，打开"图层样式"对话框，
然后在对话框左侧选择要添加的效果即可，如图10-78所示。

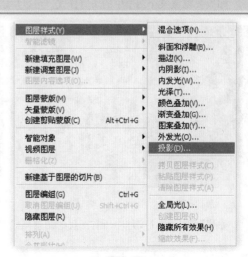
图10-75

215

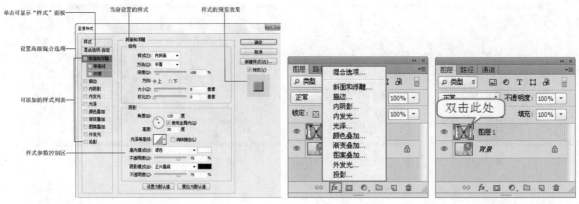

图10-76　　　　　　　　　　　　　　　图10-77　　　　　　　　　　　　　图10-78

　　"图层样式"对话框的左侧列出了10种样式。单击一个样式的名称，可以选中该样式，同时切换到该样式的设置面板，如图10-79和图10-80所示。如果选中样式名称前面的复选框，则可以应用该样式，但不会显示样式设置面板。

　　在"图层样式"对话框中设置好样式参数以后，单击"确定"按钮即可为图层添加样式，添加了样式的图层的右侧会出现一个 *fx* 图标，单击其右侧的下拉按钮即可展开图层样式堆栈，如图10-81所示。

图10-79　　　　　　　　　　　　　　　图10-80　　　　　　　　　　　　　图10-81

10.3.2　动手学：显示与隐藏图层样式

　　如果要隐藏一个样式，可以在"图层"面板中单击该样式前面的 ◉ 图标，如图10-82～图10-85所示。
　　如果要隐藏某个图层中的所有样式，可以单击"效果"前面的 ◉ 图标，如图10-86所示。

图10-82　　　　　　图10-83　　　　　　　图10-84　　　　　　图10-85　　　　　　图10-86

　　如果要隐藏整个文档中所有图层的图层样式，可以执行"图层>图层样式>隐藏所有效果"命令。

10.3.3 动手学：修改图层样式

要修改图层样式，再次对图层执行"图层>图层样式"命令，或在"图层"面板中双击该样式的名称，弹出"图层样式"对话框，进行参数的修改即可，如图10-87和图10-88所示。

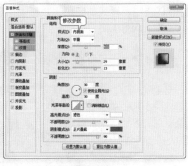

图10-87　　　　　　　　　图10-88

10.3.4 动手学：复制/粘贴图层样式

○ 技术速查：当文档中有多个需要使用同样样式的图层时，可以进行图层样式的复制与粘贴。

选择需要复制图层样式的图层，执行"图层>图层样式>拷贝图层样式"命令，或者在图层名称上右击，在弹出的快捷菜单中执行"拷贝图层样式"命令，接着选择目标图层，再执行"图层>图层样式>粘贴图层样式"命令，或者在目标图层的名称上右击，在弹出的快捷菜单中执行"粘贴图层样式"命令，如图10-89和图10-90所示。

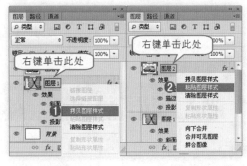

图10-89　　　　　　　　图10-90

☆ 视频课堂——制作卡通海报

案例文件\第10章\视频课堂——制作卡通海报.psd
视频文件\第10章\视频课堂——制作卡通海报.flv
思路解析：

01 使用多种形状工具以及钢笔工具制作画面中的图形。

02 为图形添加"内阴影"图层样式，使之产生凹陷效果。

03 使用"拷贝图层样式"和"粘贴图层样式"命式为云朵添加图案。

扫码看视频

10.3.5 动手学：清除图层样式

○ 技术速查：使用"清除图层样式"命令可以去除图层样式、混合模式以及不透明度属性。

将某一样式拖曳到"删除图层"按钮 🗑 上，就可以删除某个图层样式，如图10-91所示。

如果要删除某个图层中的所有样式，可以在图层名称上右击，在弹出的快捷菜单中执行"清除图层样式"命令，如图10-92所示。

图10-91　　　　　　　　图10-92

10.3.6 动手学：栅格化图层样式

○ 技术速查："栅格化图层样式"命令可以将附加在图层上的"样式"部分融合到图层本身，栅格化后的图层样式的部分也可以做图层中的像素一样进行编辑处理。栅格化图层样式后不再具有可以调整图层样式参数的功能。

选中具有图层样式的图层，执行"图层>栅格化>图层样式"命令，即可将当前图层的图层样式栅格化到当前图层中，如图10-93～图10-95所示。

图10-93　　　　　　图10-94　　　　　　图10-95

10.4 详解图层样式

💡 技术速查：使用图层样式可以快速为图层中的内容添加多种效果，如浮雕、描边、发光、投影等效果。

图层样式以其使用简单、效果多变、修改方便的特性广受用户的青睐，是制作质感效果的"绝对利器"，尤其是涉及创意文字或LOGO设计时，图层样式更是必不可少的工具。如图10-96～图10-98所示为一些使用多种图层样式制作的作品。

执行"图层>图层样式"菜单下的子命令，如图10-99所示，可弹出"图层样式"对话框，其中包括10种图层样式，分别是斜面和浮雕、描边、内阴影、内发光、光泽、颜色叠加、渐变叠加、图案叠加、外发光与投影。这些图层样式包括"阴影""发光""凸起""光泽""叠加""描边"等属性。

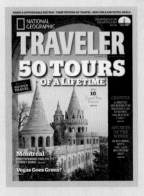
图10-96

图10-97

图10-98

图10-99

如图10-100所示为未添加图层样式的效果，如图10-101所示为分别使用10种图层样式的效果。当然，多种图层样式共同使用还可以制作出更加丰富的奇特效果。

图10-100

图10-101

218

10.4.1 斜面和浮雕

扫码看视频

72. 斜面和
浮雕样式

视频精讲：超值赠送\视频精讲\72.斜面和浮雕样式.flv

技术速查："斜面和浮雕"样式可以为图层添加高光与阴影，使图像产生立体的浮雕效果，常用于立体文字的模拟。

在"斜面和浮雕"参数面板中可以对斜面和浮雕的结构以及阴影属性进行设置，如图10-102所示。如图10-103和图10-104所示为原始图像与添加了"斜面和浮雕"样式以后的图像效果。

图10-102

图10-103

图10-104

设置斜面和浮雕

⊙ **样式**：选择斜面和浮雕的样式。如图10-105所示为未添加任何效果的原图片。选择"外斜面"，可以在图层内容的外侧边缘创建斜面，如图10-106所示；选择"内斜面"，可以在图层内容的内侧边缘创建斜面，如图10-107所示；选择"浮雕效果"，可以使图层内容相对于下层图层产生浮雕状的效果，如图10-108所示；选择"枕状浮雕"，可以模拟图层内容的边缘嵌入下层图层中产生的效果，如图10-109所示；选择"描边浮雕"，可以将浮雕应用于图层的"描边"样式的边界，如果图层没有"描边"样式，则不会产生效果，如图10-110所示。

无效果
图10-105

样式(T)：外斜面
图10-106

样式(T)：内斜面
图10-107

样式(T)：浮雕效果
图10-108

样式(T)：枕状浮雕
图10-109

⊙ **方法**：用来选择创建浮雕的方法。选择"平滑"，可以得到比较柔和的边缘，如图10-111所示；选择"雕刻清晰"，可以得到最精确的浮雕边缘，如图10-112所示；选择"雕刻柔和"，可以得到中等水平的浮雕效果，如图10-113所示。

⊙ **深度**：用来设置浮雕斜面的应用深度，该值越大，浮雕的立体感越强，如图10-114和图10-115所示。

样式(T)：描边浮雕
图10-110

方法(Q)：平滑
图10-111

方法(Q)：雕刻清晰
图10-112

方法(Q)：雕刻柔和
图10-113

深度(D)：42 %
图10-114

⊙ **方向**：用来设置高光和阴影的位置，该选项与光源的角度有关。

⊙ **大小**：该选项表示斜面和浮雕的阴影面积的大小。

⊙ **软化**：用来设置斜面和浮雕的平滑程度，如图10-116和

图10-117所示。

⊙ **角度/高度**："角度"选项用来设置光源的发光角度，如图10-118所示；"高度"选项用来设置光源的高度，如图10-119所示。

图10-115

图10-116

图10-117

图10-118

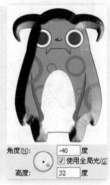
图10-119

- 使用全局光：选中该复选框，则所有浮雕样式的光照角度都将保持在同一个方向。

- 光泽等高线：选择不同的等高线样式，可以为斜面和浮雕的表面添加不同的光泽质感，也可以自己编辑等高线样式，如图10-120和图10-121所示。

- 消除锯齿：当设置了光泽等高线时，斜面边缘可能会产生锯齿，选中该复选框可以消除锯齿。

- 高光模式/不透明度：用来设置高光的混合模式和不透明度，后面的色块用于设置高光的颜色。

- 阴影模式/不透明度：用来设置阴影的混合模式和不透明度，后面的色块用于设置阴影的颜色。

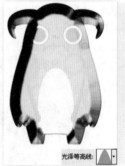

图10-120　　　　　　　图10-121

设置等高线

选择"斜面和浮雕"样式下面的"等高线"选项，可切换到"等高线"设置面板，如图10-122所示。使用"等高线"可以在浮雕中创建凹凸起伏的效果，如图10-123～图10-126所示。

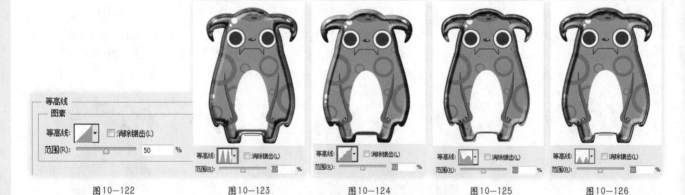

图10-122　　　　　图10-123　　　　　图10-124　　　　　图10-125　　　　　图10-126

设置纹理

选择"等高线"选项下面的"纹理"选项，可切换到"纹理"设置面板，如图10-127和图10-128所示。

图10-127　　　　　　　　　图10-128

- 图案：单击"图案"选项右侧的■按钮，可以在弹出的"图案"拾色器中选择一个图案，并将其应用到斜面和浮雕上。
- "从当前图案创建新的预设"按钮■：单击该按钮，可以将当前设置的图案创建为一个新的预设图案，同时新图案会保存在"图案"拾色器中。
- 贴紧原点：将原点对齐图层或文档的左上角。
- 缩放：用来设置图案的大小。
- 深度：用来设置图案纹理的使用程度。
- 反相：选中该复选框，可以反转图案纹理的凹凸方向。
- 与图层链接：选中该复选框，可以将图案和图层链接在一起，这样在对图层进行变换等操作时，图案也会跟着一同变换。

 思维点拨：如何模拟金属质感

为文字添加"斜面和浮雕"样式是模拟金属效果常用的方法，要想做得更加真实，可以在表面设置纹理，如图10-129所示。

图10-129

★ 案例实战——使用图层样式制作缤纷文字招贴

案例文件	案例文件\第10章\使用图层样式制作缤纷文字招贴.psd
视频教学	视频文件\第10章\使用图层样式制作缤纷文字招贴.flv
难易指数	★★★★★
技术要点	斜面和浮雕、等高线与纹理的设置

扫码看视频

案例效果

本例主要是利用图层样式制作缤纷的文字招贴效果，如图10-130所示。

操作步骤

01 打开本书资源包中的素材文件1.jpg，如图10-131所示。使用"横排文字工具"在画面中输入文字，单击选项栏中的"创建文字变形"按钮，设置"样式"为"扇形"，选中"水平"单选按钮，设置"弯曲"为11%，如图10-132所示。效果如图10-133所示。

图10-130

图10-131

图10-132

图10-133

02 对文字执行"图层>图层样式>斜面和浮雕"命令，设置"样式"为"内斜面"，"方法"为"平滑"，"深度"为52%，"方向"为"上"，"大小"为6像素，"软化"为3像素，角度"为90度，"高度"为80度；设置"高光模式""阴影模式"均为"线性减淡（添加）"，设置阴影、高光"不透明度"均为100%，如图10-134所示。选择"等高线"选项，在"等高线"面板中选择合适的等高线形态，设置"范围"为50%，如图10-135所示。

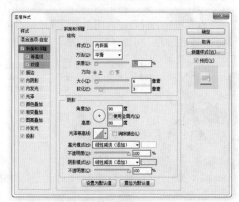
图10-134

图10-135

03 选择"纹理"选项，设置合适的纹理图案，设置"缩放"为146%，"深度"为100%，如图10-136所示。效果如图10-137所示。

04 最后置入前景装饰素材。执行"图层>栅格化>智能对象"命令。最终效果如图10-138所示。

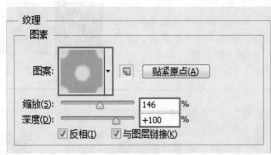

图10-136

图10-137

图10-138

10.4.2 描边

扫码看视频

73.描边样式

◉ 视频精讲：超值赠送\视频精讲\73.描边样式.flv

◉ 技术速查："描边"样式可以使用颜色、渐变以及图案来描绘图像的轮廓边缘。

在"描边"参数面板中可以对描边大小、位置、混合模式、不透明度、填充类型以及填充内容进行设置，如图10-139所示。如图10-140所示为"渐变"描边、"颜色"描边和"图案"描边效果。

图10-139

图10-140

10.4.3 内阴影

◉ 视频精讲：超值赠送\视频精讲\74.内阴影样式与投影样式.flv

◉ 技术速查："内阴影"样式可以在紧靠图层内容的边缘内添加阴影，使图层内容产生凹陷效果。

扫码看视频

74.内阴影样式与投影样式

在"内阴影"参数面板中可以对"内阴影"的结构以及品质进行设置，如图10-141所示。如图10-142和图10-143所示分别为原始图像及添加了"内阴影"样式后的效果。

"内阴影"与"投影"的参数设置基本相同，只不过"投影"是用"扩展"选项来控制投影边缘的柔化程度，而"内阴影"是通过"阻塞"选项来控制的。"阻塞"选项可以在模糊之前收缩内阴影的边界，如图10-144所示。另外，"大小"选项与"阻塞"选项是相互关联的，"大小"数值越大，可设置的"阻塞"范围就越大。

图10-141　　　　　　图10-142　　　　　　图10-143　　　　　　图10-144

☆ 视频课堂——制作者质感晶莹文字

案例文件\第10章\视频课堂——制作质感晶莹文字.psd
视频文件\第10章\视频课堂——制作质感晶莹文字.flv
思路解析：
01 使用"横排文字工具"在画面中输入文字。
02 为其添加"斜面与浮雕"图层样式。
03 为其添加"内阴影"图层样式。
04 为其添加"内发光"图层样式。
05 为其添加"外发光"图层样式。

扫码看视频

10.4.4 内发光

扫码看视频

75. 内发光与
外发光效果

⊖ 视频精讲：超值赠送\视频精讲\75.内发光与外发光效果.flv

⊖ 技术速查："内发光"样式可以沿图层内容的边缘向内创建发光效果，也会使对象出现些许的凸起感。

在"内发光"参数面板中可以对"内发光"的结构、图素以及品质进行设置，如图10-145所示。如图10-146和图10-147所示分别为原始图像以及添加了"内发光"样式以后的图像效果。

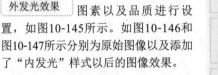

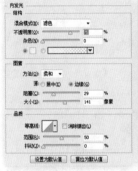

图10-145　　　　图10-146　　　　图10-147

⊖ 混合模式：设置发光效果与下面图层的混合方式。

⊖ 不透明度：设置发光效果的不透明度。

⊖ 杂色：在发光效果中添加随机的杂色效果，使光晕产生颗粒感。

⊖ 发光颜色：单击"杂色"选项下面的颜色块，可以设置发光颜色；单击颜色块后面的渐变条，可以在"渐变编辑器"对话框中选择或编辑渐变色。

⊖ 方法：用来设置发光的方式。选择"柔和"选项，发光效果比较柔和；选择"精确"选项，可以得到精确的发光边缘。

⊖ 源：控制光源的位置。

⊖ 阻塞：用来在模糊之前收缩发光的杂边边界。

⊖ 大小：设置光晕范围的大小。

⊖ 等高线：使用等高线可以控制发光的形状。

⊖ 范围：控制发光中作为等高线目标的部分或范围。

⊖ 抖动：改变渐变的颜色和不透明度的应用。

★ **案例实战——使用混合模式与图层样式制作迷幻光效**

案例文件	案例文件\第10章\使用混合模式与图层样式制作迷幻光效.psd
视频教学	视频文件\第10章\使用混合模式与图层样式制作迷幻光效.flv
难易指数	★★★★★
技术要点	图层不透明度、圆角矩形工具

扫码看视频

案例效果

本例主要是通过使用混合模式与图层样式制作迷幻光效，如图10-148所示。

操作步骤

01 新建文件，使用画笔工具在背景中进行涂抹绘制，制作出绿色系的背景效果，如图10-149所示。

02 新建图层，使用"圆角矩形工具"，设置前景色为黑色，设置绘制模式为"像素"，"半径"为"10像素"，如图10-150所示。在画面中绘制圆角矩形，并旋转45°，如图10-151所示。

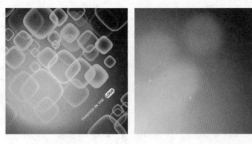

图10-148　　　　　　　图10-149　　　　　　　　　　　　图10-150

03　对矩形执行"图层>图层样式>描边"命令，设置"大小"为3像素，"位置"为"外部"，"混合模式"为"正常"，"不透明度"为100%，"填充类型"为"颜色"，"颜色"为白色，如图10-152所示。选择"内发光"选项，设置"混合模式"为"滤色"，"颜色"为黄色，"方法"为"柔和"，"阻塞"为0%，"大小"为98像素，单击"确定"按钮，如图10-153所示。效果如图10-154所示。

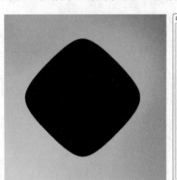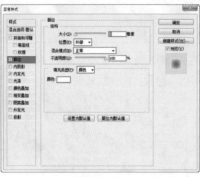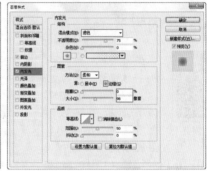

图10-151　　　　　　　　　　　图10-152　　　　　　　　　　　　图10-153

04　设置图层的混合模式为"滤色"，黑色部分被隐藏，如图10-155所示。设置图层的"不透明度"为20%，效果如图10-156所示。

05　多次复制并更改大小和内发光颜色，制作圆角矩形光斑，如图10-157所示。

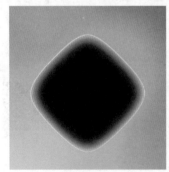

图10-154　　　　　　　　图10-155　　　　　　　　图10-156　　　　　　　　图10-157

06　新建图层，使用"渐变工具"，设置渐变类型为径向，设置合适的渐变颜色，如图10-158所示。在画面中单击进行拖曳绘制，如图10-159所示。

图10-158

07　设置图层的混合模式为"强光"，"不透明度"为50%，如图10-160所示。效果如图10-161所示。

08　使用"横排文字工具"在画面中合适位置输入文字，并将其旋转到合适的角度。最终效果如图10-162所示。

图10-159　　　　　　　　　图10-160　　　　　　　　　图10-161　　　　　　　　　图10-162

10.4.5　光泽

- 视频精讲：超值赠送\视频精讲\76.光泽效果.flv
- 技术速查："光泽"样式可以为图像添加光滑的、具有光泽的内部阴影，通常用来制作具有光泽质感的按钮或金属。

在"光泽"参数面板中可以对"光泽"的颜色、混合模式、不透明度、角度、距离、大小、等高线等进行设置，如图10-163所示。"光泽"样式的参数与其他样式几乎相同，这里不再重复讲解。如图10-164和图10-165所示分别为原始图像与添加了"光泽"样式以后的图像效果。

扫码看视频

76.光泽效果

图10-163　　　　　　　　　图10-164　　　　　　　　　图10-165

10.4.6　颜色叠加

扫码看视频

77.颜色叠加、渐变叠加、图案叠加

- 视频精讲：超值赠送\视频精讲\77.颜色叠加、渐变叠加、图案叠加.flv
- 技术速查："颜色叠加"样式可以在图像上叠加设置的颜色，并且可以通过模式的修改调整图像与颜色的混合效果。

在"颜色叠加"参数面板中可以对"颜色叠加"的颜色、混合模式以及不透明度进行设置，如图10-166所示。如图10-167和图10-168所示分别为原始图像与添加了"颜色叠加"样式以后的图像效果。

图10-166　　　　　　　　　图10-167　　　　　　　　　图10-168

10.4.7　渐变叠加

扫码看视频

- 视频精讲：超值赠送\视频精讲\77.颜色叠加、渐变叠加、图案叠加.flv
- 技术速查："渐变叠加"样式可以在图层上叠加指定的渐变色，渐变叠加不仅能够制作带有多种颜色的对象，更能够通过巧妙的渐变颜色设置制作出凸起、凹陷等三维效果以及带有反光的质感效果。

77.颜色叠加、渐变叠加、图案叠加

在"渐变叠加"参数面板中可以对"渐变叠加"的渐变颜色、混合模式、角度、缩放等参数进行设置，如图10-169所示。如图10-170和图10-171所示分别为原始图像以及添加了"渐变叠加"样式以后的效果。

图10-169

图10-170

图10-171

★ 案例实战——使用图层样式制作多彩质感文字

案例文件	案例文件\第10章\使用图层样式制作多彩质感文字.psd
视频教学	视频文件\第10章\使用图层样式制作多彩质感文字.flv
难易指数	★★★★★
技术要点	斜面和浮雕、内发光、渐变叠加

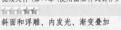

扫码看视频

案例效果

本例主要是利用多种图层样式制作多彩质感文字，如图10-172所示。

操作步骤

01 打开本书资源包中的背景素材1.jpg，如图10-173所示。使用"横排文字工具"，设置合适的字号和字体，在画面中输入文字，如图10-174所示。

图10-172

图10-173

图10-174

02 对文字执行"图层>图层样式>斜面和浮雕"命令，设置"样式"为"内斜面"，"方法"为"平滑"，"深度"为72%，"方向"为"上"，"大小"为29像素，"软化"为1像素，"角度"为0度，"高度"为80度，"高光模式"为"线性减淡（添加）"，"不透明度"为100%，"阴影模式"为"颜色减淡"，颜色为玫粉色，"不透明度"为100%，如图10-175所示。

03 选择"内发光"选项，设置"混合模式"为"颜色减淡"，"不透明度"为15%，颜色为黄色，"方法"为"柔和"，"源"为"边缘"，"大小"为35像素，如图10-176所示。

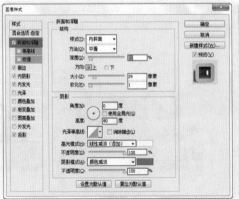
图10-175

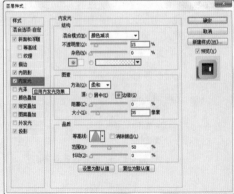
图10-176

Photoshop CS6中文版从入门到精通（微课视频实例版）

04 选择"渐变叠加"选项，设置"混合模式"为"正片叠底"，编辑一种七彩渐变颜色，设置"样式"为"线性"，如图10-177所示。添加样式后的文字效果如图10-178所示。

05 最后置入前景素材2.png，执行"图层>栅格化>智能对象"命令。置于画面中合适位置。最终效果如图10-179所示。

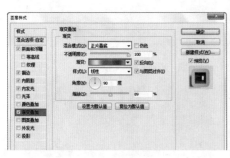

图10-177

图10-178

图10-179

10.4.8 图案叠加

扫码看视频

77. 颜色叠加、渐变叠加、图案叠加

● 视频精讲：超值赠送\视频精讲\77.颜色叠加、渐变叠加、图案叠加.flv

● 技术速查："图案叠加"样式可以在图像上叠加图案，与"颜色叠加""渐变叠加"样式相同，也可以通过混合模式的设置使叠加的图案与原图像进行混合。

在"图案叠加"参数面板中可以对"图案叠加"的图案、混合模式、不透明度等参数进行设置，如图10-180所示。如图10-181和图10-182所示分别为原始图像与添加了"图案叠加"样式以后的图像效果。

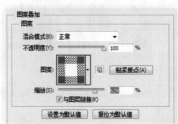

图10-180

图10-181

图10-182

★ 案例实战——使用图案叠加制作奶牛文字

案例文件	案例文件\第10章\使用图案叠加制作奶牛文字.psd
视频教学	视频文件\第10章\使用图案叠加制作奶牛文字.flv
难易指数	★★★★★
技术要点	图案叠加、描边、光泽

扫码看视频

案例效果

本例主要是使用"图层样式"制作奶牛文字，如图10-183所示。

图10-183

操作步骤

01 打开本书资源包中的素材1.jpg，并使用"横排文字工具"在画面中合适的位置输入文字，如图10-184所示。

02 置入图像素材2.jpg并栅格化，执行"编辑>定义图案预设"命令，输入合适的图案名称，如图10-185所示。

图10-184

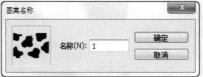

图10-185

Photoshop CS6中文版从入门到精通（微课视频实例版）

03 执行"图层>图层样式>描边"命令，设置"大小"为9像素，"位置"为"外部"，"填充类型"为"渐变"，编辑黑白色系的渐变，"样式"为"线性"，如图10-186所示。选择"光泽"选项，设置"混合模式"为"变亮"，设置合适的光泽颜色，设置"不透明度"为47%，"角度"为19度，"距离"为18像素，"大小"为18像素，如图10-187所示。效果如图10-188所示。

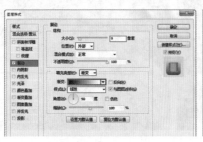

图10-186

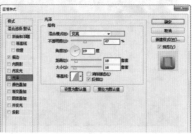

图10-187

图10-188

04 选择"图案叠加"选项，在"图案"下拉列表框中选择新定义的图案，此时文字表面呈现出奶牛的花纹，如图10-189所示，效果如图10-190所示。

05 最后再次置入奶牛素材3.png，执行"图层>栅格化>智能对象"命令。摆放在合适位置上。效果如图10-191所示。

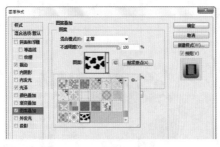

图10-189

图10-190

图10-191

10.4.9 外发光

扫码看视频

75. 内发光与外发光效果

- 视频精讲：超值赠送\视频精讲\75.内发光与外发光效果.flv
- 技术速查："外发光"样式可以沿图层内容的边缘向外创建发光效果，可用于制作自发光效果以及人像或者其他对象的梦幻般的光晕效果。

　　在"外发光"参数面板中可以对"外发光"的结构、图素以及品质进行设置，如图10-192所示。如图10-193和图10-194所示分别为原始图像与添加了"外发光"样式以后的图像效果。

- 混合模式/不透明度："混合模式"选项用来设置发光效果与下面图层的混合方式；"不透明度"选项用来设置发光效果的不透明度，如图10-195和图10-196所示。
- 杂色：在发光效果中添加随机的杂色效果，使光晕产生颗粒感，如图10-197和图10-198所示。

图10-192

图10-193

图10-194

- 发光颜色：单击"杂色"选项下面的颜色块，可以设置发光颜色；单击颜色块后面的渐变条，可以在"渐变编辑器"对话框中选择或编辑渐变色，如图10-199和图10-200所示。

图10-195　　　　　图10-196　　　　　图10-197　　　　　图10-198

- 方法：用来设置发光的方式。选择"柔和"选项，发光效果比较柔和，如图10-201所示；选择"精确"选项，可以得到精确的发光边缘，如图10-202所示。

图10-199　　　　　图10-200　　　　　图10-201　　　　　图10-202

- 扩展/大小："扩展"选项用来设置发光范围的大小；"大小"选项用来设置光晕范围的大小。

☆ 视频课堂——制作杂志风格空心字

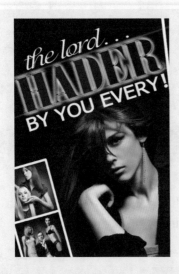

扫码看视频

案例文件\第10章\视频课堂——制作杂志风格空心字.psd
视频文件\第10章\视频课堂——制作杂志风格空心字.flv
思路解析：
01 打开素材，使用文字工具在画面中输入文字。
02 将文字摆放在合适位置上。
03 为主体文字添加"外发光"与"渐变叠加"样式。
04 复制并移动主体文字。

10.4.10　投影

- 视频精讲：超值赠送\视频精讲\74.内阴影样式与投影样式.flv
- 技术速查："投影"样式可以为图层模拟出向后的投影效果，可增强某部分层次感以及立体感，在平面设计中常用于需要突显的文字中。
　　在"投影"参数面板中可以对"投影"的结构、品质进行设置，如图10-203所示。图10-204和图10-205所示为添加"投影"样式前后的对比效果。

扫码看视频
74. 内阴影样式与投影样式

● 混合模式：用来设置投影与下面图层的混合方式，默认设置为"正片叠底"，如图10-206和图10-207所示。

图10-203

图10-204

图10-205

图10-206

● 阴影颜色：单击"混合模式"选项右侧的颜色块，可以设置阴影的颜色。

● 不透明度：设置投影的不透明度。数值越小，投影越淡。

● 角度：用来设置投影应用于图层时的光照角度，指针方向为光源方向，相反方向为投影方向。如图10-208和图10-209所示分别是设置"角度"为47°和144°时的投影效果。

● 使用全局光：选中该复选框，可以保持所有光照的角度一致；取消选中该复选框，可以为不同的图层分别设置光照角度。

● 距离：用来设置投影偏移图层内容的距离。

● 大小：用来设置投影的模糊范围，该值越大，模糊范围越广；反之，投影越清晰。

● 扩展：用来设置投影的扩展范围。注意，该值会受到"大小"选项的影响。

● 等高线：以调整曲线的形状来控制投影的形状，可以手动调整曲线形状，也可以选择内置的等高线预设，如图10-210～图10-212所示。

图10-207

图10-208

图10-209

图10-210

● 消除锯齿：混合等高线边缘的像素，使投影更加平滑。该选项对于尺寸较小且具有复杂等高线的投影比较实用。

● 杂色：用来在投影中添加杂色的颗粒感效果，数值越大，颗粒感越强，如图10-213和图10-214所示。

图10-211

图10-212

图10-213

图10-214

● 图层挖空投影：用来控制半透明图层中投影的可见性。选中该复选框，如果当前图层的"填充"数值小于100%，则半透明图层中的投影不可见。

☆ 视频课堂——使用图层技术制作月色荷塘

案例文件\第10章\视频课堂——使用图层技术制作月色荷塘.psd
视频文件\第10章\视频课堂——使用图层技术制作月色荷塘.flv
思路解析：
01 使用"泥沙""光效""彩色""水花"等图层混合制作出背景。
02 使用"钢笔工具"绘制出主体形状，并为其添加图层样式。
03 置入鱼、水、花、人像等素材。
04 添加光效并适当调整颜色。

扫码看视频

10.5 使用"样式"面板

扫码看视频

78.使用样式面板

● 视频精讲：超值赠送\视频精讲\78.使用样式面板.flv
● 技术速查：在"样式"面板中可以快速地为图层添加样式，也可以创建新的样式或删除已有的样式。如图10-215所示为"样式"面板中包含的样式，如图10-216所示为使用这几种样式的效果。

图10-215　　　　　图10-216

执行"窗口>样式"命令，可以打开"样式"面板。在"样式"面板的底部包含3个按钮，分别用于快速地清除、创建与删除样式。在面板菜单中可以更改显示方式，还可以复位、载入、存储、替换图层样式，如图10-217所示。

● 清除样式：单击该按钮，即可清除所选图层的样式。
● 创建新样式：如果要将效果创建为样式，可以在"图层"面板中选择添加了效果的图层，然后单击"样式"面板中的"创建新样式"按钮，打开"新建样式"对话框，设置选项并单击"确定"按钮即可创建样式。
● 删除样式：将"样式"面板中的一个样式拖动到该按钮上，即可将其删除。按住Alt键单击一个样式，则可直接将其删除。

图10-217

扫码学知识　　扫码学知识　　扫码学知识　　扫码学知识

创建新样式　　删除样式　　存储样式库　　载入样式库

★ 案例实战——使用样式面板制作水花飞溅的字母

案例文件	\案例文件\第10章\使用样式面板制作水花飞溅的字母.psd
视频教学	\视频文件\第10章\使用样式面板制作水花飞溅的字母.flv
难易指数	★★★★★
技术要点	"样式"面板

扫码看视频

案例效果

本例主要是利用"样式"面板制作水花飞溅的字母，如图10-218所示。

操作步骤

01 打开本书资源包中的素材文件1.jpg，如图10-219所示。使用"横排文字工具"，设置合适的字号和字体，在画面中输入文字，如图10-220所示。

02 执行"窗口>样式"命令，打开"样式"面板，在面板菜单中执行"载入样式"命令，如图10-221所示，并在弹出的对话框中选择4.asl样式素材。

图10-218

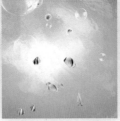

图10-219

图10-220

图10-221

03 选中字母S图层，单击"样式"面板中新载入的样式，如图10-222所示。此时字母出现透明的玻璃效果，如图10-223所示。

04 置入素材2.png并栅格化，置于画面中合适的位置，如图10-224所示。载入素材的选区，隐藏素材，如图10-225所示。

05 复制文字副本，并以当前选区为文字副本图层添加图层蒙版，如图10-226所示。效果如图10-227所示。

图10-222

图10-223

图10-224

图10-225

图10-226

06 选择"S副本"图层，单击"样式"面板中的最后一个样式，如图10-228所示，效果如图10-229所示。

07 置入水素材3.png，置于画面中合适的位置，并为其添加图层蒙版，隐藏合适的部分，效果如图10-230所示。

08 同样单击"样式"面板中最后一个样式。最终效果如图10-231所示。

图10-227

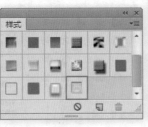

图10-228

图10-229

图10-230

图10-231

技巧提示

很多时候，使用外挂样式时会出现与预期效果相差甚远的情况，这时可以检查是否是当前样式参数对于当前图像并不适合，可以在图层样式上右击，在弹出的快捷菜单中执行"缩放样式"命令进行调整。

★ 综合实战——使用混合模式打造粉紫色梦幻

案例文件	案例文件\第10章\使用混合模式打造粉紫色梦幻.psd
视频教学	视频文件\第10章\使用混合模式打造粉紫色梦幻.flv
难易指数	★★★★★
技术要点	"滤色"混合模式、"柔光"混合模式、图层不透明度

扫码看视频

案例效果

本例首先调整图层的色调，然后通过调整彩色图层混合模式打造粉紫色梦幻效果，如图10-232所示。

操作步骤

01 打开人像素材1.jpg，如图10-233所示。执行"图层>图层样式>色彩平衡"命令，设置"色调"为"中间调"，调整数值为33、19、40，如图10-234所示。效果如图10-235所示。

02 新建图层，设置前景色为粉色，按Alt+Delete快捷键为其填充前景色，如图10-236所示。单击"图层"面板底部的"添加图层蒙版"按钮，为其添加图层蒙版，使用黑色柔角画笔在蒙版中绘制，如图10-237所示。效果如图10-238所示。

图10-232

图10-233

图10-234

图10-235

图10-236

03 新建图层，使用"渐变工具" ，设置合适的渐变色，选择渐变类型为线性，在画面中拖曳绘制，如图10-239所示。

04 设置图层的混合模式为"滤色"，"不透明度"为48%，如图10-240所示。效果如图10-241所示。

图10-237

图10-238

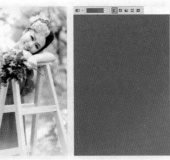
图10-239

图10-240

图10-241

05 新建图层，使用画笔工具在画面中合适位置绘制粉色与紫色，设置图层的混合模式为"滤色"，如图10-242所示。效果如图10-243所示。

06 再次新建图层，使用画笔绘制蓝紫色区域，设置图层的混合模式为"柔光"，如图10-244所示。最后置入艺术字素材，执行"图层>栅格化>智能对象"命令。效果如图10-245所示。

图10-242

图10-243

图10-244

图10-245

★ 综合实战——制作卡通风格海报

案例文件	案例文件\第10章\制作卡通风格海报.psd
视频教学	视频文件\第10章\制作卡通风格海报.flv
难易指数	★★★★★
技术要点	图层样式、调整图层、文字工具

扫码看视频

图10-246　　　　　　　图10-247

案例效果

本例主要是通过使用图层样式、调整图层、文字工具等制作绿色卡通海报，如图10-246所示。

操作步骤

01 新建文件，设置前景色为青色。按Alt+Delete快捷键为背景填充前景色，如图10-247所示。

02 新建图层，设置前景色为浅一些的青色，如图10-248所示。使用"多边形套索工具"在画面中绘制多边形选区，并为其填充前景色，如图10-249所示。

03 复制多边形图层，按Ctrl+T快捷键，将中心点移动到如图10-250所示的位置，将其旋转到合适角度。

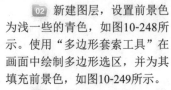

图10-248　　　　　　图10-249　　　　　　图10-250

PROMPT **技巧提示**

在旋转过程中按住Shift键即可以15°的增量进行旋转。

---

04 多次按下组合键Shift+Ctrl+Alt+T，复制并重复上一次变换操作，效果如图10-251所示。

05 选中所有的多边形图层，按Ctrl+E快捷键，右击，合并图层，如图10-252所示。新建图层，使用白色柔角画笔在画面中心位置绘制出光感效果，同时置入图案素材1.png，执行"图层>栅格化>智能对象"命令。置于画面中合适位置，效果如图10-253所示。

图10-251　　　　　　图10-252　　　　　　图10-253

思维点拨：青色系效果

青是一种底色，清脆而不张扬，伶俐而不圆滑，清爽而不单调。本案例背景色所选择的青绿色系效果，能够使人们平复心情，远离烦热，给人冷静感。其他采用青色系的图像的效果如图10-254和图10-255所示。

图10-254　　　　　　图10-255

06 置入草地素材2.png，执行"图层>栅格化>智能对象"命令。如图10-256所示。对其执行"图层>图层样式>颜色叠加"命令，设置"混合模式"为"正常"，颜色为深绿色，"不透明度"为100%，单击"确定"按钮，如图10-257所示。效果如图10-258所示。

 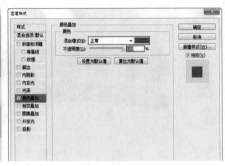 

图10-256　　　　　　　　　　　　　　图10-257　　　　　　　　　　　　　图10-258

07 置入素材3.png，执行"图层>栅格化>智能对象"命令。置于画面中合适位置。执行"图层>图层样式>描边"命令，设置"大小"为3像素，"位置"为"外部"，"混合模式"为"正常"，"不透明度"为100%，"填充类型"为"颜色"，"颜色"为黑色，如图10-259所示。复制此素材图层，摆放在画面合适位置，效果如图10-260所示。

08 使用"横排文字工具"在画面中输入文字，如图10-261所示。

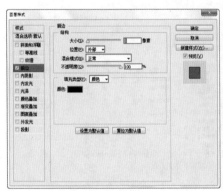  

图10-259　　　　　　　　　　　　　图10-260　　　　　　　　　　　　图10-261

09 选中文字图层，设置合适的字体和字号，单击"创建文字变形"按钮，如图10-262所示。在弹出的"变形文字"对话框中设置"样式"为"拱形"，选中"水平"单选按钮，设置"弯曲"为6%，如图10-263所示。效果如图10-264所示。

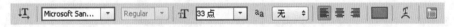

图10-262

图10-263　　　　　　　　　　　　　图10-264

10 对文字执行"图层>图层样式>描边"命令，设置"大小"为90像素，"位置"为"居中"，"混合模式"为"正常"，"不透明度"为100%，"填充类型"为"颜色"，"颜色"为深绿色，单击"确定"按钮，如图10-265所示。效果如图10-266所示。

11 复制文字图层，将其向上移动，如图10-267所示。

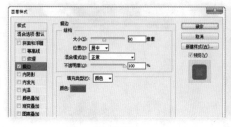  

图10-265 　　　　　　　　　　图10-266 　　　　　　　　　　图10-267

12 复制文字图层，再次执行"图层>图层样式>描边"命令，设置"大小"为90像素，"位置"为"居中"，"混合模式"为"正常"，"不透明度"为100%，"填充类型"为"颜色"，"颜色"为浅绿色，单击"确定"按钮，如图10-268所示。效果如图10-269所示。

13 再次复制文字图层，设置文字的颜色为黄色，同样为其添加"描边"图层样式，设置"大小"为13像素，"位置"为"外部"，"混合模式"为"正常"，"不透明度"为100%，"填充类型"为"颜色"，"颜色"为黄色，如图10-270所示。效果如图10-271所示。

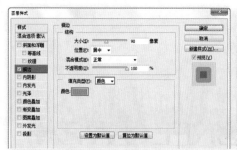  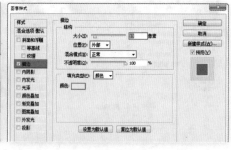

图10-268 　　　　　　　　　　图10-269 　　　　　　　　　　图10-270

14 用同样的方法制作其他文字，如图10-272所示。置入前景装饰素材4.png，执行"图层>栅格化>智能对象"命令。置于画面中合适位置，如图10-273所示。

图10-271 　　　　　　　　　　图10-272 　　　　　　　　　　图10-273

课 后 练 习

【课后练习——混合模式制作手掌怪兽】

 思路解析：本案例通过不透明度的调整制作出木质背景效果，并通过多种混合模式的应用改变手掌的颜色，模拟怪兽的纹理。

扫码看视频

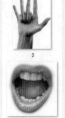

本 章 小 结

　　本章主要讲解了图层混合与图层样式两大内容。图层之间混合模式的更改经常用于图像合成以及特殊效果的制作，而且不会对原图层造成破坏。除此之外，混合模式也经常出现在绘制、填充、计算等功能中，熟悉每种混合模式非常必要。图层样式则多用于文字样式、图层特效的制作，可以快速模拟出多种质感、发光以及立体效果。而"样式"面板则是调用预设样式的快捷方式，可以将经常使用的样式存储在"样式"面板中，以便实际操作中的快速使用。

第11章

通道的编辑与高级操作

本章内容简介：

　本章主要讲解通道的操作方法。通道技术在调色、抠图、合成等方面都有应用，理解通道的本质，掌握通道的操作方法，才能够更好地利用通道技术进行更多的操作。

本章学习要点：

* 掌握通道的基本操作方法
* 掌握通道调色的思路与技巧
* 熟练掌握通道抠图法

11.1 认识通道

11.1.1 什么是通道

技术速查：通道是用于存储图像颜色信息和选区信息等不同类型信息的灰度图像。

一个图像最多可有 56 个通道。所有的新通道都具有与原始图像相同的尺寸和像素数目。在Photoshop中包含3种类型的通道，分别是颜色通道、Alpha通道和专色通道，如图11-1和图11-2所示。只要是支持图像颜色模式的格式，都可以保留颜色通道；如果要保存Alpha通道，可以将文件存储为PDF、TIFF、PSB或Raw格式；如果要保存专色通道，可以将文件存储为DCS 2.0格式。

图11-1

图11-2

思维点拨：通道的特点

通道将不同色彩模式图像的原色数据保存在不同的颜色通道中，可以通过对各颜色通道的编辑来修补、改善图像的颜色色调（例如，RGB模式的图像由红、绿、蓝三原色组成，那么它就有3个颜色通道，除此以外还有一个复合通道）。也可将图像中局部区域的选区存储在Alpha通道中，随时对该区域进行编辑。

11.1.2 认识颜色通道

技术速查：颜色通道是将构成整体图像的颜色信息整理并表现为单色图像的工具。

不同颜色模式的图像，颜色通道的数量也不同。例如，RGB模式的图像有RGB、红、绿、蓝4个通道，如图11-3所示；CMYK颜色模式的图像有CMYK、青色、洋红、黄色、黑色5个通道，如图11-4所示；Lab颜色模式的图像有Lab、明度、a、b4个通道，如图11-5所示；而位图和索引颜色模式的图像只有一个位图通道和一个索引通道，如图11-6和图11-7所示。

图11-3

图11-4

图11-5

图11-6

图11-7

技术拓展：使用彩色显示通道

在默认情况下，"通道"面板中所显示的单通道都为灰色。如果要以彩色来显示单色通道，可以执行"编辑>首选项>界面"命令，打开"首选项"对话框，然后在"选项"组下选中"用彩色显示通道"复选框，如图11-8和图11-9所示。

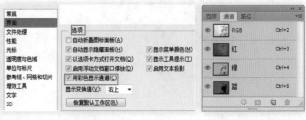

图11-8

图11-9

Photoshop CS6中文版从入门到精通（微课视频实例版）

11.1.3 认识Alpha通道

技术速查：Alpha通道主要用于选区的存储、编辑与调用。

Alpha通道是一个8位的灰度通道，该通道用256级灰度来记录图像中的透明度信息，定义透明、不透明和半透明区域，如图11-10所示。其中黑色处于未选中的状态，白色处于完全选择状态，灰色则表示部分被选择状态（即羽化区域），如图11-11所示。使用白色涂抹Alpha通道可以扩大选区范围；使用黑色涂抹则收缩选区；使用灰色涂抹可以增加羽化范围。

图11-10　　　　　　　　　　图11-11

新建Alpha通道

如果要新建Alpha通道，可以单击"通道"面板底部的"创建新通道"按钮，如图11-12和图11-13所示。

Alpha通道可以使用大多数绘制、修饰工具进行创建，也可以使用命令、滤镜等进行编辑，如图11-14和图11-15所示。

图11-12　　　　　　图11-13　　　　　　图11-14　　　　　　图11-15

技巧提示

默认情况下，编辑Alpha通道时文档窗口中只显示通道中的图像，如图11-16所示。为了能够更精确地编辑Alpha通道，可以将复合通道显示出来。在复合通道前单击，使图标显示出来，此时蒙版的白色区域将变为透明，黑色区域为半透明的红色，类似于快速蒙版的状态，如图11-17所示。

图11-16　　　　　　　　　　图11-17

Alpha通道与选区的相互转换

在包含选区的情况下，如图11-18所示，单击"通道"面板底部的"将选区存储为通道"按钮，可以创建一个Alpha1通道，同时选区会存储到通道中，如图11-19所示。这就是Alpha通道的第1个功能，即存储选区。

图11-18　　　　　　　　　　图11-19

将选区转换为Alpha通道后，单独显示Alpha通道可以看到一个黑白图像，如图11-20所示，这时可以对该黑白图像进行编辑从而达到编辑选区的目的，如图11-21所示。

单击"通道"面板底部的"将通道作为选区载入"按钮，或者按住Ctrl键单击Alpha通道缩览图，即可载入之前存储的Alpha1通道的选区，如图11-22所示。

图11-20　　　　　　　　　　　　　　图11-21　　　　　　　　　　　　　　图11-22

11.1.4　认识"通道"面板

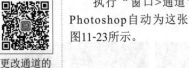
更改通道的
缩览图大小

◎ 技术速查："通道"面板主要用于创建、存储、编辑和管理通道。

　　执行"窗口>通道"命令可以打开"通道"面板，打开任意一张图像，在"通道"面板中能够看到Photoshop自动为这张图像创建颜色信息通道，如图11-23所示。

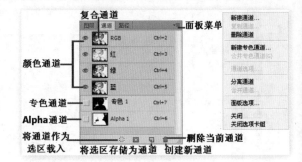

图11-23

- ◎ 颜色通道：用来记录图像的颜色信息。
- ◎ 复合通道：用来记录图像的所有颜色信息。
- ◎ Alpha通道：用来保存选区和灰度图像的通道。
- ◎ "将通道作为选区载入"按钮：单击该按钮，可以载入所选通道图像的选区。
- ◎ "将选区存储为通道"按钮：如果图像中有选区，单击该按钮，可以将选区中的内容存储到通道中。
- ◎ "创建新通道"按钮：单击该按钮，可以新建一个Alpha通道。
- ◎ "删除当前通道"按钮：将通道拖曳到该按钮上，可以删除选择的通道。在删除颜色通道时要特别注意，如果删除的是红、绿、蓝通道中的一个，那么RGB通道也会被删除。如果删除的是RGB通道，那么将删除Alpha通道和专色通道以外的所有通道。

11.2　通道的基本操作

扫码看视频

◎ 视频精讲：超值赠送\视频精讲\83.通道的基础操作.flv

　　在"通道"面板中可以选择某个通道进行单独操作，也可切换某个通道的隐藏和显示，或对其进行复制、删除、分离、合并等操作。

83.通道的
基础操作

11.2.1　选择通道

　　在"通道"面板中单击即可选中某一通道，在每个通道后面有对应的"Ctrl+数字"格式快捷键，如在图11-24中"红"通道后面有Ctrl+3快捷键，表示按Ctrl+3快捷键可以单独选择"红"通道。

　　在"通道"面板中按住Shift键单击，可以一次性选择多个颜色通道，或者多个Alpha通道和专色通道，如图11-25所示。但是颜色通道不能够与另外两种通道共同处于被选状态，如图11-26所示。

　　通道的显示/隐藏与图层相同，每个通道的左侧都有一个眼睛图标 ◉ ，单击该图标，可以使该通道隐藏，单击隐藏状态的通道左侧的 ▢ 图标，可以恢复该通道的显示。

　　要重命名Alpha通道或专色通道，可以双击通道的名称，然后输入新名称即可。默认的颜色通道的名称不能进行重命名。

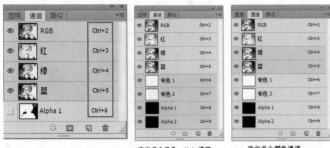

图11-24　　　　　　　图11-25　　　　　　　图11-26

选中多个专色、Alpha通道　　　选中多个颜色通道

技巧提示

选中Alpha通道或专色通道后可以直接使用移动工具进行移动，而想要移动整个颜色通道，则需要进行全选后移动。

★ 综合实战——模拟3D电影效果

案例文件	案例文件\第11章\模拟3D电影效果.psd
视频教学	视频文件\第11章\模拟3D电影效果.flv
难易指数	★★★★★
技术要点	通道的操作

扫码看视频

案例效果

本例主要通过使用通道的错位模拟3D电影的视觉效果，如图11-27所示。

操作步骤

01 打开素材文件1.jpg，如图11-28所示。单击进入"通道"面板，选择"红"通道，如图11-29所示。

图11-27　　　　　　　　　　图11-28　　　　　　　　　　图11-29

02 按Ctrl+A快捷键，选择全部画面，使用移动工具将选区中的内容向右侧适当移动，单击RGB复合通道，此时可以看到画面已经呈现出3D电影的效果，如图11-30所示。

03 使用"矩形选框工具"在画面中按住Shift键进行加选，绘制合适的选区，为其填充黑色，如图11-31所示。

04 使用"横排文字工具"，设置合适的字号和字体，在画面中输入合适的文字并添加阴影。最终效果如图11-32所示。

图11-30　　　　　　　　　　图11-31　　　　　　　　　　图11-32

11.2.2　复制通道

想要复制通道，可以在通道上右击，然后在弹出的快捷菜单中执行"复制通道"命令，如图11-33所示。

图11-33

11.2.3 动手学：将通道中的内容粘贴到图像中

（1）打开素材文件，如图11-34所示。在"通道"面板中选择蓝色通道，画面中会显示该通道的灰度图像，如图11-35所示。

（2）按Ctrl+A快捷键全选，按Ctrl+C快捷键复制，如图11-36所示。

（3）单击RGB复合通道显示彩色的图像，并回到"图层"面板，按Ctrl+V快捷键可以将复制的通道粘贴到一个新的图层中，如图11-37所示。

图11-34

图11-35

图11-36

图11-37

11.2.4 动手学：将图像中的内容粘贴到通道中

（1）打开两个图像文件，在其中一个图片的文档窗口中按Ctrl+A快捷键全选图像，然后按Ctrl+C快捷键复制图像，如图11-38所示。

（2）切换到另外一个图片的文档窗口，进入"通道"面板，单击"创建新通道"按钮，新建一个Alpha1通道，接着按Ctrl+V快捷键将复制的图像粘贴到通道中，如图11-39所示。

（3）显示出RGB复合通道与Alpha通道，如图11-40和图11-41所示。

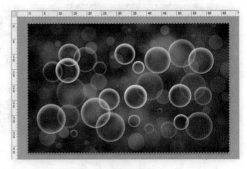

图11-38

图11-39

图11-40

图11-41

★ 案例实战——将图像粘贴到通道中制作奇幻图像效果

案例文件	案例文件\第11章\将图像粘贴到通道中制作奇幻图像效果.psd
视频教学	视频文件\第11章\将图像粘贴到通道中制作奇幻图像效果.flv
难易指数	★★★★★
技术要点	通道

案例效果

扫码看视频

本例主要是通过将图像粘贴到通道中制作奇幻图像效果，如图11-42所示。

操作步骤

01 打开素材文件1.jpg，如图11-43所示。继续置入闪电素材2.jpg，执行"图层>栅格化>智能对象"命令。如图11-44所示。

02 选中闪电图层，隐藏其他图层，进入"通道"面板，选择"蓝"通道，按Ctrl+A快捷键进行全选，按Ctrl+C快捷键进行复制，回到素材1中按Ctrl+V快捷键粘贴"蓝"通道，如图11-45和图11-46所示。

图11-42

图11-43

图11-44

图11-45

03 继续置入素材3.jpg，执行"图层>栅格化>智能对象"命令。隐藏其他图层，单击进入"通道"面板，选择"红"通道，用同样的方法复制"红"通道内容，将"红"通道粘贴到素材1中，如图11-47和图11-48所示。最终效果如图11-49所示。

图11-46

图11-47

图11-48

图11-49

11.2.5 动手学：合并通道

可以将多个灰度图像合并为一个图像的通道。要合并的图像必须为打开的已拼合的灰度模式图像，并且像素尺寸相同。不满足以上条件的情况下，"合并通道"命令将不可用。

（1）打开3张颜色模式、大小相同的灰度图片文件，执行"图像>模式>灰度"命令，确保其颜色模式为"灰度"，如图11-50～图11-52所示。

图11-50

图11-51

图11-52

技巧提示

已打开的灰度图像的数量决定了合并通道时可用的颜色模式。例如，4张图像可以合并为一个RGB图像、CMYK图像、Lab图像或多通道图像。而打开3张图像则不能够合并出CMYK模式图像。

（2）在第1张图像的"通道"面板菜单中执行"合并通道"命令，如图11-53所示。打开"合并通道"对话框，设置"模式"为"RGB颜色"，"通道"为3，然后单击"确定"按钮。弹出"合并RGB通道"对话框，在该对话框中可以选择以哪个图像来作为红色、绿色、蓝色通道，如图11-54所示。选择好通道图像以后单击"确定"按钮，此时在"通道"面板中会出现一个RGB颜色模式的图像，如图11-55所示。

图11-53

图11-54

图11-55

11.2.6　动手学：分离通道

　　打开一张RGB颜色模式的图像，如图11-56所示。在"通道"面板菜单中执行"分离通道"命令，如图11-57所示。可以将红、绿、蓝3个通道单独分离成3张灰度图像并关闭彩色图像，同时每个图像的灰度都与之前的通道灰度相同，如图11-58所示。

图11-56

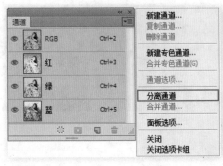

图11-57

图11-58

 思维点拨：通道的作用

　　通道记录了图像的大部分信息，其主要作用有：

　　（1）表示选择区域，也就是白色代表的部分。利用通道，可以建立毛发类的精确选区。

　　（2）不同通道都可以用256级灰度来表示不同的亮度，在Red通道里的一个纯红色的点，在黑色的通道上显示的就是纯黑色，即亮度为0。

　　（3）表示不透明度。利用此功能，可以创建一个图像渐隐融入另一个图像中的效果。

　　（4）表示颜色信息。预览Red通道，无论光标怎样移动，该面板上都只有R值，其余的都为0。

11.3　专色通道

11.3.1　什么是专色通道

　　◇ 技术速查：专色通道主要用来指定用于专色油墨印刷的附加印版。

　　专色通道可以保存专色信息，同时也具有Alpha通道的特点。每个专色通道只能存储一种专色信息，而且是以灰度形式来存储的。除了位图模式以外，其余所有的色彩模式图像都可以建立专色通道。

 思维点拨：专色印刷

　　专色印刷是指采用黄、品红、青和黑墨四色墨以外的其他色油墨来复制原稿颜色的印刷工艺。包装印刷中经常采用专色印刷工艺印刷大面积底色。

11.3.2　新建和编辑专色通道

（1）打开素材文件，如图11-59所示。下面需要将图像中大面积的黑色背景部分采用专色印刷，所以首先需要进入"通道"面板，选择"红"通道载入选区，如图11-60所示。右击，在弹出的快捷菜单中执行"选择反向"命令，得到黑色部分的选区，如图11-61所示。

图11-59

图11-60

图11-61

（2）在"通道"面板菜单中执行"新建专色通道"命令，如图11-62所示。在弹出的"新建专色通道"对话框中首先设置"密度"为100%，如图11-63所示。单击颜色块，在弹出的选择颜色对话框中单击"颜色库"按钮，如图11-64所示。在弹出的"颜色库"对话框中选择一个专色，并单击"确定"按钮，如图11-65所示。回到"新建专色通道"对话框中，单击"确定"按钮完成操作，如图11-66所示。

图11-62

图11-63

图11-64

图11-65

（3）此时在"通道"面板最底部出现新建的专色通道，如图11-67所示。并且当前图像中的黑色部分被刚才所选的黄色专色填充，如图11-68所示。

图11-66

图11-67

图11-68

技巧提示

创建专色通道以后，也可以通过使用绘画或编辑工具在图像中以绘画的方式编辑专色。使用黑色绘制的为有专色的区域；用白色涂抹的区域无专色；用灰色绘画可添加不透明度较低的专色。绘制时该工具的"不透明度"决定了用于打印输出的实际油墨浓度。

（4）如果要修改专色设置，可以双击专色通道的缩览图，如图11-69所示，即可重新打开"新建专色通道"对话框进行设置，如图11-70所示。

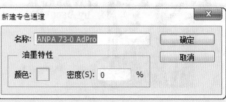

图11-69　　　　　　　　　　　　　　图11-70

11.4 通道的高级操作

通道的功能非常强大，它不仅可以用来存储选区，还可以用来混合图像、制作选区、调色等。

11.4.1 用"应用图像"命令混合通道

扫码看视频

○ 视频精讲：超值赠送\视频精讲\84.应用图像的使用.flv

○ 技术速查：使用"应用图像"命令可以将作为"源"的图像的图层或通道与作为"目标"的图像的图层或通道进行混合。

84. 应用图像的使用

打开包含人像和光斑图层的文档，如图11-71和图11-72所示。下面以此为例来讲解如何使用"应用图像"命令来混合通道，如图11-73所示。

图11-71　　　　　　　　　　图11-72　　　　　　　　　　图11-73

选择"光斑"图层，然后执行"图像>应用图像"命令，打开"应用图像"对话框，如图11-74所示。

○ 源：该选项组主要用来设置参与混合的源对象。"源"下拉列表框用来选择混合通道的文件（必须是打开的文档）；"图层"下拉列表框用来选择参与混合的图层；"通道"下拉列表框用来选择参与混合的通道；选中"反相"复选框，则可以使通道先反相，然后进行混合，如图11-75所示。

图11-74　　　　　　　　　　　　图11-75

- 目标：显示被混合的对象。

- 混合：该选项组用于控制"源"对象与"目标"对象的混合方式。"混合"下拉列表框用于设置混合模式；"不透明度"文本框用来控制混合的程度；选中"保留透明区域"复选框，可以将混合效果限定在图层的不透明区域范围内；选中"蒙版"复选框，可以显示出"蒙版"的相关选项，可以选择任何颜色通道和Alpha通道来作为蒙版。

SPECIAL 技术拓展：什么是"相加"模式与"减去"模式

在"混合"下拉列表框中有两种"图层"面板中不具备的混合模式，即"相加"与"减去"模式，这两种模式是通道独特的混合模式。

- 相加：这种混合模式可以增加两个通道中的像素值，如图11-76所示。"相加"模式是在两个通道中组合非重叠图像的好方法，因为较高的像素值代表较亮的颜色，所以向通道添加重叠像素使图像变亮。

- 减去：这种混合模式可以从目标通道中相应的像素上减去源通道中的像素值，如图11-77所示。

图11-76　　　　　　　　　　图11-77

11.4.2　用"计算"命令混合通道

扫码看视频

85.计算命令的使用

视频精讲：超值赠送\视频精讲\85.计算命令的使用.flv

技术速查："计算"命令可以混合两个来自一个源图像或多个源图像的单个通道，得到的混合结果可以是新的灰度图像或选区、通道。

执行"图像>计算"命令，可以打开"计算"对话框，如图11-78和图11-79所示。在这里选择用于计算的源、图层，并设置合适的混合模式，选择计算完成后生成结果的类型，然后单击确定按钮，即可得到通道计算的结果。

图11-78　　　　　　　　　　图11-79

- 源1：用于选择参与计算的第1个源图像、图层或通道。

- 源2：用于选择参与计算的第2个源图像、图层或通道。

- 图层：如果源图像具有多个图层，可以在这里进行图层的选择。

- 混合：与"应用图像"命令的"混合"选项相同。

- 结果：选择计算完成后生成的结果。选择"新建文档"选项，可以得到一个灰度图像，如图11-80所示；选择"新建通道"选项，可以将计算结果保存到一个新的通道中，如图11-81所示；选择"选区"选项，可以生成一个新的选区，如图11-82所示。

图11-80　　　　　　　图11-81　　　　　　　图11-82

★ 案例实战——使用计算命令制作油亮肌肤

案例文件	案例文件\第11章\使用计算命令制作油亮肌肤.psd
视频教学	视频文件\第11章\使用计算命令制作油亮肌肤.flv
难易指数	★★★★★
技术要点	通道、调整图层

扫码看视频

案例效果

本例主要是通过使用"计算"命令制作油亮肌肤，如图11-83所示。

操作步骤

01 打开素材文件1.jpg，如图11-84所示。对其执行"滤镜>锐化>智能锐化"命令，设置"数量"为40%，"半径"为10像素，如图11-85所示。

图11-83　　　图11-84　　　　　　图11-85

02 执行"图像>计算"命令，设置"通道"均为"蓝"，"混合"为"颜色加深"，如图11-86所示。得到Alpha1通道，单击"将通道载入选区"按钮，如图11-87所示。

03 对选区执行"图层>新建调整图层>曲线"命令，创建曲线调整图层，如图11-88所示。调整曲线的形状，如图11-89所示。效果如图11-90所示。

图11-86　　　　　　　图11-87　　　　　　图11-88

04 通过观察发现，曲线提亮的边缘较为生硬。选中曲线调整图层蒙版，对其执行"滤镜>模糊>高斯模糊"命令，设置"半径"为3像素，如图11-91所示。效果如图11-92所示。

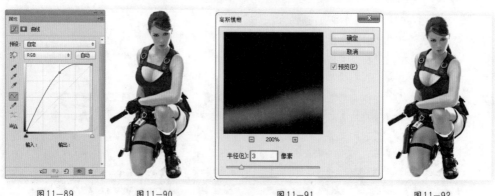

图11-89　　　图11-90　　　　　　图11-91　　　　　　图11-92

05 进入"通道"面板，复制Alpha1通道，如图11-93所示。按Ctrl+M快捷键，调整曲线的形状，如图11-94所示。效果如图11-95所示。

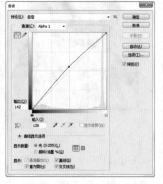

图11-93　　　　　　　　　　图11-94　　　　　　　　图11-95

06 单击"图层"面板底部的"将通道载入选区"按钮 ⬚，如图11-96所示。效果如图11-97所示。

07 执行"图层>新建调整图层>曲线"命令，以当前选区创建曲线调整图层，如图11-98所示。调整曲线的形状，如图11-99所示。效果如图11-100所示。

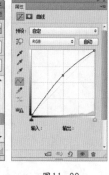

图11-96　　　　　　　　图11-97　　　　　　　图11-98　　　　　　　图11-99

08 执行"图层>新建调整图层>曲线"命令，调整曲线形状，如图11-101所示。按Shift+Ctrl+Alt+E组合键盖印所有图层，如图11-102所示。

09 执行"图像>调整>阴影高光"命令，设置"阴影"数量为20%，"高光"数量为0%，如图11-103所示。效果如图11-104所示。

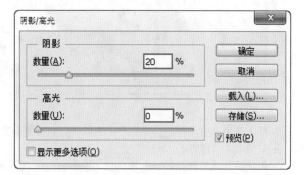

图11-100　　　　　图11-101　　　　　图11-102　　　　　　　　图11-103

10 复制盖印图层，按Shift+Ctrl+U组合键对其执行"去色"命令，接着对其执行"滤镜>锐化>智能锐化"命令，设置"数量"为40%，"半径"为10像素，如图11-105所示。效果如图11-106所示。

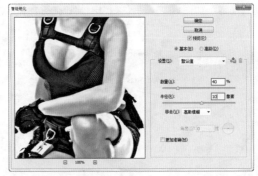

图11-104　　　　　　　　　　　图11-105　　　　　　　　　　　图11-106

11 设置去色图层的混合模式为"正片叠底"，"不透明度"为50%，如图11-107所示。效果如图11-108所示。

图11-107　　　　　　　　　　　图11-108

12 接着执行"图层>新建调整图层>曲线"命令，调整曲线的形状，如图11-109所示。使用黑色画笔在蒙版中合适的部分绘制，如图11-110所示。效果如图11-111所示。

13 使用"钢笔工具"在画面中绘制人像的选区形状，如图11-112所示。继续盖印所有图层，按Ctrl+Enter快捷键将路径转换为选区，按Shift+Ctrl+I组合键进行反选，按Delete键删除选区内的部分，如图11-113所示。

图11-109　　　　　图11-110　　　　　图11-111　　　　图11-112　　　　图11-113

14 置入背景光效素材2.jpg，执行"图层>栅格化>智能对象"命令。置于人像下方，如图11-114所示。接着置入艺术字素材3.png，如图11-115所示。

15 再次置入光效素材4.jpg并栅格化，置于画面顶部，设置其混合模式为"滤色"，如图11-116所示。效果如图11-117所示。

Photoshop CS6中文版从入门到精通（微课视频实例版）

图11-114

图11-115

图11-116

图11-117

11.4.3 使用通道调整颜色

通道调色是一种高级调色技术，可以对一张图像的单个通道应用各种调色命令，从而达到调整图像中单种色调的目的。下面以图11-118为例来介绍如何用通道调色，其"通道"面板如图11-119所示。

单独选择"红"通道，按Ctrl+M快捷键打开"曲线"对话框，将曲线向上调节，可以增加图像中的红色，如图11-120所示；将曲线向下调节，则可以减少图像中的红色，如图11-121所示。

图11-118   图11-119   图11-120   图11-121

单独选择"绿"通道，将曲线向上调节，可以增加图像中的绿色数量，如图11-122所示；将曲线向下调节，则可以减少图像中的绿色，如图11-123所示。

单独选择"蓝"通道，将曲线向上调节，可以增加图像中的蓝色数量，如图11-124所示；将曲线向下调节，则可以减少图像中的蓝色，如图11-125所示。

图11-122   图11-123   图11-124   图11-125

★ 案例实战——使用Lab模式制作复古青红调

案例文件	案例文件\第11章\使用Lab模式制作复古青红调.psd
视频教学	视频文件\第11章\使用Lab模式制作复古青红调.flv
难易指数	★★★★★
技术要点	通道、调整图层

扫码看视频

案例效果

本例主要是通过将图像转换为Lab模式，并在此颜色模式下进行调色。如图11-126所示。

操作步骤

01 打开素材文件1.jpg，如图11-127所示。由于图像是RGB模式，对其执行"图像>模式>Lab颜色"命令，进入"通道"面板可以看到当前图像的通道发生了变化，如图11-128所示。

图11-126

图11-127

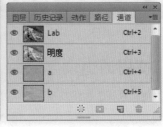

图11-128

02 执行"图层>新建调整图层>曲线"命令，设置通道为"明度"，调整曲线的形状，如图11-129所示；设置通道为a，调整曲线形状，如图11-130所示；设置"通道"为b，调整曲线形状，如图11-131所示。

03 此时画面颜色发生了明显变化，置入前景艺术字素材2.png并栅格化，置于画面中合适的位置，如图11-132所示。

图11-129

图11-130

图11-131

图11-132

11.4.4　通道抠图

通道抠图是非常常用的抠图技法，主要是利用通道为黑白的这一特性，通过使用"亮度/对比度""曲线""色阶"等调整命令，以及画笔、加深、减淡等工具对通道的黑白关系进行调整，然后从通道中得到选区。通道抠图法常用于抠选毛发、云朵、烟雾以及半透明的婚纱等对象，如图11-133和图11-134所示。

图11-133

图11-134

通道抠图的流程如下：

（1）隐藏其他图层，进入"通道"面板，逐一观察并选择主体物与背景黑白对比最强烈的通道。

（2）复制该通道。

（3）增强复制出的通道的黑白对比。

（4）调整完毕后载入复制出的通道选区。

★ 案例实战——通道抠图为长发美女换背景

案例文件	案例文件\第11章\通道抠图为长发美女换背景.psd
视频教学	视频文件\第11章\通道抠图为长发美女换背景.flv
难易指数	★★★★★
技术要点	通道抠图

扫码看视频

案例效果

本例主要是通过使用通道抠图为长发美女换背景，如图11-135所示。

操作步骤

01 打开素材文件1.jpg，如图11-136所示。置入人像素材2.jpg，执行"图层>栅格化>智能对象"命令。如图11-137所示。这里需要将长发美女从背景中分离出来。

图11-135

图11-136

图11-137

02 打开"通道"面板，通过观察发现"蓝"通道的黑白对比最强烈，如图11-138所示。因此选择并复制"蓝"通道，得到"蓝 副本"通道，如图11-139所示。

图11-138　　　　　　　　　　图11-139

技巧提示

使用通道抠图法进行抠图时必须要复制通道，如果直接在原通道上进行操作，则会更改画面整体效果。

03 选择"蓝 副本"通道，按Ctrl+M快捷键，单击"在画面中取样已设置黑场"按钮，如图11-140所示。在人像身体部分进行单击，效果如图11-141所示。

04 使用"减淡工具"，在选项栏中设置画笔"大小"为65，"范围"为"中间调"，"曝光度"为50%，如图11-142所示。在画面中灰白色背景部分进行绘制，效果如图11-143所示。

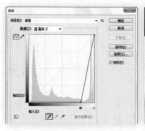
图11-140

图11-141

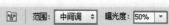
图11-142

05 选择"蓝 副本"通道，单击"通道"面板底部的"将通道作为选区载入"按钮，如图11-144所示。回到"图层"面板，选中人像图层，单击"图层"面板底部的"添加图层蒙版"按钮，为其添加图层蒙版，如图11-145所示。效果如图11-146所示。

图11-143

图11-144

图11-145

06 执行"图层>新建调整图层>曲线"命令,设置通道为"蓝",调整曲线的形状,如图11-147所示。设置通道为RGB,调整曲线形状,如图11-148所示。效果如图11-149所示。

 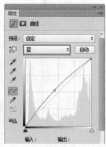  

图11-146 　　　　　图11-147 　　　　　图11-148 　　　　　图11-149

07 置入光效素材3.jpg并栅格化,设置其混合模式为"滤色",如图11-150所示。效果如图11-151所示。

08 置入素材文字4.png并栅格化,置于画面中合适的位置。最终效果如图11-152所示。

图11-150 　　　　　　　图11-151 　　　　　　　图11-152

☆ 视频课堂——使用通道为透明婚纱换背景

扫码看视频

案例文件\第11章\视频课堂——使用通道为透明婚纱换背景.psd
视频文件\第11章\视频课堂——使用通道为透明婚纱换背景.flv
思路解析:

01 打开人像素材,使用"钢笔工具"将人像部分和白纱部分从素材中分离为两个独立图层。

02 只显示出白纱图层,并进入"通道"面板,选择黑白对比大的通道进行复制。

03 调整通道黑白关系。

04 载入通道选区,回到"图层"面板中,为白纱图层添加蒙版,使之成为透明效果。

05 显示出人像部分,并置入前景素材和背景素材。

★ 综合实战——使用通道制作欧美风杂志广告

案例文件	案例文件\第11章\使用通道制作欧美风杂志广告.psd
视频教学	视频文件\第11章\使用通道制作欧美风杂志广告.flv
难易指数	★★★★★
技术要点	通道的操作

扫码看视频

案例效果

本例主要是通过对通道的调整制作欧美风杂志广告,如

图11-153所示。

操作步骤

01 打开素材文件1.jpg,如图11-154所示。由于图像为RGB模式,对图像执行"图像>模式>CMYK颜色"命令,将其转换为CMYK模式,在弹出的对话框中单击"确定"按钮,如图11-155所示。

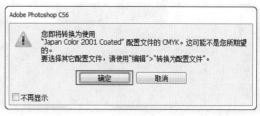

图11-153　　　　　　　　　　图11-154　　　　　　　　　　　　　图11-155

02 进入"通道"面板，此时可以看到通道中显示CMYK、"青色""洋红""黄色""黑色"5个通道。选中"青色"通道，按Ctrl+A快捷键全选，按Ctrl+C快捷键复制，如图11-156所示。选中"洋红"通道，按Ctrl+V快捷键将青色通道粘贴到"洋红"通道中，如图11-157所示，然后单击复合通道CMYK，可以看到当前画面颜色发生了变化，效果如图11-158所示。

03 最后置入素材文件2.png并栅格化，置于画面中合适的位置。最终效果如图11-159所示。

图11-156　　　　　　　　图11-157　　　　　　　　　　图11-158　　　　　　　　　图11-159

课 后 练 习

扫码看视频

【课后练习——保留细节的通道计算磨皮法】

思路解析： 本例主要讲解时下比较流行的通道计算磨皮法。通道计算磨皮法具有不破坏原图像并且保留细节的优势。这种磨皮方法主要利用通道单一颜色的便利条件，并通过高反差保留滤镜与多次计算得到皮肤瑕疵部分的选区，然后针对选区进行亮度颜色的调整，减小瑕疵与正常皮肤颜色的差异，从而达到磨皮的效果。

扫码看视频

【课后练习——使用通道制作水彩画效果】

思路解析： 本例通过复制人像通道并进行编辑而得到新的Alpha通道，载入选区后为水彩素材添加图层蒙版，制作出水彩画效果。

本 章 小 结

通道虽然是存储图像颜色信息和选区信息等不同类型信息的灰度图像，但是通过通道可以进行很多高级操作，如调色、抠图、磨皮以及制作特效图像等。

第12章

蒙版与合成

本章内容简介：

本章主要针对Photoshop中的4种蒙版进行讲解，蒙版在合成中起着至关重要的作用。使用蒙版编辑图像，可以避免因为使用橡皮擦或剪切、删除等操作造成的失误。另外，还可以对蒙版应用一些滤镜，以得到一些意想不到的特效。

本章学习要点：

- 掌握快速蒙版的使用方法
- 掌握剪贴蒙版的使用方法
- 掌握图层蒙版的使用方法
- 掌握矢量蒙版的使用方法

12.1 认识蒙版

蒙版原本是摄影术语，是指用于控制照片不同区域曝光的传统暗房技术。在Photoshop中，蒙版则是用于合成图像的必备利器，因为蒙版可以遮盖住部分图像，使其避免受到操作的影响。这种隐藏而非删除的编辑方式是一种非常方便的非破坏性编辑方式。在Photoshop中，蒙版分为快速蒙版、剪贴蒙版、图层蒙版和矢量蒙版。

12.2 快速蒙版

扫码看视频

29.快速蒙版

视频精讲：超值赠送视频精讲\29.快速蒙版.flv

技术速查：快速蒙版是一种用于创建和编辑选区的功能。

在快速蒙版模式下，可以将选区作为蒙版进行编辑，并且可以使用几乎全部的绘画工具或滤镜对蒙版进行编辑。当在快速蒙版模式中工作时，"通道"面板中出现一个临时的"快速蒙版"通道，如图12-1所示。但是，所有的蒙版编辑都是在图像窗口中完成的，如图12-2所示。

图12-1 图12-2

思维点拨：蒙版定义

图层蒙版是一个8位灰度图像，黑色表示图层的透明部分，白色表示图层的不透明部分，灰色表示图层中的半透明部分。编辑图层蒙版，实际上就是对蒙版中的黑、白、灰3个色彩区进行编辑。使用图层蒙版，可以控制图层中的不同区域被隐藏或显示。通过更改图层蒙版，可以将大量特殊效果应用到图层，而不会影响该图层上的像素。

蒙版虽然是种选区，但它跟常规的选区颇为不同。常规的选区表现了一种操作趋向，即将对所选区域进行处理；而蒙版却相反，它是对所选区域进行保护，让其免于操作，而对非掩盖的区域应用操作。

12.2.1 动手学：创建快速蒙版

在工具箱中单击"以快速蒙版模式编辑"按钮或按Q键，可以进入快速蒙版编辑模式，此时在"通道"面板中可以观察到一个"快速蒙版"通道，如图12-3和图12-4所示。

图12-3 图12-4

12.2.2 动手学：编辑快速蒙版

进入快速蒙版编辑模式以后，可以使用绘画工具（如"画笔工具"）在图像上进行绘制，绘制区域将以红色显示，如图12-5所示。红色的区域表示未选中的区域，非红色区域表示选中的区域。

在工具箱中单击"以快速蒙版模式编辑"按钮 或按Q键退出快速蒙版编辑模式，可以得到想要的选区，如图12-6所示。在快速蒙版模式下，还可以使用滤镜来编辑蒙版，如图12-7所示是对快速蒙版应用"拼贴"滤镜以后的效果。按Q键退出快速蒙版编辑模式以后，可以得到具有拼贴效果的选区，如图12-8所示。

图12-5

图12-6

图12-7

图12-8

> **技巧提示**
>
> 使用快速蒙版制作选区的内容已在第4章中进行了详细的讲解。

12.3 剪贴蒙版

扫码看视频

80. 使用剪贴蒙版

◎ 视频精讲：超值赠送\视频精讲\80.使用剪贴蒙版.flv

◎ 技术速查：剪贴蒙版是通过使用处于下方图层的形状来限制上方图层的显示状态，也就是说基底图层用于限定最终图像的形状，而顶部图层则用于限定最终图像显示的颜色或图案。

剪贴蒙版由两部分组成：基底图层和内容图层。

基底图层是位于剪贴蒙版最底端的一个图层，内容图层则可以有多个。如图12-9和图12-10所示为剪贴蒙版的原理图。效果如图12-11所示。

图12-9

图12-10

图12-11

◎ 基底图层：基底图层只有一个，它决定了位于其上面的图像的显示范围。如果对基底图层进行移动、变换等操作，那么上面的图像也会随之受到影响，如图12-12所示。

◎ 内容图层：内容图层可以是一个或多个。对内容图层的操作不会影响基底图层，但是对其进行移动、变换等操作时，显示范围也会随之而改变，如图12-13所示。需要注意的是，剪贴蒙版虽然可以应用在多个图层中，但是这些图层不能是隔开的，必须是相邻的图层。

图12-12

图12-13

> **技巧提示**
>
> 剪贴蒙版的内容图层不仅可以是普通的像素图层，还可以是调整图层、形状图层、填充图层等类型的图层。使用调整图层作为剪贴蒙版中的内容图层是非常常见的，主要可以用作对某一图层的调整而不影响其他图层。

Photoshop CS6中文版从入门到精通（微课视频实例版）

技术拓展：剪贴蒙版与图层蒙版的差别

（1）从形式上看，普通的图层蒙版只作用于一个图层，给人的感觉好像是在图层上面进行遮挡一样。但剪贴蒙版却是对一组图层进行影响，而且是位于被影响图层的最下面。

（2）普通的图层蒙版本身不是被作用的对象，而剪贴蒙版本身也是被作用的对象。

（3）普通的图层蒙版仅仅是影响作用对象的不透明度，而剪贴蒙版除了影响所有内容图层的不透明度外，其自身的混合模式及图层样式都将对内容图层产生直接影响。

12.3.1 动手学：创建剪贴蒙版

打开一个包含3个图层的文档，如图12-14和图12-15所示。下面以该文档来讲解如何创建剪贴蒙版。

方法1：首先把"图形"图层放在"人像"图层下面，然后选择"人像"图层，并执行"图层>创建剪贴蒙版"命令或按Ctrl+Alt+G组合键，可以将"人像"图层和"图形"图层创建为一个剪贴蒙版，创建剪贴蒙版以后，"人像"图层就只显示"图形"图层的区域，如图12-16所示。

图12-14　　　　　　　　　　图12-15　　　　　　　　　　图12-16

方法2：在"人像"图层的名称上右击，然后在弹出的快捷菜单中执行"创建剪贴蒙版"命令，如图12-17所示，即可将"人像"图层和"图形"图层创建为一个剪贴蒙版。

方法3：先按住Alt键，然后将光标放置在"人像"图层和"图形"图层之间的分隔线上，待光标变成↓□形状时单击，如图12-18所示，即可将"人像"图层和"图形"图层创建为一个剪贴蒙版。

图12-17　　　　　　　　　　　　　　　　　图12-18

12.3.2 动手学：释放剪贴蒙版

释放剪贴蒙版与创建剪贴蒙版相似，也有多种方法。

方法1：选择"人像"图层，然后执行"图层>释放剪贴蒙版"命令或按Ctrl+Alt+G组合键，即可释放剪贴蒙版，释放剪贴蒙版以后，"人像"图层就不再受"图形"图层的控制，如图12-19所示。

方法2：在"人像"图层的名称上右击，在弹出的快捷菜单中执行"释放剪贴蒙版"命令，如图12-20所示。

方法3：先按住Alt键，然后将光标放置在"人像"图层和"图形"图层之间的分隔线上，待光标变成⤵□形状时单击，如图12-21所示。

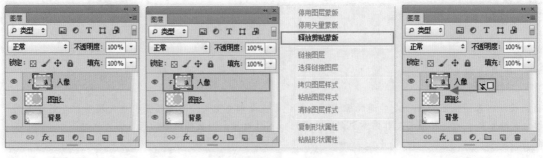

图12-19　　　　　　　　　　图12-20　　　　　　　　　　图12-21

12.3.3　动手学：调整图层顺序

与调整普通图层顺序相同，单击并拖动即可调整剪贴蒙版图层顺序，如图12-22和图12-23所示。需要注意的是，一旦将图层移动到基底图层的下方，就相当于释放剪贴蒙版。

在已有剪贴蒙版的情况下，将一个图层拖动到基底图层上方，如图12-24所示，即可将其加入剪贴蒙版组中，如图12-25所示。

将内容图层移到基底图层的下方就相当于将其移出剪贴蒙版组，如图12-26所示。即释放该图层，如图12-27所示。

图12-22　　　　　　图12-23

图12-24　　　　　　图12-25　　　　　　图12-26　　　　　　图12-27

12.3.4　动手学：编辑剪贴蒙版

剪贴蒙版具有普通图层的属性，如不透明度、混合模式、图层样式等。

当对内容图层的"不透明度"和"混合模式"进行调整时，只有与基底图层混合效果发生变化，不会影响到剪贴蒙版中的其他图层，如图12-28和图12-29所示。

剪贴蒙版虽然可以存在多个内容图层，但是这些图层不能是隔开的，必须是相邻的图层。

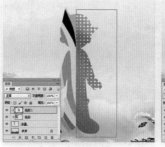

图12-28　　　　　　图12-29

当对基底图层的"不透明度"和"混合模式"调整时，整个剪贴蒙版中的所有图层都会以设置的"不透明度"以及"混合模式"进行混合，如图12-30和图12-31所示。

若要为剪贴蒙版添加图层样式，需要在基底图层上添加，如图12-32所示。如果错将图层样式添加在内容图层上，那么样式是不会出现在剪贴蒙版形状上的，如图12-33所示。

图12-30　　　　　　图12-31　　　　　　图12-32　　　　　　图12-33

★ 案例实战——使用剪贴蒙版制作复古英文

案例文件	案例文件\第12章\使用剪贴蒙版制作复古英文.psd
视频教学	视频文件\第12章\使用剪贴蒙版制作复古英文.flv
难易指数	★★★★★
技术要点	剪贴蒙版、图层不透明度、图层样式

扫码看视频

案例效果

本例主要是通过使用剪贴蒙版等制作复古英文，效果如图12-34所示。

操作步骤

01 打开背景素材文件1.jpg，如图12-35所示。使用"横排文字工具"，设置前景色为白色，设置合适的字号和字体，在画面中合适位置单击输入文字，如图12-36所示。

02 选中所有文字图层，按Ctrl+E快捷键合并文字所有图层，执行"图层>图层样式>斜面和浮雕"命令，在弹出的对话框中设置"样式"为"内斜面"，"方法"为"平滑"，"方向"为"上"，高光模式"不透明度"为50%，阴影模式"不透明度"为50%，如图12-37所示。选择"描边"选项，设置"大小"为1像素，"位置"为"居中"，"填充类型"为"颜色"，"颜色"为黑色，如图12-38所示。此时效果如图12-39所示。

图12-34　　　　　图12-35　　　　　图12-36

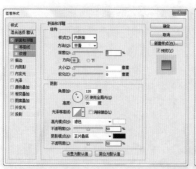

图12-37

图12-38

图12-39

03 设置合适的前景色，新建图层，按Alt+ Delete快捷键为其填充前景色，如图12-40所示。执行"滤镜>杂色>添加杂色"命令，在弹出的对话框中设置"数量"为120%，选中"单色"复选框，如图12-41所示。效果如图12-42所示。

04 置入花纹素材2.jpg，执行"图层>栅格化>智能对象"命令。置于画面中合适位置。将"杂色"图层置于"图层"面板顶部，并设置图层的"不透明度"为40%，如图12-43所示。选中"花纹"和"杂色"图层，右击，在弹出的快捷菜单中执行"创建剪贴蒙版"命令，如图12-44所示。最终效果如图12-45所示。

图12-40

图12-41

图12-42

图12-43

图12-44

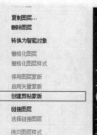

图12-45

12.4 图层蒙版

● 视频精讲：超值赠送\视频精讲\82.使用图层蒙版.flv

82. 使用图层蒙版

扫码看视频

第12章 蒙版与合成

12.4.1 图层蒙版的工作原理

● 技术速查：图层蒙版通过蒙版中的灰度信息来控制图像的显示区域。

　　图层蒙版与矢量蒙版相似，都属于非破坏性编辑工具。但是图层蒙版是位图工具，通过使用画笔工具、填充命令等处理蒙版的黑白关系，从而控制图像的显示与隐藏。

　　打开一个文档，该文档中包含两个图层，其中"光效"图层有一个图层蒙版，并且图层蒙版为白色，如图12-46所示。按照图层蒙版"黑透、白不透"的工作原理，此时文档窗口中将完全显示"光效"图层的内容，如图12-47所示。

图12-46　　　　　　　　　　　图12-47

　　如果要全部显示"背景"图层的内容，可以选择"光效"图层的蒙版，然后用黑色填充蒙版，如图12-48和图12-49所示。

　　如果以半透明方式来显示当前图像，可以用灰色填充"光效"图层的蒙版，如图12-50和图12-51所示。

图12-48　　　　　　　　　图12-49　　　　　　　　　图12-50　　　　　　　　　图12-51

技巧提示

　　除了可以在图层蒙版中填充颜色以外，还可以在图层蒙版中填充渐变，可以使用不同的画笔工具来编辑蒙版，还可以在图层蒙版中应用各种滤镜。如图12-52～图12-57所示分别是填充渐变、使用画笔以及应用"纤维"滤镜以后的蒙版状态与图像效果。

图12-52　　　　　　　　　　　图12-53

图12-54　　　　　　　　　图12-55　　　　　　　　　图12-56　　　　　　　　　图12-57

12.4.2 动手学：创建图层蒙版

创建图层蒙版的方法有很多种，既可以直接在"图层"或"属性"面板中进行创建，也可以从选区或图像中生成图层蒙版。

▣ 在"图层"面板中创建图层蒙版

选择要添加图层蒙版的图层，然后单击"图层"面板底部的"添加图层蒙版"按钮 ▣ ，如图12-58所示，可以为当前图层添加一个图层蒙版，如图12-59所示。

▣ 从选区生成图层蒙版

如果当前图像中存在选区，如图12-60所示，单击"图层"面板下的"添加图层蒙版"按钮 ▣ ，可以基于当前选区为图层添加图层蒙版，选区以外的图像将被蒙版隐藏，如图12-61和图12-62所示。

Photoshop CS6中文版从入门到精通（微课视频实例版）

图12-58

图12-59

图12-60

图12-61

图12-62

★ 案例实战——使用画笔工具与图层蒙版制作梦幻人像

案例文件	案例文件\第12章\使用画笔工具与图层蒙版制作梦幻人像.psd
视频教学	视频文件\第12章\使用画笔工具与图层蒙版制作梦幻人像.flv
难易指数	★★★★★
技术要点	图层蒙版、画笔工具

扫码看视频

案例效果

本例主要是通过使用画笔工具、图层蒙版等制作梦幻人像，如图12-63所示。

图12-63

操作步骤

① 新建文件，选择"画笔工具"，设置合适的前景色，使用柔角画笔在画面合适位置进行绘制，如图12-64所示。

② 置入人像素材1.jpg，执行"图层>栅格化>智能对象"命令。选中"人像"图层，单击"图层"面板底部的"添加图层蒙版"按钮 ▣ ，为其添加图层蒙版，如图12-65所示。为蒙版填充黑色，如图12-66所示。

图12-64　　　　图12-65

图12-66

③ 选中图层蒙版，设置前景色为白色，打开"画笔"面板，设置一个杂乱枫叶效果画笔，如图12-67所示。

④ 单击工具箱中的"画笔工具" ✎ ，使用"画笔工具"在蒙版中绘制，绘制到的区域被显示出来，效果如图12-68所示。

05 适当降低画笔的不透明度，再次在蒙版中进行绘制，使用"矩形选框工具"绘制合适的矩形，按Shift+Ctrl+I组合键进行反选，设置前景色为白色，为其填充前景色，如图12-69所示。接着将艺术字素材置于画面中合适位置，最终效果如图12-70所示。

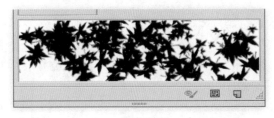

图12-67

图12-68

图12-69

图12-70

12.4.3　应用图层蒙版

💿 **技术速查：** 应用图层蒙版是指将图像中对应蒙版中的黑色区域删除，白色区域保留下来，而灰色区域将呈透明效果，并且删除图层蒙版。

在图层蒙版缩览图上右击，在弹出的快捷菜单中执行"应用图层蒙版"命令，如图12-71所示，可以将蒙版应用在当前图层中。应用图层蒙版以后，蒙版效果将会应用到图像上，如图12-72所示。

图12-71　　　　　　　　图12-72

12.4.4　动手学：停用/启用/删除图层蒙版

🔲 停用图层蒙版

如果要停用图层蒙版，可以执行"图层>图层蒙版>停用"命令，或在图层蒙版缩览图上右击，在弹出的快捷菜单中执行"停用图层蒙版"命令，如图12-73和图12-74所示。停用蒙版后，在"图层"面板中的蒙版缩略图中会出现一个红色的交叉线×。

图12-73　　　　　　　　图12-74

🔲 启用图层蒙版

在停用图层蒙版以后，如果要重新启用图层蒙版，可以在蒙版缩览图上右击，然后在弹出的快捷菜单中执行"启用图层蒙版"命令，如图12-75所示。

图12-75

删除图层蒙版

如果要删除图层蒙版，可以在蒙版缩览图上右击，然后在弹出的快捷菜单中执行"删除图层蒙版"命令，如图12-76所示。

图12-76

☆ 视频课堂——炸开的破碎效果

扫码看视频

案例文件\第12章\视频课堂——炸开的破碎效果.psd
视频文件\第12章\视频课堂——炸开的破碎效果.flv
思路解析：
01 打开背景素材，置入人像素材。
02 使用快速选择工具将人像素材的背景部分选中并去除。
03 为人像图层添加图层蒙版，在蒙版中绘制大量飞鸟，制作出破碎效果。
04 使用飞鸟画笔在裙子周围绘制出大量飞鸟，作为碎片。
05 最后进行画面整体的调色处理。

12.4.5 动手学：转移/替换/复制图层蒙版

转移图层蒙版

选中要转移的图层蒙版缩览图并将蒙版拖曳到其他图层上，如图12-77所示，即可将该图层的蒙版转移到其他图层上，如图12-78所示。

图12-77　　　　　　　图12-78

替换图层蒙版

如果要用一个图层的蒙版替换另外一个图层的蒙版，可以将该图层的蒙版缩览图拖曳到另外一个图层的蒙版缩览图上，如图12-79所示。然后在弹出的对话框中单击"是"按钮。替换图层蒙版以后，"图层1"的蒙版将被删除，同时"背景"图层的蒙版会被换成"图层1"的蒙版，如图12-80所示。

图12-79　　　　　　　图12-80

复制图层蒙版

如果要将一个图层的蒙版复制到另外一个图层上，可以按住Alt键将蒙版缩览图拖曳到另外一个图层上，如图12-81和图12-82所示。

图12-81　　　　　　　　图12-82

12.4.6 蒙版与选区的运算

扫码学知识

蒙版与选区的运算

蒙版与选区之间有着密不可分的关系，从选区可以建立图层蒙版，从图层蒙版中也可以获得选区。按住Ctrl键单击蒙版的缩览图，可以载入蒙版的选区。所以，也可以将蒙版中的选区与其他选区进行运算。在包含选区的状态下，在图层蒙版缩览图上右击，如图12-83所示，在弹出的快捷菜单中可以看到3个关于蒙版与选区运算的命令，如图12-84所示。这些命令与选区运算得到的效果是相同的。

图12-83　　　　　　　　图12-84

☆ 视频课堂——制作婚纱摄影版式

案例文件\第12章\视频课堂——制作婚纱摄影版式.psd
视频文件\第12章\视频课堂——制作婚纱摄影版式.flv
思路解析：
- 01 打开背景素材，置入左侧主体人像素材。
- 02 为人像素材添加图层蒙版，在蒙版中进行涂抹，使背景部分隐藏。
- 03 继续置入右侧人像素材，绘制合适的选区，以选区为人像素材添加图层蒙版，使多余区域隐藏。
- 04 置入其他素材，设置合适的混合模式。

12.5 矢量蒙版

扫码看视频

81. 使用矢量蒙版

- ◎ 视频精讲：超值赠送\视频精讲\81.使用矢量蒙版.flv
- ◎ 技术速查：矢量蒙版是通过路径和矢量形状控制图像的显示区域。

矢量蒙版是矢量工具，以钢笔或形状工具在蒙版上绘制路径、形状来控制图像的显示与隐藏，并且矢量蒙版可以调整路径节点，从而制作出精确的蒙版区域。

12.5.1 动手学：创建矢量蒙版

如图12-85所示为一个包含两个图层的文档。下面就以该文档为例来讲解如何创建矢量蒙版。其"图层"面板如图12-86所示。使用"钢笔工具"绘制一个路径，如图12-87所示。然后执行"图层>矢量蒙版>当前路径"命令，可以基于当前路径为图层创建一个矢量蒙版，如图12-88所示。

图12-85　　　　　　　图12-86　　　　　　　图12-87　　　　　　　图12-88

12.5.2 动手学：在矢量蒙版中绘制形状

创建矢量蒙版以后，可以继续使用"钢笔工具"或形状工具在矢量蒙版中绘制形状，如图12-89和图12-90所示。

图12-89　　　　　　　图12-90

12.5.3 将矢量蒙版转换为图层蒙版

◎ 技术速查：栅格化矢量蒙版以后，蒙版就会转换为图层蒙版，不再有矢量形状存在。

在蒙版缩览图上右击，然后在弹出的快捷菜单中执行"栅格化矢量蒙版"命令，如图12-91所示。效果如图12-92所示。

图12-91　　　　　　　图12-92

12.6 使用"属性"面板调整蒙版

扫码学知识

矢量蒙版的
编辑操作

◎ 技术速查：当所选图层包含图层蒙版或矢量蒙版时，"属性"面板将显示蒙版的参数设置。在这里可以对所选图层的图层蒙版以及矢量蒙版的不透明度和羽化等参数进行调整。

执行"窗口>属性"命令，可以打开"属性"面板，如图12-93所示。

◎ 选择的蒙版：显示当前在"图层"面板中选择的蒙版。

◎ 添加像素蒙版/添加矢量蒙版：单击"添加像素蒙版"按钮，可以为当前图层添加一个像素蒙版；单击"添加矢量蒙版"按钮，可以为当前图层添加一个矢量蒙版。

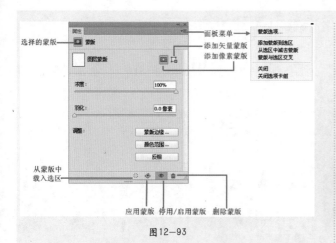

图12-93

选择的蒙版
图层蒙版
面板菜单
添加矢量蒙版
添加像素蒙版
浓度：100%
羽化：0.0 像素
调整
蒙版边缘...
颜色范围...
反相
从蒙版中载入选区
应用蒙版　停用/启用蒙版　删除蒙版

不同的背景来查看蒙版，其使用方法与"调整边缘"对话框相同。

- **颜色范围**：单击该按钮，可以打开"色彩范围"对话框。在该对话框中可以通过修改"颜色容差"来修改蒙版的边缘范围。
- **反相**：单击该按钮，可以反转蒙版的遮盖区域，即蒙版中黑色部分会变成白色，而白色部分会变成黑色，未遮盖的图像将被调整为负片。
- **从蒙版中载入选区**：单击该按钮，可以从蒙版中生成选区。另外，按住Ctrl键单击蒙版的缩览图，也可以载入蒙版的选区。
- **应用蒙版**：单击该按钮，可将蒙版应用到图像中，同时删除蒙版以及被蒙版遮盖的区域。
- **停用/启用蒙版**：单击该按钮，可以停用或重新启用蒙版。停用蒙版后，在"属性"面板的缩览图和"图层"面板中的蒙版缩略图中都会出现一个红色的交叉线×。
- **删除蒙版**：单击该按钮，可以删除当前选择的蒙版。

- **浓度**：该选项类似于图层的"不透明度"，用来控制蒙版的不透明度，也就是蒙版遮盖图像的强度。
- **羽化**：用来控制蒙版边缘的柔化程度。数值越大，蒙版边缘越柔和；数值越小，蒙版边缘越生硬。
- **蒙版边缘**：单击该按钮，可以打开"调整蒙版"对话框。在该对话框中，可以修改蒙版边缘，也可以使用

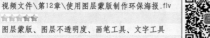

★ 综合实战——使用图层蒙版制作环保海报

案例文件	案例文件\第12章\使用图层蒙版制作环保海报.psd
视频教学	视频文件\第12章\使用图层蒙版制作环保海报.flv
难易指数	★★★★★
技术要点	图层蒙版、图层不透明度、画笔工具、文字工具

案例效果

扫码看视频

本例主要是通过使用图层蒙版、图层不透明度、画笔工具、文字工具等制作环保海报，如图12-94所示。

图12-94

操作步骤

01 打开素材文件1.jpg，置入素材2.png，执行"图层>栅格化>智能对象"命令。置于画面中合适位置，设置图层的"不透明度"为79%，如图12-95所示。效果如图12-96所示。

02 单击"图层"面板底部的"添加图层蒙版"按钮 ▢，为其添加图层蒙版，如图12-97所示。

图12-95　　　　　　　　　　图12-96

图12-97

03 使用"画笔工具"，设置合适的画笔大小，设置"不透明度"为50%，"流量"为60%，如图12-98所示。单击蒙版，在画面中合适位置单击进行绘制，如图12-99所示。效果如图12-100所示。

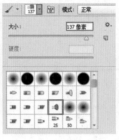

图12-98

04 设置前景色为黑色，设置画笔的"大小"为"137像素"，选择合适的笔尖形状，如图12-101所示。在画面中合适位置单击进行绘制，并适当变换笔尖形状，效果如图12-102所示。

图12-99

图12-100

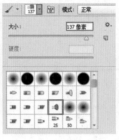
图12-101

图12-102

05 置入素材3.jpg，执行"图层>栅格化>智能对象"命令。置于画面中合适位置，同样为其添加图层蒙版。使用黑色柔角画笔，设置合适的画笔大小以及硬度，适当降低画笔的流量以及不透明度，如图12-103所示。在蒙版中绘制底部阴影区域，如图12-104所示。

06 使用同样的方法制作画面右上角的地球，设置图层的"不透明度"为50%，如图12-105所示。效果如图12-106所示。

07 置入素材5.png并栅格化，置于画面中合适位置。使用"横排文字工具"，设置合适的字号和字体，在画面中合适位置单击输入文字。最终效果如图12-107所示。

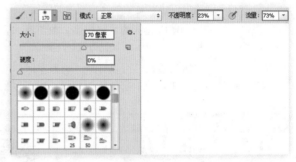
图12-103

图12-104

图12-105

图12-106

图12-107

★ 综合实战——使用蒙版制作菠萝墙

案例文件	案例文件\第12章\使用蒙版制作菠萝墙.psd
视频教学	视频文件\第12章\使用蒙版制作菠萝墙.flv
难易指数	★★★★★
技术要点	调整图层、图层蒙版、自由变换

扫码看视频

案例效果

本例主要使用调整图层、图层蒙版和自由变换等工具制作菠萝墙，效果如图12-108所示。

操作步骤

01 新建文件，设置背景色为白色，置入素材1.png，执行"图层>栅格化>智能对象"命令。如图12-109所示。

图12-108

图12-109

02 置入前景素材2.png并栅格化，如图12-110所示。置入素材3.png并栅格化，置于画面中合适位置，如图12-111所示。

03 复制墙壁素材，按Ctrl+T快捷键，右击，在弹出的快捷菜单中执行"变形"命令，如图12-112所示。调整墙壁形态，如图12-113所示。

图12-110

图12-111

图12-112

图12-113

04 选中墙壁图层，按Ctrl+T快捷键进行自由变换，为其添加图层蒙版，使用黑色柔角画笔在蒙版中绘制出菠萝的形状，如图12-114和图12-115所示。

05 在蒙版图层下方新建图层，使用黑色柔角画笔绘制黑色的阴影，效果如图12-116所示。

06 再次复制一些砖块，旋转到合适角度，使用"橡皮擦工具"适当擦除，如图12-117所示。

图12-114

图12-115

图12-116

图12-117

07 新建图层，使用黑色柔角画笔绘制菠萝的阴影效果，增加菠萝的立体感，如图12-118所示。

08 复制并合并所有菠萝图层，按自由变换快捷键"Ctrl+T"，将其进行垂直翻转，置于画面中合适位置，并设置图层的"不透明度"为44%。选中"倒影"图层，单击"图层"面板底部的"添加图层蒙版"按钮 为其添加图层蒙版，使用黑色柔角画笔在蒙版中擦除底部多余区域，如图12-119所示。效果如图12-120所示。

09 置入前景素材4.png，执行"图层>栅格化>智能对象"命令。最终效果如图12-121所示。

图12-118

图12-119

图12-120

图12-121

课 后 练 习

【课后练习——使用剪贴蒙版制作撕纸人像】

思路解析：本案例通过剪贴蒙版与图层蒙版的使用，将人像面部制作出局部的黑白效果，并将纸卷素材合成到画面中。

扫码看视频

【课后练习——使用蒙版合成瓶中小世界】

思路解析：本案例主要通过使用图层蒙版，将海星素材合成到瓶中。

扫码看视频

本 章 小 结

蒙版作为一种非破坏性工具，在合成作品的制作中经常会被使用。通过本章的学习，应熟练掌握4种蒙版的使用方法，并了解每种蒙版适合使用的情况，以便在设计作品时快速地合成画面元素。

 读书笔记

第13章

调色技术

本章内容简介:

在Photoshop中，调色技术是核心技术之一，优秀的作品离不开色彩，所以掌握Photoshop中调色命令的使用方法是非常必要的。想要制作出优秀的调色作品，需要了解一些常用的色彩构成理论、颜色模式转换理论、通道理论，冷暖对比、近实远虚等。

本章学习要点:

- 熟悉色彩的相关知识
- 掌握矫正问题图像的方法
- 熟练掌握常用的调整命令
- 掌握多种风格化的调色技巧

13.1 调色前的准备工作

Photoshop中的调色技术是指将特定的色调加以改变，形成不同感觉的另一色调图片。调色技术在实际应用中主要分为两大方面：校正错误色彩和创造风格化色彩。所谓错误色彩在数码相片中主要体现为曝光过度、亮度不足、画面偏灰、色调偏色等，通过使用调色技术可以很轻松地调整为正常效果。而创造风格化色彩则相对复杂些，不仅可以使用调色技术，还可以与图层混合、绘制工具等共同使用来实现。

菜单栏中的"图像"菜单中包含3个快速调色命令，在"调整"子命令下也包括多个调色命令，如图13-1所示。

图13-1

13.1.1 调色技术与颜色模式

图像可以有多种颜色模式，但并不是所有的颜色模式都适合在调色中使用。在计算机中，则是用红、绿、蓝3种基色的相互混合来表现所有彩色，也就是处理数码照片时常用的RGB颜色模式，如图13-2所示。涉及需要印刷的产品时，需要使用CMYK颜色模式，如图13-3所示。而Lab颜色模式是色域最宽的色彩模式，也是最接近真实世界颜色的一种色彩模式，如图13-4所示。

如果想要更改图像的颜色模式，需要执行"图像>模式"命令，在子菜单中即可选择图像的颜色模式，如图13-5所示。

图13-2

图13-3

图13-4

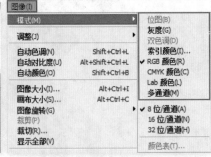

图13-5

> **思维点拨：了解色彩**
>
> 色彩主要分为两类：无彩色和有彩色。无彩色包括白、灰、黑；有彩色则是灰、白、黑以外的颜色。通常所说的"色彩三要素"是指色彩的色相、明度、纯度3个方面的性质。当色彩间发生作用时，除了色相、明度、纯度这3个基本条件以外，各种色彩彼此间会形成色调，并显现出自己的特性。因此，色相、明度、纯度、色性及色调5项就构成了色彩的要素。

Photoshop CS6中文版从入门到精通（微课视频实例版）

- 色相：色彩的相貌，是区别色彩种类的名称，如图13-6所示。
- 明度：色彩的明暗程度，即色彩的深浅差别。明度差别既可指同色的深浅变化，又可指不同色相之间存在的明度差别，如图13-7所示。
- 纯度：色彩的纯净程度，又称彩度或饱和度。某一纯净色加上白色或黑色，可以降低其纯度，或趋于柔和，或趋于沉重，如图13-8所示。
- 色性：指色彩的冷暖倾向，如图13-9所示。
- 色调：画面中总是由具有某种内在联系的各种色彩组成一个完整统一的整体，画面色彩总的趋向就称为色调，如图13-10所示。

图13-6　　　　　　　　　图13-7

图13-8　　　　　　　　图13-9　　　　　　　　图13-10

13.1.2　认识"调整"面板

- 技术速查："调整"面板中包含用于调整颜色和色调的工具。

执行"窗口>调整"命令，打开"调整"面板，单击某一项即可创建相应的调整图层，如图13-11所示。新创建的调整图层会出现在"图层"面板上，如图13-12所示。

图13-11

图13-12

13.1.3　认识"属性"面板

执行"窗口>属性"命令，打开"属性"面板，选中"图层"面板中的调整图层，可以在"属性"面板中进行参数的设置。单击"自动"按钮，即可实现对图像的自动调整。在"属性"面板中包含一些对调整图层可用的按钮，如图13-13所示。

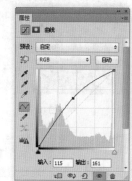

图13-13

- 蒙版：单击即可进入该调整图层蒙版的设置状态。
- 此调整影响下面的所有图层：单击可剪切到图层。
- 切换图层可见性：单击该按钮，可以隐藏或显示调整图层。
- 查看上一状态：单击该按钮，可以在文档窗口中查看图像的上一个调整效果，以比较两种不同的调整效果。
- 复位到调整默认值：单击该按钮，可以将调整参数恢复到默认值。
- 删除此调整图层：单击该按钮，可以删除当前调整图层。

技巧提示

"属性"面板用于显示当前所选对象的属性参数，在Photoshop中应用很广泛，不仅仅用于对调整图层的参数设置。例如选中3D对象时，"属性"面板即可显示与3D对象相关的参数，在选中图层蒙版时，即可显示与蒙版相关的参数。

除了"属性"面板外，"信息"面板与"直方图"面板也是调色的好帮手，详细信息请扫码学习。

扫码学知识
认识"信息"面板

扫码学知识
认识"直方图"面板

13.1.4 调整图层的使用

扫码看视频

86.使用调整图层

- 视频精讲：超值赠送\视频精讲\86.使用调整图层.flv
- 技术速查："调整图层"是一种以图层形式出现的颜色调整命令。

在Photoshop中，图像色彩的调整共有两种方式。一种是直接执行"图像>调整"菜单下的调色命令进行调节，这种方式属于不可修改方式，也就是说一旦调整了图像的色调，就不可以再重新修改调色命令的参数；另外一种方式就是使用调整图层，调整图层与调整命令相似，都可以对图像进行颜色的调整。不同的是调整命令每次只能对一个图层进行操作，而调整图层则会影响该图层下方所有图层的效果，可以重复修改参数并且不会破坏原图层。

调整图层作为图层还具备图层的一些属性，如可以像普通图层一样进行删除、切换显示/隐藏、调整不透明度和混合模式、创建图层蒙版、剪切蒙版等操作。这种方式属于可修改方式，也就是说如果对调色效果不满意，还可以重新对调整图层的参数进行修改，直到满意为止，如图13-14～图13-17所示。

图13-14

图13-15

图13-16

图13-17

动手学：新建调整图层

执行"图层>新建调整图层"菜单下的调整命令，可以创建调整图层，如图13-18所示。单击"图层"面板底部的"创建新的填充或调整图层"按钮，然后在弹出的菜单中选择相应的调整命令，如图13-19所示。在"调整"面板中单击调整图层图标，如图13-20所示。绝大多数调整命令都能在这里看到，但是也有个别调色命令无法创建调整图层。

图13-18

图13-19

图13-20

动手学：修改调整图层

创建好调整图层以后，在"图层"面板中单击调整图层的缩览图，如图13-21所示，在"属性"面板中可以显示其相关参数。如果要修改调整参数，重新输入相应的数值即可，如图13-22所示。在"属性"面板没有打开的情况下，双击"图层"面板中的调整图层也可打开"属性"面板进行参数修改，如图13-23所示。

调整图层也可以像普通图层一样，进行调整不透明度、混合模式、创建图层蒙版、剪切蒙版等操作，如图13-24所示。

图13-21

图13-22

图13-23

图13-24

动手学：删除调整图层

如果要删除调整图层，可以直接按Delete键，也可以将其拖曳到"图层"面板下的"删除图层"按钮 上，如图13-25所示。

或者可以在"属性"面板底部单击"删除此调整图层"按钮 🗑，如图13-26所示。

图13-25

图13-26

★ **案例实战——用调整图层更改局部颜色**

案例文件	案例文件\第13章\用调整图层更改局部颜色.psd
视频教学	视频文件\第13章\用调整图层更改局部颜色.flv
难易指数	★★★★★
知识掌握	掌握调整图层的使用

扫码看视频

案例效果

本例主要是针对如何使用调整图层调整图像局部的色调进行练习，如图13-27所示。

操作步骤

01 打开素材文件，如图13-28所示。

02 执行"图层>新建调整图层>色相/饱和度"命令，设置"色相"为100，"饱和度"为20，如图13-29所示。效果如图13-30所示。

图13-27

图13-28

图13-29

图13-30

03 选择"色相/饱和度"调整图层的蒙版，填充黑色，然后使用白色柔角画笔工具分别在不同花朵上进行适当的涂抹，如图13-31所示，使调整图层只对部分花朵起作用，如图13-32所示。

图13-31

图13-32

13.2 快速调整图像

　　"图像"菜单中包含大量与调色相关的命令，其中有多个命令可以对图形进行快速调整，如"自动色调""自动对比度""自动颜色""照片滤镜""变化""去色""色彩均化"命令等，如图13-33所示。

图13-33

13.2.1 自动调整色调/对比度/颜色

扫码看视频

87. 自动调整图像

● 视频精讲：超值赠送\视频精讲\87.自动调整图像.flv

● 技术速查："自动色调""自动对比度""自动颜色"命令不需要进行参数设置，主要用于校正数码相片出现的明显的偏色、对比过低、颜色暗淡等常见问题，如图13-34所示。

　　执行"图像>自动对比度"命令，对比效果如图13-35和图13-36所示。执行"图像>自动色调"和"图像>自动颜色"命令，对比效果如图13-37和图13-38所示。

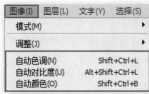

图13-34

图13-35

图13-36

图13-37

图13-38

13.2.2 动手学：使用"照片滤镜"命令

● 技术速查："照片滤镜"命令可以模仿在相机镜头前面添加彩色滤镜的效果，使用该命令可以快速调整通过镜头传输的光的色彩平衡、色温和胶片曝光，以改变照片颜色倾向。

　　（1）打开一张图像，如图13-39所示，执行"图像>调整>照片滤镜"命令，打开"照片滤镜"对话框，如图13-40所示。在"滤镜"下拉列表框中可以选择一种预设的效果应用到图像中，如图13-41所示。

图13-39

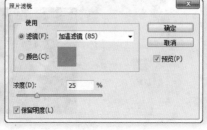

图13-40

图13-41

Photoshop CS6中文版从入门到精通（微课视频实例版）

（2）选中"颜色"单选按钮，可以自行设置颜色，如图13-42所示。

（3）设置"浓度"数值，可以调整滤镜颜色应用到图像中的颜色百分比。数值越大，应用到图像中的颜色浓度就越大，如图13-43所示；数值越小，应用到图像中的颜色浓度就越低，如图13-44所示。

（4）选中"保留明度"复选框，可以保留图像的明度不变。

图13-42

图13-43

图13-44

13.2.3 变化

💧 **技术速查**："变化"对话框中提供了多种效果，通过简单的单击即可调整图像的色彩、饱和度和明度。

"变化"命令是一个非常简单直观的调色命令。在使用"变化"命令时，单击调整缩览图产生的效果是累积性的。执行"图像>调整>变化"命令，可以打开"变化"对话框，如图13-45和图13-46所示。

💧 **原稿/当前挑选**："原稿"缩览图显示的是原始图像；"当前挑选"缩览图显示的是图像调整后的结果。

💧 **阴影/中间调/高光**：可以分别对图像的阴影、中间调和高光进行调节。

💧 **饱和度/显示修剪**：专门用于调节图像的饱和度。选中"饱和度"单选按钮，在对话框的下面会显示出"减少饱和度""当前挑选"和"增加饱和度"3个缩览图，单击"减少饱和度"缩览图可以减少图像的饱和度；单击"增加饱和度"缩览图可以增加图像的饱和度。另外，选中"显示修剪"复选框，可以警告超出了饱和度范围的最高限度。

💧 **精细-粗糙**：该选项用来控制每次进行调整的量。特别注意，滑块每移动一格，调整数量会双倍增加。

💧 **各种调整缩览图**：单击相应的缩览图，可以进行相应的调整，如单击加深颜色缩览图，可以应用一次加深颜色效果。

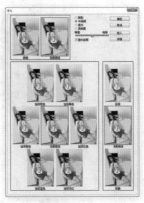

图13-45　　　　　　图13-46

★ **案例实战——使用变化命令制作四色风景**

案例文件	案例文件\第13章\使用变化命令制作四色风景.psd
视频教学	视频文件\第13章\使用变化命令制作四色风景.flv
难易指数	★★★★★
技术要点	"变化"命令

案例效果　　　　　　扫码看视频

本例主要是通过使用"变化"命令制作出多彩的四色风景照片效果，如图13-47所示。

操作步骤

01 执行"文件>打开"命令，打开素材文件1.psd，如图13-48所示。此时在"图层"面板中有4个图层。

02 选择图层1，执行"图像>调整>变化"命令，弹出

"变化"对话框，选中"中间调"单选按钮，多次单击"加深蓝色"缩览图，如图13-49所示。单击"确定"按钮，效果如图13-50所示。

03 继续选择图层2，执行"图像>调整>变化"命令，弹出"变化"对话框，选中"中间调"单选按钮，多次单击"加深黄色"缩览图，如图13-51所示。单击"确定"按钮，效果如图13-52所示。

图13-47　　　　　　　　图13-48

04 继续选择图层3，多次单击"加深青色"缩览图，如图13-53所示。单击"确定"按钮，效果如图13-54所示。

05 选择最后一个图层，多次单击"加深红色"缩览图，如图13-55所示。最终效果如图13-56所示。

图13-49　　　　　图13-50　　　　　图13-51　　　　　图13-52

图13-53　　　　　图13-54　　　　　图13-55　　　　　图13-56

13.2.4　去色

💿 技术速查：使用"去色"命令可以将图像中的颜色去掉，使其成为灰度图像。

　　打开一张图像，如图13-57所示，然后执行"图像>调整>去色"命令或按Shift+Ctrl+U组合键，可以将其调整为灰度效果，如图13-58所示。

图13-57　　　　　图13-58

13.2.5　动手学：使用"色调均化"命令

💿 技术速查："色调均化"命令是将图像中像素的亮度值进行重新分布，图像中最亮的值将变成白色，最暗的值将变成黑色，中间的值将分布在整个灰度范围内，使其更均匀地呈现所有范围的亮度级。

　　"色调均化"命令的使用方法非常简单，打开一张图像，如图13-59所示。执行"图像>调整>色调均化"命令，效果如图13-60所示。

　　如果图像中存在选区，如图13-61所示，则执行"色调均化"命令时会弹出"色调均化"对话框，如图13-62所示。

图13-59　　　　　图13-60

　　选中"仅色调均化所选区域"单选按钮，则仅均化选区内的像素，如图13-63所示；选中"基于所选区域色调均化整个图像"单选按钮，则可以按照选区内的像素均化整个图像的像素，如图13-64所示。

图13-61   图13-62   图13-63   图13-64

☆ 视频课堂——制作视觉杂志

扫码看视频

案例文件\第13章\视频课堂——制作视觉杂志.psd
视频文件\第13章\视频课堂——制作视觉杂志.flv
思路解析：
01 打开素材文件。
02 对3组照片依次使用"变化"命令进行颜色调整。

13.3 调整图像的影调

扫码看视频

88.影调调整命令

视频精讲：超值赠送\视频精讲\88.影调调整命令.flv

影调指画面的明暗层次、虚实对比和色彩的色相明暗等之间的关系。通过这些关系，使欣赏者感到光的流动与变化。而图像影调的调整主要是针对图像的明暗、曝光度、对比度等属性的调整。通过"图像"菜单下的"色阶""曲线""曝光度"等命令，都可以对图像的影调进行调整，如图13-65和图13-66所示。

图13-65   图13-66

13.3.1 亮度/对比度

⊙ 技术速查：使用"亮度/对比度"命令能够快速地校正图像发灰的问题，如图13-67和图13-68所示。

"亮度/对比度"命令是非常常用的影调调整命令，执行"图像>调整>亮度/对比度"命令，打开"亮度/对比度"对话框，可以对图像的色调范围进行简单的调整，如图13-69所示。

⊙ 亮度：用来设置图像的整体亮度。数值为负值时，表示降低图像的亮度，如图13-70所示；数值为正值时，表示提高图像的亮度，如图13-71所示。

⊙ 对比度：用于设置图像亮度对比的强烈程度，如图13-72和图13-73所示。

图13-67

图13-68

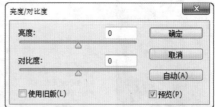
图13-69

图13-70

图13-71

图13-72

图13-73

- 预览：选中该复选框，在"亮度/对比度"对话框中调节参数时，可以在文档窗口中观察到图像的亮度变化。
- 使用旧版：选中该复选框，可以得到与Photoshop CS3以前的版本相同的调整结果。
- 自动：单击该按钮，Photoshop会自动根据画面进行调整。

技巧提示

在修改参数之后，如果需要还原成原始参数，可以按住Alt键，对话框中的"取消"按钮会变为"复位"按钮，单击"复位"按钮即可还原原始参数，如图13-74所示。

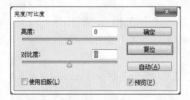
图13-74

★ 案例实战——模拟外景光照效果

案例文件	案例文件\第13章\模拟外景光照效果.psd
视频教学	视频文件\第13章\模拟外景光照效果.flv
难易指数	★★★★★
技术要点	亮度/对比度

扫码看视频

案例效果

本例主要使用亮度/对比度调整图层制作外景光照效果，如图13-75和图13-76所示。

图13-75

图13-76

操作步骤

01 打开素材1.jpg，如图13-77所示。

02 执行"图层>新建调整图层>亮度/对比度"命令，设置"亮度"为53，如图13-78所示。此时画面整体变亮，效果如图13-79所示。

03 置入光效素材文件2.jpg，执行"图层>栅格化>智能对象"命令。在"图层"面板中设置"光效"图层的混合模式为"滤色"，如图13-80所示。最终效果如图13-81所示。

图13-77

图13-78

图13-79

图13-80

图13-81

13.3.2 色阶

- 技术速查："色阶"命令不仅可以针对图像进行明暗对比的调整，还可以对图像的阴影、中间调和高光强度级别进行调整，以及分别对各个通道进行调整，以调整图像的明暗对比或者色彩倾向。

  执行"图像>调整>色阶"命令或按Ctrl+L快捷键，打开"色阶"对话框，如图13-82所示。

- 预设/预设选项：在"预设"下拉列表中，可以选择一种预设的色阶调整选项来对图像进行调整；单击"预设选项"按钮，可以对当前设置的参数进行保存，或载入一个外部的预设调整文件。

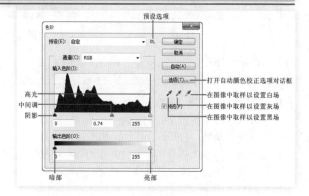

图13-82

- 通道：在"通道"下拉列表中可以选择一个通道来对图像进行调整，以校正图像的颜色，如图13-83所示。

- 输入色阶：可以通过拖曳滑块来调整图像的阴影、中间调和高光，同时也可以直接在对应的文本框中输入数值。将滑块向左拖曳，可以使图像变亮，如图13-84所示；将滑块向右拖曳，可以使图像变暗，如图13-85所示。

- 输出色阶：可以设置图像的亮度范围，从而降低对比度，如图13-86所示。

图13-83

图13-84

图13-85

图13-86

- 自动：单击该按钮，Photoshop会自动调整图像的色阶，使图像的亮度分布更加均匀，从而达到校正图像颜色的目的。
- 选项：单击该按钮，可以打开"自动颜色校正选项"对话框，如图13-87所示。在该对话框中可以设置单色、每通道、深色和浅色的算法等。
- 在图像中取样以设置黑场▨：使用该吸管在图像中单击取样，可以将单击点处的像素调整为黑色，同时图像中比该单击点暗的像素也会变成黑色，如图13-88所示。
- 在图像中取样以设置灰场▨：使用该吸管在图像中单击取样，可以根据单击点处像素的亮度来调整其他中间调的平均亮度，如图13-89所示。
- 在图像中取样以设置白场▨：使用该吸管在图像中单击取样，可以将单击点处的像素调整为白色，同时图像中比该单击点亮的像素也会变成白色，如图13-90所示。

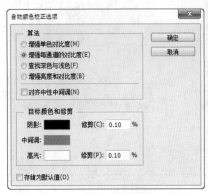
图13-87

图13-88

图13-89

图13-90

13.3.3 曲线

- 技术速查：使用"曲线"命令可以对图像的亮度、对比度和色调进行非常便捷的调整。

"曲线"对话框的功能非常强大，不仅可以进行图像明暗的调整，更具备了"亮度/对比度""色彩平衡""阈值""色阶"等命令的功能。打开一张图片，如图13-91所示。执行"图像>调整>曲线"菜单命令或按Ctrl+M组合键，打开"曲线"窗口。在倾斜的直线上按住鼠标左键并拖动即可改变曲线的形态，随着曲线形态的变化画面的明暗以及色彩都会发生变化。可以在"通道"下拉列表中选择单独通道，并调整曲线形态，画面则会产生颜色的变化。如图13-92所示。调整曲线后的图像效果，如图13-93所示。

图13-91

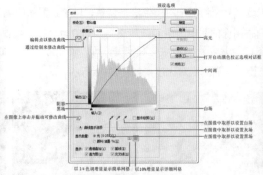
图13-92

图13-93

曲线基本选项

- 预设/预设选项▤：在"预设"下拉列表中共有9种曲线预设效果；单击"预设选项"按钮▤，可以对当前设置的参数进行保存，或载入一个外部的预设调整文件。如图13-94和图13-95所示分别为原图与预设效果。

- 通道：在"通道"下拉列表中可以选择一个通道来对图像进行调整，以校正图像的颜色。
- 编辑点以修改曲线：使用该工具在曲线上单击，可以添加新的控制点，通过拖曳控制点可以改变曲线的形状，从而达到调整图像的目的，如图13-96所示。

图13-94　　　　　　　　　　图13-95　　　　　　　　　　图13-96

- 通过绘制来修改曲线：使用该工具可以以手绘的方式自由绘制出曲线，绘制好曲线以后单击"编辑点以修改曲线"按钮，可以显示出曲线上的控制点，如图13-97所示。
- 平滑：使用"通过绘制来修改曲线"绘制出曲线以后，单击"平滑"按钮，可以对曲线进行平滑处理，如图13-98所示。
- 在曲线上单击并拖动可修改曲线：选择该工具以后，将光标放置在图像上，曲线上会出现一个圆圈，表示光标处的色调在曲线上的位置，如图13-99所示，在图像上单击并拖曳鼠标可以添加控制点以调整图像的色调，如图13-100所示。

图13-97　　　　　　图13-98　　　　　　　　图13-99　　　　　　　图13-100

- 输入/输出："输入"即"输入色阶"，显示的是调整前的像素值；"输出"即"输出色阶"，显示的是调整以后的像素值。
- 自动：单击该按钮，可以对图像应用"自动色调""自动对比度"或"自动颜色"校正。
- 选项：单击该按钮，可以打开"自动颜色校正选项"对话框。在该对话框中可以设置单色、每通道、深色和浅色的算法等。

曲线显示选项

- 显示数量：包括"光（0-255）"和"颜料/油墨%"两种显示方式。
- 以1/4色调增量显示简单网格/以10%增量显示详细网格：单击"以1/4色调增量显示简单网格"按钮，可以以1/4（即25%）的增量来显示网格，这种网格比较简单；单击"以10%增量显示详细网格"按钮，可以以10%的增量来显示网格，这种网格更加精细。
- 通道叠加：选中该复选框，可以在复合曲线上显示颜色通道。
- 基线：选中该复选框，可以显示基线曲线值的对角线。
- 直方图：选中该复选框，可在曲线上显示直方图以作为参考。
- 交叉线：选中该复选框，可以显示用于确定点的精确位置的交叉线。

★ 案例实战——复古棕色调

案例文件	案例文件\第13章\复古棕色调.psd
视频教学	视频文件\第13章\复古棕色调.flv
难易指数	★★★★★
技术要点	曲线调整图层、混合模式

案例效果

扫码看视频

本例主要是通过使用曲线调整图层、混合模式打造复古棕色调，如图13-101和图13-102所示。

图13-101　　　　　　图13-102

操作步骤

01 打开素材1.jpg，如图13-103所示。

02 新建图层，为其填充咖啡色，如图13-104所示。设置"图层1"的混合模式为"色相"，如图13-105所示。效果如图13-106所示。

图13-103　　　　　　图13-104

图13-105　　　　　　图13-106

03 执行"图像>新建调整图层>曲线"命令，调整RGB和"蓝"通道的曲线的形状，如图13-107所示。效果如图13-108所示。

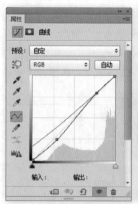

图13-107　　　　　　图13-108

04 再次执行"图像>新建调整图层>曲线"命令，调整曲线形状，如图13-109所示。使用黑色画笔在曲线蒙版中绘制皮肤以外的部分，最后置入艺术字边框素材2.png并栅格化，置于画面中合适位置。最终效果如图13-110所示。

图13-109　　　　　　图13-110

13.3.4 曝光度

⊙ 技术速查："曝光度"命令是通过在线性颜色空间执行计算而得出曝光效果。

　　使用"曝光度"命令可以通过调整曝光度、位移、灰度系数3个参数调整照片的对比反差，修复数码照片中常见的曝光过度与曝光不足等问题，如图13-111～图13-113所示。执行"图像>调整>曝光度"命令，可以打开"曝光度"对话框，如图13-114所示。

图13-111　　　　　　　　图13-112　　　　　　　　图13-113　　　　　　　　图13-114

⊙ 预设/预设选项：Photoshop预设了4种曝光效果，分别是"减1.0""减2.0""加1.0"和"加2.0"。在"预设"下拉列表中还有"默认值"和"自定"两个选项供选择；单击"预设选项"按钮，可以对当前设置的参数进行保存，或载入一个外部的预设调整文件。

⊙ 曝光度：向左拖曳滑块，可以降低曝光效果，如图13-115所示；向右拖曳滑块，可以增强曝光效果，如图13-116所示。

图13-115　　　　　　　　　　图13-116

⊙ 位移：该选项主要对阴影和中间调起作用，可以使其变暗，但对高光基本不会产生影响。

⊙ 灰度系数校正：使用一种乘方函数来调整图像灰度系数。

13.3.5 阴影/高光

⊙ 技术速查："阴影/高光"命令可以基于阴影/高光中的局部相邻像素来
　　校正每个像素，常用于还原图像阴影区域过暗或高光区域过亮造成的
　　细节损失。

　　打开一张图像，从图像中可以直观地看出高光区域与阴影区域的分布
情况，如图13-117所示。执行"图像>调整>阴影/高光"命令，打开"阴影/
高光"对话框，选中"显示更多选项"复选框以后，如图13-118所示，可以
显示"阴影/高光"的完整选项，如图13-119所示。

图13-117

● 阴影："数量"选项用来控制阴影区域的亮度，值越大，阴影区域就越亮，如图13-120和图13-121所示；"色调宽度"选项用来控制色调的修改范围，值越小，修改的范围就只针对较暗的区域；"半径"选项用来控制像素是在阴影中还是在高光中。

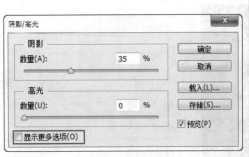

图13-118 　　　　　　　　　　图13-119 　　　　　　　　　图13-120

● 高光："数量"选项用来控制高光区域的黑暗程度，值越大，高光区域越暗，如图13-122和图13-123所示；"色调宽度"选项用来控制色调的修改范围，值越小，修改的范围就只针对较亮的区域；"半径"选项用来控制像素是在阴影中还是在高光中。

图13-121 　　　　　　　　　　图13-122 　　　　　　　　　图13-123

● 调整："颜色校正"选项用来调整已修改区域的颜色；"中间调对比度"选项用来调整中间调的对比度；"修剪黑色"和"修剪白色"选项决定了在图像中将多少阴影和高光剪到新的阴影中。

● 存储为默认值：如果要将对话框中的参数设置存储为默认值，可以单击该按钮。存储为默认值以后，再次打开"阴影/高光"对话框时，就会显示该参数。

 技巧提示

　　如果要将存储的默认值恢复为Photoshop的默认值，可以在"阴影/高光"对话框中按住Shift键，此时"存储为默认值"按钮会变成"复位默认值"按钮，单击即可复位为Photoshop的默认值。

★ 案例实战——使用阴影/高光还原暗部细节

案例文件	案例文件\第13章\使用阴影/高光还原暗部细节.psd
视频教学	视频文件\第13章\使用阴影/高光还原暗部细节.flv
难易指数	★★★★★
技术要点	阴影/高光、可选颜色、亮度/对比度

扫码看视频

案例效果

本例主要是通过使用"阴影/高光"命令还原暗部细节，如图13-124和图13-125所示。

操作步骤

01 打开素材1.jpg。从画面中可以看到，由于暗部区域过暗而导致细节丧失，如图13-126所示。

图13-124

图13-125

图13-126

02 执行"图像>调整>阴影高光"命令，在弹出的对话框中设置"阴影"数量为35%，"高光"数量为0%，单击"确定"按钮，如图13-127所示。此时可以看到暗部区域亮度有所提升，效果如图13-128所示。

03 执行"图层>新建调整图层>可选颜色"命令，设置"颜色"为"白色"，"黄色"为100%，如图13-129所示；设置"颜色"为"中性色"，"黄色"为-17%，如图13-130所示；设置"颜色"为"黑色"，"黄色"为-36%，如图13-131所示。效果如图13-132所示。

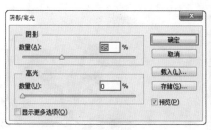

图13-127

图13-128

图13-129

图13-130

04 执行"图层>新建调整图层>曲线"命令，调整曲线的形状，如图13-133所示。最终效果如图13-134所示。

图13-131

图13-132

图13-133

图13-134

13.4 调整图像的色调

🔴 视频精讲：超值赠送\视频精讲\89.常用色调调整命令.flv

　　画面中总是由具有某种内在联系的各种色彩组成一个完整统一的整体，画面色彩总的趋向就称为色调。对于画面色调的调整可以使用的命令非常多，本节将对其进行介绍。

扫码看视频

89.常用色调
调整命令

- 技术速查："自然饱和度"命令可以针对图像饱和度进行调整。

与"色相/饱和度"命令相比，使用"自然饱和度"命令可以在增加图像饱和度的同时，有效地控制由于颜色过于饱和而出现溢色现象，如图13-135～图13-137所示。

图13-135　　　　　　　　　　图13-136　　　　　　　　　　图13-137

执行"图像>调整>自然饱和度"命令，可以打开"自然饱和度"对话框，如图13-138所示。

- 自然饱和度：向左拖曳滑块，可以降低颜色的饱和度，如图13-139所示；向右拖曳滑块，可以增加颜色的饱和度，如图13-140所示。

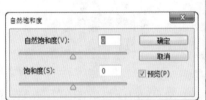  

图13-138　　　　　　　　　　图13-139　　　　　　　　　　图13-140

 技巧提示

调节"自然饱和度"选项，不会生成饱和度过高或过低的颜色，画面始终保持一个比较平衡的色调，对于调节人像非常有用。

- 饱和度：向左拖曳滑块，可以增加所有颜色的饱和度，如图13-141所示；向右拖曳滑块，可以降低所有颜色的饱和度，如图13-142所示。

图13-141　　　　　　　　　　　　　　　图13-142

Photoshop CS6中文版从入门到精通（微课视频实例版）

13.4.2 色相/饱和度

◉ 技术速查：使用"色相/饱和度"命令可以对色彩的三大属性：色相、饱和度（纯度）、明度进行修改，并且既可调整整个画面的色相、饱和度和明度，也可以单独调整单一颜色的色相、饱和度和明度数值，如图13-143所示。

执行"图像>调整>色相/饱和度"命令或按Ctrl+U快捷键，可以打开"色相/饱和度"对话框，如图13-144所示。

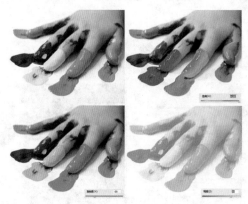

图13-143   图13-144

◉ 预设/预设选项：在"预设"下拉列表中提供了8种色相/饱和度预设效果，如图13-145所示；单击"预设选项"按钮，可以对当前设置的参数进行保存，或载入一个外部的预设调整文件。

◉ 通道下拉列表：在通道下拉列表中可以选择"全图""红色""黄色""绿色""青色""蓝色""洋红"通道进行调整。选择好通道以后，拖曳下面的"色相""饱和度""明度"滑块，可以对该通道的色相、饱和度和明度进行调整。

◉ 在图像上单击并拖动可修改饱和度：使用该工具在图像上单击设置取样点以后，向右拖曳鼠标可以增加图像的饱和度，向左拖曳鼠标可以降低图像的饱和度，如图13-146～图13-148所示。

图13-145

◉ 着色：选中该复选框，图像会整体偏向于单一的红色调，还可以通过拖曳3个滑块来调节图像的色调，如图13-149所示。

图13-146   图13-147   图13-148   图13-149

★ 案例实战——梦幻蓝色调

案例文件	案例文件\第13章\梦幻蓝色调.psd
视频教学	视频文件\第13章\梦幻蓝色调.flv
难易指数	★★★★★
技术要点	色相/饱和度、可选颜色、曲线、混合模式

案例效果

本例主要是通过使用调整图层打造梦幻蓝色调，如图13-150所示。

扫码看视频

操作步骤

01 打开素材文件1.jpg，如图13-151所示。

02 执行"图层>新建调整图层>色相/饱和度"命令，创建新的"色相/饱和度"调整图层，设置"饱和度"为-23，如图13-152所示。效果如图13-153所示。

图13-150

图13-151

图13-152

图13-153

03 创建新的"可选颜色"调整图层，分别选择"红色""白色""中性色""黑色"颜色设置参数，具体参数如图13-154～图13-157所示。效果如图13-158所示。

图13-154

图13-155

图13-156

图13-157

图13-158

04 创建新的"曲线"调整图层，选择"红"通道，调整曲线形状，如图13-159所示。再选择RGB通道，调整曲线形状，如图13-160所示。接着在图层蒙版中填充黑色，使用白色画笔在荷花位置绘制，使荷花位置更亮，如图13-161和图13-162所示。

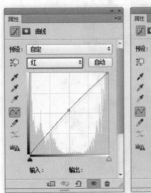
图13-159

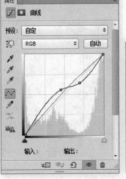
图13-160

图13-161

图13-162

05 创建新的"可选颜色"调整图层，选择"青色"，设置"青色"为42，"洋红"为-18，"黄色"为25，如图13-163所示。效果如图13-164所示。

06 再次创建新的"曲线"调整图层，调整曲线形状，如图13-165所示。在图层蒙版中使用黑色画笔涂抹荷花部分，增大画面的对比度，如图13-166和图13-167所示。

  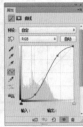  

图13-163　　　　　图13-164　　　　　图13-165　　　　　图13-166　　　　　图13-167

07 创建新图层，使用"画笔工具"，设置前景色为黑色。在选项栏中单击"画笔预设"拾取器，选择柔角画笔，设置"大小"为600像素，并调整"不透明度"为50%，"流量"为50%，如图13-168所示。然后在画面的四角进行绘制涂抹，效果如图13-169所示。

图13-168

08 下面置入素材文件2.jpg，执行"图层>栅格化>智能对象"命令。将该图层的混合模式设置为"滤色"，调整"不透明度"为75%，并为图层添加图层蒙版，使用黑色画笔绘制涂抹多余部分，如图13-170所示。效果如图13-171所示。

09 最后嵌入艺术字效果，最终效果如图13-172所示。

图13-169　　　　　图13-170　　　　　图13-171　　　　　图13-172

思维点拨：关于色彩

　　色彩作为事物最显著的外貌特征，能够首先引起人们的关注。色彩也是平面作品的灵魂，是设计师进行设计时最活跃的元素。它不仅为设计增添了变化和情趣，还增加了设计的空间感。如同字体能向我们传达出信息一样，色彩给我们的信息更多。记住色彩具有的象征意义是非常重要的，例如蓝色，往往让人产生静谧、冷静的感觉。颜色的选择会影响作品的情趣和人们的回应程度。

13.4.3　色彩平衡

🌐 技术速查："色彩平衡"命令可以控制图像的颜色分布，使图像整体达到色彩平衡，如图13-173和图13-174所示。

　　"色彩平衡"命令是根据颜色的补色原理调整图像的颜色，要减少某个颜色就增加这种颜色的补色。执行"图像>调整>色彩平衡"命令或按Ctrl+B快捷键，可以打开"色彩平衡"对话框，如图13-175所示。

图13-173　　　　　图13-174

● 色彩平衡：用于调整"青色—红色""洋红—绿色"以及"黄色—蓝色"在图像中所占的比例，可以手动输入数值，也可以拖曳滑块来进行调整。例如，向左拖曳"青色—红色"滑块，可以在图像中增加青色，同时减少其补色红色；向右拖曳"青色—红色"滑块，可以在图像中增加红色，同时减少其补色青色，如图13-176和图13-177所示。

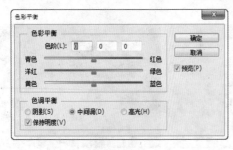

图13-175　　　　　　　　　　图13-176　　　　　　　　　　图13-177

● 色调平衡：选择调整色彩平衡的方式，包括"阴影""中间调""高光"3个选项。如图13-178～图13-180所示分别是向"阴影""中间调""高光"添加蓝色以后的效果。如果选中"保持明度"复选框，还可以保持图像的色调不变，以防止亮度值随着颜色的改变而改变。

图13-178　　　　　　　　　　图13-179　　　　　　　　　　图13-180

★ 案例实战——矫正偏色照片

案例文件	案例文件\第13章\矫正偏色照片.psd
视频教学	视频文件\第13章\矫正偏色照片.flv
难易指数	★★★★★
技术要点	色彩平衡

扫码看视频

案例效果

本例主要使用"色彩平衡"命令矫正偏色照片，如图13-181和图13-182所示。

图13-181　　　　　　图13-182

操作步骤

01 打开照片素材1.jpg，如图13-183所示。可以看到图片有明显的偏色问题，亮部倾向于洋红。

图13-183

02 执行"图层>新建调整图层>色彩平衡"命令，设置"色调"为"中间调"，调整"洋红—绿色"为37，如图13-184所示。效果如图13-185所示。

图13-184　　　　　　　　图13-185

13.4.4 黑白

● 技术速查："黑白"命令在把彩色图像转换为黑色图像的同时，还可以控制每一种色调的量。另外，"黑白"命令还可以将黑白图像转换为带有颜色的单色图像。

打开一张图像，如图13-186所示。执行"图像>调整>黑白"命令或按Shift+Ctrl+Alt+B组合键，打开"黑白"对话框，如图13-187所示。

图13-186 　　　　　　　　 图13-187

 答疑解惑——"去色"命令与"黑白"命令有什么不同?

"去色"命令只能简单地去掉所有颜色，只保留原图像中单纯的黑、白、灰关系，并且将丢失很多细节。而"黑白"命令则可以通过参数的设置调整各个颜色在黑白图像中的亮度，这是"去色"命令所不能够达到的。所以如果想要制作高质量的黑白照片，需要使用"黑白"命令。

● 预设：在"预设"下拉列表中提供了12种黑色效果，可以直接选择相应的预设效果来创建黑白图像。

● 颜色：这6个颜色选项用来调整图像中特定颜色的灰色调。例如，向左拖曳"红色"滑块，可以使由红色转换而来的灰度色变暗，如图13-188所示；向右拖曳，则可以使灰度色变亮，如图13-189所示。

● 色调/色相/饱和度：选中"色调"复选框，可以为黑色图像着色，以创建单色图像。另外，还可以调整单色图像的色相和饱和度，如图13-190所示。

图13-188 　　　　　 图13-189 　　　　　 图13-190

★ 案例实战——使用黑白命令制作层次丰富的黑白照片

案例文件	案例文件\第13章\使用黑白命令制作层次丰富的黑白照片.psd
视频教学	视频文件\第13章\使用黑白命令制作层次丰富的黑白照片.flv
难易指数	★★★★★
技术要点	"黑白"命令

扫码看视频

案例效果

本例主要是使用"黑白"命令制作层次丰富的黑白照片，如图13-191和图13-192所示。

操作步骤

01 打开本书资源包中的素材文件1.jpg，如图13-193所示。

02 执行"图层>新建调整图层>黑白"命令，此时照片变为黑白效果。为了增强画面层次感，可设置"红色"为40，"黄色"为106，"绿色"为40，"青色"为60，"蓝色"为20，"洋红"为80，如图13-194所示。最终效果如图13-195所示。

图13-191 　　　 图13-192 　　　 图13-193 　　　 图13-194 　　　 图13-195

☆ 视频课堂——制作古典水墨画

案例文件\第13章\视频课堂——制作古典水墨画.psd
视频文件\第13章\视频课堂——制作古典水墨画.flv
思路解析：

01 打开水墨背景素材，置入人像素材，将人像素材
从背景中分离出来。

02 创建"黑白"调整图层，在蒙版中设置影响范围
为人像服装部分。

03 创建"色相/饱和度"调整图层，降低皮肤部分饱
和度。

04 置入水墨前景素材。

扫码看视频

13.4.5　通道混合器

◉ 技术速查：使用"通道混合器"命令可以对图像的某一个通道的颜色进行调整，以创建出各种不同色调的图像。同时也
可以用来创建高品质的灰度图像。

打开一张图像，如图13-196所示。执行"图像>调整>通道混合器"命令，打开"通道混合器"对话框，如图13-197所示。

◉ 预设/预设选项 ▤：Photoshop提供了6种制作黑白图像的预设效果；单击"预设选项"按钮 ▤，可以对当前设置的参数进
行保存，或载入一个外部的预设调整文件。

◉ 输出通道：在下拉列表中可以选择一种通道来对图像的色调进行调整。

◉ 源通道：用来设置源通道在输出通道中所占的百分比。将一个源通道的滑块向左拖曳，可以减小该通道在输出通道中所
占的百分比，如图13-198所示；向右拖曳，则可以增加百分比，如图13-199所示。

图13-196

图13-197

图13-198

图13-199

◉ 总计：显示源通道的计数值。如果计数值大于100%，则有可能会丢失一些阴影和高光细节。

◉ 常数：用来设置输出通道的灰度值，负值可以在通道中增加黑色，正值可以在通道中增加白色。

◉ 单色：选中该复选框，图像将变成黑白效果。

Photoshop CS6中文版从入门到精通（微课视频实例版）

13.4.6　颜色查找

◉ 技术速查：数字图像输入或输出设备都有自己特定的色彩空间，这就导致了色彩在不同的设备之间传输时出现不匹配的现象。"颜色查找"命令可以使画面颜色在不同的设备之间精确传递和再现。

打开一张图像，如图13-200所示。执行"颜色查找"命令，在弹出的对话框中可以从以下方式中选择用于颜色查找的方式：3DLUT文件、摘要和设备链接。在每种方式的下拉列表中选择合适的类型，如图13-201所示。选择完成后可以看到图像整体颜色发生了风格化的效果，如图13-202所示。

图13-200　　　　　　　　　　　图13-201　　　　　　　　　　　图13-202

13.4.7　可选颜色

◉ 技术速查："可选颜色"命令可以在图像中的每个主要原色成分中更改印刷色的数量，也可以在不影响其他主要颜色的情况下有选择地修改任何主要颜色中的印刷色数量。对比效果如图13-203和图13-204所示。

执行"图像>调整>可选颜色"命令，打开"可选颜色"对话框，如图13-205所示。

◉ 颜色：在下拉列表中选择要修改的颜色，然后对下面的颜色进行调整，可以调整该颜色中青色、洋红、黄色和黑色所占的百分比，如图13-206和图13-207所示。

图13-203　　　　　　　　　　　图13-204

图13-205　　　　　　　　　　　图13-206　　　　　　　　　　　图13-207

◉ 方法：选择"相对"方式，可以根据颜色总量的百分比来修改青色、洋红、黄色和黑色的数量；选择"绝对"方式，可以采用绝对值来调整颜色。

★ 案例实战——使用可选颜色命令调整色调

案例文件	案例文件\第13章\使用可选颜色命令调整色调.psd
视频教学	视频文件\第13章\使用可选颜色命令调整色调.flv
难易指数	★★★★★
技术要点	调整图层

扫码看视频

案例效果

本例主要是通过使用调整图层打造广告片的浓郁色调，如图13-208和图13-209所示。

操作步骤

01 打开素材文件1.jpg，如图13-210所示。

02 执行"图层>新建调整图层>可选颜色"命令，设置"颜色"为"黑色"，"黄色"为-9，如图13-211所示。设置"颜色"为"中性色"，"青色"为38，"洋红"为18，"黄色"为11，"黑色"为-12，如图13-212所示。此时背景部分倾向于青蓝色，效果如图13-213所示。

图13-208　　　　图13-209　　　　图13-210　　　　图13-211

03 执行"图层>新建调整图层>自然饱和度"命令，设置"自然饱和度"为80，如图13-214所示。效果如图13-215所示。

图13-212　　　　图13-213　　　　图13-214　　　　图13-215

★ 案例实战——使用可选颜色为黑白照片上色

案例文件	案例文件\第13章\使用可选颜色为黑白照片上色.psd
视频教学	视频文件\第13章\使用可选颜色为黑白照片上色.flv
难易指数	★★★★★
技术要点	"可选颜色"调整图层、图层蒙版

扫码看视频

案例效果

本例主要是通过使用"可选颜色"调整图层、图层蒙版为黑白照片上色，如图13-216和图13-217所示。

图13-216　　　　　　　　图13-217

操作步骤

01 打开本书资源包中的素材文件1.jpg，如图13-218所示。

02 执行"图层>新建调整图层>可选颜色"命令，创建调整图层，设置"颜色"为"中性色"，"青色"为-50%，"洋红"为-15%，"黄色"为27%，如图13-219所示。使用黑色画笔在蒙版中绘制人物皮肤以外的部分，如图13-220所示。效果如图13-221所示。

图13-218　　　　　　　　图13-219　　　　　　　　图13-220　　　　　　　　图13-221

03 执行"图层>新建调整图层>可选颜色"命令，创建调整图层，设置"颜色"为"中性色"，"青色"为-100%，"洋红"为100%，"黄色"为100%，如图13-222所示。使用黑色画笔在蒙版中绘制人物嘴唇以外的部分，设置调整图层的"不透明度"为70%，如图13-223所示。效果如图13-224所示。

图13-222　　　　　　　　图13-223　　　　　　　　图13-224

04 执行"图层>新建调整图层>可选颜色"命令，创建调整图层，设置"颜色"为"中性色"，"青色"为-70%，"洋红"为-82%，"黄色"为57%，如图13-225所示。使用黑色画笔在蒙版中绘制人物服饰以外的部分，如图13-226所示。效果如图13-227所示。

图13-225　　　　　　　　图13-226　　　　　　　　图13-227

05 执行"图层>新建调整图层>可选颜色"命令，创建调整图层，设置"颜色"为"中性色"，"青色"为-68%，"洋红"为-39%，"黄色"为25%，"黑色"为-9%，如图13-228所示。使用黑色画笔在蒙版中绘制人物帽子以及手镯以外的部分，如图13-229所示。效果如图13-230所示。

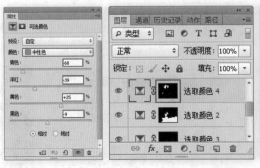

图13-228　　　　　　　　　图13-229　　　　　　　　　　　图13-230

06 执行"图层>新建调整图层>可选颜色"命令，创建调整图层，设置"颜色"为"中性色"，"青色"为-73%，"洋红"为-43%，"黄色"为42%，如图13-231所示。使用黑色画笔在蒙版中绘制远处土地以外的部分，如图13-232所示。效果如图13-233所示。

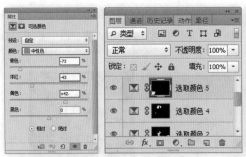

图13-231　　　　　　　　　图13-232　　　　　　　　　　　图13-233

07 执行"图层>新建调整图层>可选颜色"命令，创建调整图层，设置"颜色"为"中性色"，"青色"为-35%，"洋红"为-23%，"黄色"为27%，如图13-234所示。使用黑色画笔在蒙版中绘制天空以外的部分，如图13-235所示。最终效果如图13-236所示。

图13-234　　　　　　　　　图13-235　　　　　　　　　　　图13-236

13.4.8　匹配颜色

💬 技术速查："匹配颜色"命令的原理是将一个图像作为源图像，另一个图像作为目标图像。然后以源图像的颜色与目标图像的颜色进行匹配。源图像和目标图像可以是两个独立的文件，也可以匹配同一个图像中不同图层之间的颜色。

　　打开两张图像，如图13-237和图13-238所示。选中其中一个文档，执行"图像>调整>匹配颜色"命令，打开"匹配颜色"对话框，如图13-239所示。在对话框中首先需要在下方的"源"中选择需要匹配的图像，然后在下方选择需要匹配的图层，此时画面会按照所选图层的颜色感进行匹配。如果需要对匹配效果进行调整，则可以在上方参数选项处进行修改。

图13-237 图13-238 图13-239

- 目标：显示要修改的图像的名称以及颜色模式。
- 应用调整时忽略选区：如果目标图像（即被修改的图像）中存在选区，选中该复选框，Photoshop将忽视选区的存在，会

将调整应用到整个图像，如图13-240所示；如果取消选中该复选框，那么调整只针对选区内的图像，如图13-241所示。

- 明亮度：用来调整图像匹配的明亮程度。

图13-240 图13-241 图13-242

- 颜色强度：相当于图像的饱和度，用来调整图像的饱和度。如图13-242和图13-243所示分别是设置该值为1和200时的颜色匹配效果。
- 渐隐：类似于图层蒙版，它决定了有多少源图像的颜色匹配到目标图像的颜色中。如图13-244和图13-245所示分别是设置该值为50和100（不应用调整）时的匹配效果。
- 中和：主要用来去除图像中的偏色现象，如图13-246所示。

图13-243 图13-244 图13-245 图13-246

- 使用源选区计算颜色：可以使用源图像中选区图像的颜色来计算匹配颜色，如图13-247和图13-248所示。
- 使用目标选区计算调整：可以使用目标图像中选区图像的颜色来计算匹配颜色（注意，这种情况必须选择源图像为目标图像），如图13-249和图13-250所示。

图13-247 图13-248 图13-249 图13-250

- 源：用来选择源图像，即将颜色匹配到目标图像的图像。
- 图层：选择需要用来匹配颜色的图层。

● "载入统计数据"和"存储统计数据"按钮：主要用来载入已存储的设置与存储当前的设置。

13.4.9 替换颜色

● 技术速查："替换颜色"命令可以修改图像中选定颜色的色相、饱和度和明度，从而将选定的颜色替换为其他颜色。
打开一张图像，如图13-251所示。对其执行"图像>调整>替换颜色"命令，打开"替换颜色"对话框，如图13-252所示。

● 吸管：使用"吸管工具" 🖉 在图像上单击，可以选中单击处的颜色，同时在"选区"缩览图中也会显示出选中的颜色区域（白色代表选中的颜色，黑色代表未选中的颜色），如图13-253和图13-254所示；使用"添加到取样" 🖉 在图像上单击，可以将单击处的颜色添加到选中的颜色中；使用"从取样中减去" 🖉 在图像上单击，可以将单击处的颜色从选定的颜色中减去。

图13-251

图13-252

图13-253

图13-254

● 本地化颜色簇：主要用来在图像上选择多种颜色。例如，如果要选中图像中的红色和黄色，可以先选中该复选框，然后使用"吸管工具" 🖉 在红色上单击，再使用"添加到取样" 🖉 在黄色上单击，同时选中这两种颜色（如果继续单击其他颜色，还可以选中多种颜色），如图13-255和图13-256所示，这样就可以同时调整多种颜色的色相、饱和度和明度，如图13-257和图13-258所示。

图13-255

图13-256

图13-257

图13-258

● 颜色：显示选中的颜色。

● 颜色容差：用来控制选中颜色的范围。数值越大，选中的颜色范围越广。

● 选区/图像：选中"选区"单选按钮，可以以蒙版方式进行显示，其中白色表示选中的颜色，黑色表示未选中的颜色，灰色表示只选中了部分颜色，如图13-259所示；选中"图像"单选按钮，则只显示图像，如图13-260所示。

● 色相/饱和度/明度：这3个选项与"色相/饱和度"命令的3个选项相同，可以调整选定颜色的色相、饱和度和明度。

图13-259　　　　　　　　　图13-260

★ 案例实战——使用替换颜色命令改变美女衣服颜色

案例文件	案例文件\第13章\使用替换颜色命令改变美女衣服颜色.psd
视频教学	视频文件\第13章\使用替换颜色命令改变美女衣服颜色.flv
难易指数	★★★★★
知识掌握	掌握"替换颜色"命令的使用方法

扫码看视频

案例效果

本例主要使用"替换颜色"命令改变美女的衣服颜色，对比效果如图13-261和图13-262所示。

操作步骤

01 按Ctrl+O快捷键，打开本书资源包中的素材文件，如图13-263所示。

02 执行"图像>调整>替换颜色"命令，在弹出的对话框中使用"吸管工具"吸取服装的颜色，并使用"添加到取样"工具加选没有被选择的区域，将"颜色容差"数值调整为95，在预览图中可以看到衣服的大部分区域为白色。设置"色相"为-70，如图13-264所示。

图13-261　　　　图13-262　　　　图13-263　　　　图13-264

03 此时衣服部分颜色调整完成，但是人像身体部分的颜色并不是这里所需要的效果，所以需要在"历史记录"面板中选中最初的图像效果，并使用"历史记录画笔"涂抹人像身体的部分，使之还原，如图13-265和图13-266所示。

04 最终效果如图13-267所示。

图13-265　　　　　图13-266　　　　　图13-267

☆ 视频课堂——制作绚丽的夕阳火烧云效果

案例文件\第13章\视频课堂——制作绚丽的夕阳火烧云效果.psd
视频文件\第13章\视频课堂——制作绚丽的夕阳火烧云效果.flv
思路解析：

- 01 打开风景素材，并置入天空素材。
- 02 将天空素材与原始风景素材进行融合。
- 03 使用多种调色命令调整画面颜色倾向。

扫码看视频

扫码看视频

13.5 特殊色调调整的命令

90.特殊色调调整命令

⊙ 视频精讲：超值赠送\视频精讲\90.特殊色调调整命令.flv

13.5.1 反相

⊙ 技术速查："反相"命令可以将图像中的某种颜色转换为其补色，即将原来的黑色变成白色，将原来的白色变成黑色，从而创建出负片效果。

执行"图层>调整>反相"命令或按Ctrl+I快捷键，即可得到反相效果。"反相"命令是一个可以逆向操作的命令，如对一张图像执行"反相"命令，创建出负片效果，再次对负片图像执行"反相"命令，又会得到原来的图像，如图13-268和图13-269所示。

图13-268　　　　图13-269

13.5.2 色调分离

⊙ 技术速查："色调分离"命令可以指定图像中每个通道的色调级数目或亮度值，然后将像素映射到最接近的匹配级别。

在"色调分离"对话框中可以进行"色阶"数量的设置，设置的"色阶"值越小，分离的色调越多；"色阶"值越大，保留的图像细节就越多，如图13-270～图13-273所示。

图13-270

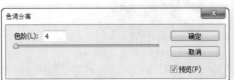

图13-271

图13-272

图13-273

13.5.3 阈值

⊙ 技术速查：阈值是基于图片亮度的一个黑白分界值。在Photoshop中使用"阈值"命令可删除图像中的色彩信息，将其转换为只有黑和白两种颜色的图像，并且比阈值亮的像素将转换为白色，比阈值暗的像素将转换为黑色。

在"阈值"对话框中拖曳直方图下面的滑块或输入"阈值色阶"数值可以指定一个色阶作为阈值，如图13-274所示。如图13-275和图13-276所示为对比效果。

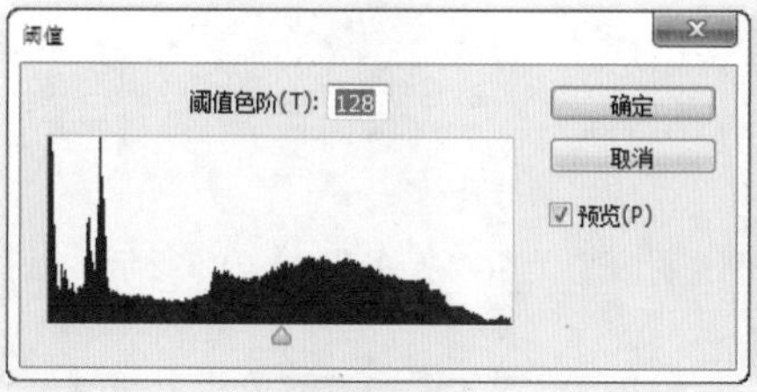

图13-274

图13-275

图13-276

13.5.4 渐变映射

⊙ 技术速查："渐变映射"命令的工作原理其实很简单，它先将图像转换为灰度图像，然后将相等的图像灰度范围映射到指定的渐变填充色，就是将渐变色映射到图像上，如图13-277和图13-278所示。

执行"图像>调整>渐变映射"命令，打开"渐变映射"对话框，如图13-279所示。

图13-277

图13-278

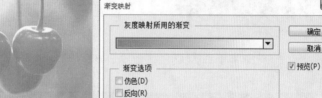
图13-279

⊙ 灰度映射所用的渐变：单击下面的渐变条，打开"渐变编辑器"对话框，在该对话框中可以选择或重新编辑一种渐变应用到图像上。

⊙ 仿色：选中该复选框，Photoshop会添加一些随机的杂色来平滑渐变效果。

⊙ 反向：选中该选复选框，可以反转渐变的填充方向，映射出的渐变效果也会发生变化。

★ 案例实战——使用渐变映射制作迷幻色感

案例文件	案例文件\第13章\使用渐变映射制作迷幻色感.psd
视频教学	视频文件\第13章\使用渐变映射制作迷幻色感.flv
难易指数	★★★★★
技术要点	渐变映射、曲线

扫码看视频

案例效果

本例主要是通过使用"渐变映射"和"曲线"命令制作迷幻色感，效果如图13-280所示。

图13-280

操作步骤

01 打开素材文件1.jpg，如图13-281所示。

02 执行"图层>新建调整图层>渐变映射"命令，创建一个"渐变映射"调整图层。单击渐变条，如图13-282所示，在弹出的对话框中编辑紫金色系的渐变，如图13-283所示。效果如图13-284所示。

图13-281　　　　　　　　　　图13-282　　　　　　　　　图13-283

03 在"图层"面板中选中该调整图层，设置混合模式为"滤色"，"不透明度"为60%，如图13-285所示。效果如图13-286所示。

04 执行"图层>新建调整图层>曲线"命令，设置通道为"绿"，调整曲线的形状，如图13-287所示。设置通道为"蓝"，调整曲线的形状，如图13-288所示。设置通道为RGB，调整曲线的形状，如图13-289所示。效果如图13-290所示。

图13-284　　　　　　　　　图13-285　　　　　　　　　图13-286　　　　　　图13-287

05 最后置入文字装饰素材2.png，执行"图层>栅格化>智能对象"命令。置于画面中合适位置。最终效果如图13-291所示。

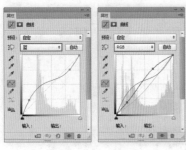

图13-288　　　图13-289　　　　　　　图13-290　　　　　　　　　图13-291

13.5.5　HDR色调

● **技术速查：** "HDR色调"命令可以用来修补太亮或太暗的图像，制作出高动态范围的图像效果，对于处理风景图像非常有用。

　　HDR的全称是High Dynamic Range，即高动态范围。执行"图像>调整>HDR色调"命令，打开"HDR色调"对话框，在"HDR色调"对话框中可以使用预设选项，也可以自行设定参数，如图13-292和图13-293所示。

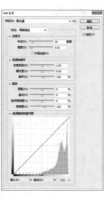

图13-292　　　　　　　　　图13-293

技巧提示

　　HDR图像具有几个明显的特征：亮的地方可以非常亮，暗的地方可以非常暗，并且亮暗部的细节都很明显。

- 预设：在下拉列表中可以选择预设的HDR效果，既有黑白效果，也有彩色效果。
- 方法：选择调整图像采用何种HDR方法。
- 边缘光：该选项组用于调整图像边缘光的强度，如图13-294所示。
- 色调和细节：调节该选项组中的选项可以使图像的色调和细节更加丰富细腻，如图13-295所示。

图13-294　　　　　　　　　　　　图13-295

- 高级：在该选项组中可以控制画面整体阴影、高光以及饱和度。
- 色调曲线和直方图：使用方法与"曲线"命令的使用方法相同。

★ 案例实战——制作HDR效果照片

案例文件	案例文件\第13章\制作HDR效果照片.psd
视频教学	视频文件\第13章\制作HDR效果照片.flv
难易指数	★★★★★
知识掌握	掌握"HDR色调"命令的使用方法

扫码看视频

案例效果

　　本例使用"HDR色调"命令制作奇幻风景图像，对比效果如图13-296和图13-297所示。

操作步骤

01 打开素材文件，原图画面偏灰，暗部细节损失较多，如图13-298所示。

图13-296　　　　　　　　　　图13-297　　　　　　　　　　图13-298

02 执行"图像>调整>HDR色调"命令，打开"HDR色调"对话框，设置"方法"为"局部适应"，"边缘光"的"半径"为142像素，"强度"为3，"色调和细节"的"灰度系数"为1.00，"曝光度"为0，"细节"为90%，"阴影"为100，"高光"为-40，"自然饱和度"为100，"饱和度"为20。展开色调曲线和直方图，调整曲线形状，如图13-299所示。最终效果如图13-300所示。

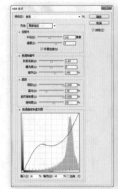

图13-299　　　　　　　　　　　　　图13-300

★ 综合实战——淡雅色调

案例文件	案例文件\第13章\淡雅色调.psd
视频教学	视频文件\第13章\淡雅色调.flv
难易指数	★★★★★
技术要点	可选颜色、曲线、色相/饱和度

扫码看视频

案例效果

本例主要是通过使用多种调整图层制作淡雅色调，如图13-301和图13-302所示。

操作步骤

01 打开背景素材1.jpg，如图13-303所示。

02 执行"图层>新建调整图层>可选颜色"命令，创建"可选颜色"调整图层，设置"颜色"为"红色"，"黑色"为-55%，如图13-304所示。设置"颜色"为"黄色"，"黄色"为-33%，"黑色"为-51%，如图13-305所示。设置"颜色"为"白色"，"黑色"为-22%，如图13-306所

示。在调整图层蒙版上，使用黑色画笔绘制皮肤以外的部分，如图13-307所示。效果如图13-308所示。

图13-301　　　　　　　　　　图13-302

图13-303　　　　　图13-304　　　　　图13-305　　　　　图13-306

03 执行"图层>新建调整图层>曲线"命令，调整RGB曲线的形状，设置通道为"蓝"，调整蓝通道曲线的形状，如图13-309和图13-310所示。在调整图层蒙版上，使用黑色画笔绘制人像肌肤以外的部分，如图13-311所示。效果如图13-312所示。

图13-307　　　　　　图13-308　　　　　　图13-309　　　　　　图13-310

04 执行"图层>新建调整图层>色相/饱和度"命令，创建"色相/饱和度"调整图层，设置通道为"青色"，"明度"为95，如图13-313所示。设置通道为"蓝色"，"饱和度"为-97，"明度"为100，如图13-314所示。效果如图13-315所示。

图13-311　　　　　　图13-312　　　　　　图13-313　　　　　　图13-314

05 置入天空素材2.jpg，执行"图层>栅格化>智能对象"命令。置于画面中合适位置，为其添加图层蒙版，使用黑色画笔在蒙版中绘制人像以及画面底部的部分，并设置图层的混合模式为"正片叠底"，如图13-316所示。效果如图13-317所示。

06 新建图层，设置前景色为绿色，使用画笔在画面树木部分进行绘制，如图13-318所示。设置图层的混合模式为"柔光"，"不透明度"为53%，如图13-319所示。效果如图13-320所示。

图13-315　　　　　　图13-316　　　　　　图13-317　　　　　　图13-318

07 执行"图层>新建调整图层>自然饱和度"命令，设置"自然饱和度"为100，如图13-321所示。然后置入艺术字装饰素材3.png并栅格化，并设置艺术字图层的混合模式为"滤色"，进行装饰。最终效果如图13-322所示。

图13-319 　　　　　图13-320 　　　　　图13-321 　　　　　图13-322

★ 综合实战——奇幻色宫殿

案例文件	案例文件\第13章\奇幻色宫殿.psd
视频教学	视频文件\第13章\奇幻色宫殿.flv
难易指数	★★★★★
技术要点	曲线、自然/饱和度、可选颜色、色阶、混合模式

案例效果

扫码看视频

本例主要是利用"曲线""自然/饱和度""可选颜

色""色阶"以及"混合模式"命令制作奇幻色宫殿，如图13-323和图13-324所示。

操作步骤

01 打开本书资源包中的素材文件1.jpg，如图13-325所示。

图13-323 　　　　　　　图13-324 　　　　　　　图13-325

02 执行"图层>新建调整图层>色阶"命令，创建新的"色阶"调整图层，设置色阶数值为36、1.11、255，如图13-326所示。效果如图13-327所示。

03 执行"图层>新建调整图层>自然饱和度"命令，创建新的"自然饱和度"调整图层，设置"自然饱和度"为100，"饱和度"为30，如图13-328所示。效果如图13-329所示。

图13-326 　　　　　　图13-327 　　　　　　图13-328 　　　　　　图13-329

Photoshop CS6中文版从入门到精通（微课视频实例版）

04 创建新图层，使用"渐变工具"，设置由绿色到透明的渐变，由右上角向左下角拖曳，并设置混合模式为"柔光"，如图13-330所示。效果如图13-331所示。

图13-330　　　　　　　　　　　图13-331

05 执行"图层>新建调整图层>可选颜色"命令，创建新的"可选颜色"调整图层，设置"颜色"为青色，"青色"为100%，"黄色"为100%，"黑色"为20%，如图13-332所示。设置"颜色"为"蓝色"，"青色"为100%，"洋红"为-52%，"黄色"为100%，如图13-333所示。设置"颜色"为"白色"，"黄色"为100%，如图13-334所示。效果如图13-335所示。

图13-332　　　　　　　　图13-333　　　　　　　　图13-334　　　　　　　　图13-335

06 下面制作暗角。执行"图层>新建调整图层>曲线"命令，调整曲线的形状，如图13-336所示。使用黑色柔角画笔在调整图层蒙版中心位置涂抹，如图13-337所示。

07 接着提亮中间区域。执行"图层>新建调整图层>曲线"命令，调整曲线的形状，如图13-338所示。单击"曲线"图层蒙版，使用黑色柔角画笔在画面四周进行涂抹，提亮中间部分。最终效果如图13-339所示。

  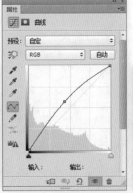 

图13-336　　　　　　　　图13-337　　　　　　　　图13-338　　　　　　　　图13-339

课 后 练 习

【课后练习——制作水彩色调】

💿 思路解析：本案例通过使用"可选颜色"以及其他多种颜色调整命令调整画面颜色，模拟水彩画轻柔的色调效果。

扫码看视频

【课后练习——打造高彩外景】

💿 思路解析：本案例通过调整画面饱和度增强色彩感，并通过使用前景可爱素材打造具有童趣的高彩外景效果。

扫码看视频

本 章 小 结

　　调色命令使用方法简单而且效果直观，很容易学习和掌握，但调色技术却是博大精深的。想要调出完美的颜色，不仅仅需要掌握调色命令的使用方法，更需要深刻体会每种调色命令的特性，掌握多种调色命令搭配使用，并配合图层、通道、蒙版、滤镜等其他工具和命令共同操作。当然也需要在色彩的构成及搭配上多多考虑。

📖 **读书笔记**

第14章

滤镜

本章内容简介：

滤镜本身是一种摄影器材，安装在相机上用于改变光源的色温，使其符合摄影的目的及制作特殊效果的需要。在Photoshop中，滤镜的功能非常强大，不仅可以制作一些常见的如素描、印象派绘画等特殊艺术效果，还可以创作出绚丽无比的创意图像。

本章学习要点：

- 掌握智能滤镜的使用方法
- 了解常用滤镜的适用范围
- 熟练掌握"液化"滤镜的使用方法
- 了解各个滤镜组的功能与特点

14.1 滤镜的使用方法

91.滤镜与
智能滤镜

○视频精讲：超值赠送\视频精讲\91.滤镜与智能滤镜.flv

在"滤镜"菜单中包括三大类滤镜：特殊滤镜、滤镜组以及外挂滤镜。"滤镜库""自适应广角""镜头校正""液化""油画""消失点"滤镜属于特殊滤镜；"风格化""模糊""扭曲""锐化""视频""像素化""渲染""杂色""其他"属于滤镜组；如果安装了外挂滤镜，在"滤镜"菜单的底部会显示出来，如图14-1所示。

图14-1

14.1.1 动手学：为图像添加滤镜效果

滤镜可以用来处理图层蒙版、快速蒙版和通道。使用滤镜处理图层中的图像时，该图层必须是可见图层。选择需要进行滤镜操作的图层，如图14-2所示。执行"滤镜"菜单下的命令，选择某个滤镜，如图14-3所示。在弹出的对话框中设置合适的参数，如图14-4所示。滤镜效果以像素为单位进行计算，因此，相同参数处理不同分辨率的图像，其效果也不一样。最终单击"确定"按钮完成滤镜操作，效果如图14-5所示。

图14-3

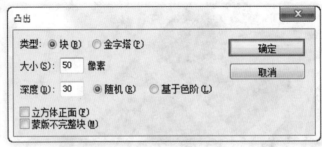

图14-4

图14-5

技巧提示

在应用滤镜的过程中，如果要终止处理，可以按Esc键。

如果图像中存在选区，则滤镜效果只应用在选区之内，如图14-6所示；如果没有选区，则滤镜效果将应用于整个图像，如图14-7所示。

图14-2

316

技巧提示

只有"云彩"滤镜可以应用在没有像素的区域，其余滤镜都必须应用在包含像素的区域（某些外挂滤镜除外）。

图14-6　　　　　　　图14-7

在应用滤镜时，通常会弹出该滤镜的对话框或滤镜库，在预览窗口中可以预览滤镜效果，同时可以拖曳图像，以观察其他区域的效果，如图14-8所示。单击 − 按钮和 + 按钮可以缩放图像的显示比例。另外，在图像的某个点上单击，预览窗口中就会显示出该区域的效果，如图14-9所示。

在任何一个滤镜对话框中按住Alt键，[取消]按钮都将变成[复位]按钮，如图14-10所示。单击[复位]按钮，可以将滤镜参数恢复到默认设置。

图14-8　　　　　　　　　　图14-9　　　　　　　　　　图14-10

当应用完一个滤镜以后，"滤镜"菜单下的第1行会出现该滤镜的名称，如图14-11所示。执行该命令或按Ctrl+F快捷键，可以按照上一次应用该滤镜的参数配置再次对图像应用该滤镜。另外，按Ctrl+Alt+F组合键可以打开滤镜的对话框，对滤镜参数进行重新设置。

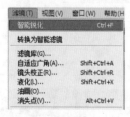

图14-11

答疑解惑——为什么有时候滤镜不可用？

在CMYK颜色模式下，某些滤镜将不可用；在索引和位图颜色模式下，所有的滤镜都不可用。如果要对CMYK图像、索引图像和位图图像应用滤镜，可以执行"图像>模式>RGB颜色"命令，将图像模式转换为RGB颜色模式后，再应用滤镜。

14.1.2　动手学：使用智能滤镜

技术速查：应用于智能对象的任何滤镜都是智能滤镜，智能滤镜属于非破坏性滤镜。由于智能滤镜的参数是可以调整的，因此可以调整智能滤镜的作用范围，或将其进行移除、隐藏等操作。

（1）要使用智能滤镜，首先需要将普通图层转换为智能对象。在普通图层的缩览图上右击，在弹出的快捷菜单中选择

"转换为智能对象"命令，即可将普通图层转换为智能对象，如图14-12所示。

（2）之后为智能对象添加滤镜效果，如图14-13所示。在"图层"面板中可以看到该图层下方出现智能滤镜，如图14-14所示。

Photoshop CS6中文版从入门到精通（微课视频实例版）

图14-12

图14-13

图14-14

 答疑解惑——哪些滤镜可以作为智能滤镜使用？

除了"抽出""液化""镜头模糊"滤镜以外，其他滤镜都可以作为智能滤镜应用，当然也包含支持智能滤镜的外挂滤镜。另外，"图像>调整"菜单下的"阴影/高光"和"变化"命令也可以作为智能滤镜来使用。

（3）智能滤镜包含一个类似于图层样式的列表，因此可以隐藏、停用和删除滤镜，如图14-15所示。也可以在智能滤镜的蒙版中涂抹绘制，以隐藏部分区域的滤镜效果，如图14-16所示。

（4）另外，还可以设置智能滤镜与图像的混合模式，双击滤镜名称右侧的 图标，如图14-17所示，可以在弹出的"混合选项"对话框中调节滤镜的"模式"和"不透明度"，如图14-18所示。

图14-15

图14-16

图14-17

图14-18

14.1.3 动手学：渐隐滤镜效果

扫码看视频

16.使用渐隐命令

视频精讲：超值赠送\视频精讲\16.使用渐隐命令.flv

技术速查："渐隐"命令可以用于更改滤镜效果的不透明度和混合模式，相当于将滤镜效果图层放在原图层的上方，并调整滤镜图层的混合模式以及透明度得到的效果。

（1）执行"文件>打开"命令打开素材文件，如图14-19所示。执行"滤镜>滤镜库"命令。

（2）在"滤镜库"中选择"素描"滤镜组，单击"影印"滤镜缩略图，设置"细节"为4，"暗度"为20，如图14-20所示。效果如图14-21所示。

图14-19

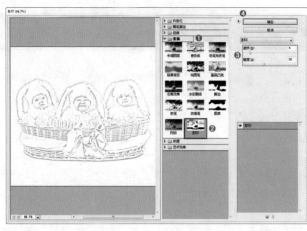

图14-20

图14-21

技巧提示

"渐隐"命令必须在进行了编辑操作之后立即执行，如果中间又进行了其他操作，则该命令会发生相应的变化。

（3）执行"编辑>渐隐滤镜库"命令，在弹出的"渐隐"对话框中设置"模式"为"正片叠底"，如图14-22所示。最终效果如图14-23所示。

图14-22

图14-23

技术拓展：提高滤镜性能

在应用某些滤镜时，如"铭黄渐变"滤镜、"光照效果"滤镜等，会占用大量的内存，特别是处理高分辨率的图像，Photoshop的处理速度会更慢。遇到这种情况，可以尝试使用以下3种方法来提高处理速度。

第1种：关闭多余的应用程序。

第2种：在应用滤镜之前先执行"编辑>清理"菜单下的命令，释放部分内存。

第3种：将计算机内存多分配给Photoshop一些。执行"编辑>首选项>性能"命令，打开"首选项"对话框，然后在"内存使用情况"选项组下将Photoshop的内容使用量设置得高一些。

14.2 特殊滤镜

14.2.1 滤镜库

扫码看视频

92.滤镜库的
使用方法

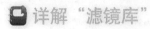 视频精讲：超值赠送\视频精讲\92.滤镜库的使用方法.flv

▣ 详解"滤镜库"

○ 技术速查："滤镜库"是一个集合了多个滤镜的对话框。在"滤镜库"对话框中，可以对一张图像应用一个或多个滤镜，或对同一图像多次应用同一滤镜，另外还可以使用其他滤镜替换原有的滤镜。

执行"滤镜>滤镜库"命令，打开"滤镜库"对话框，在其中选择某个组，并在组中单击某个滤镜缩略图，在预览窗口中即可观察到滤镜效果，在右侧的参数设置面板中可以进行参数的设置，如图14-24所示。滤镜库中只包含一部分滤镜，例如"模糊"和"锐化"滤镜组就不在滤镜库中。

扫码学知识

详解滤镜库

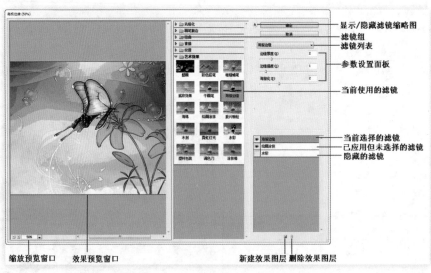

图14-24

▣ 动手学：使用"滤镜库"

（1）使用滤镜库的方法很简单，打开一张图片，如图14-25所示。执行"滤镜>滤镜库"命令，如图14-26所示。

（2）打开"滤镜库"对话框，在右侧的滤镜组列表中选择一个滤镜组，单击即可展开。然后在该滤镜组中选择一个滤镜，单击即可为当前画面应用滤镜效果。然后在右侧适当调节参数，调整完成后单击"确定"按钮结束操作，如图14-27所示。

图14-25　　　　　　　图14-26　　　　　　　图14-27

技巧提示

滤镜在Photoshop中具有非常神奇的作用。使用时只需要从滤镜菜单中选择需要的滤镜，然后适当调节参数即可。通常情况下，滤镜需要配合通道、图层等一起使用，才能获得最佳艺术效果。

★ 案例实战——使用照亮边缘制作素描效果

案例文件	案例文件\第14章\使用照亮边缘制作素描效果.psd
视频教学	视频文件\第14章\使用照亮边缘制作素描效果.flv
难易指数	★★★★★
技术要点	照亮边缘

案例效果

扫码看视频

本例主要使用"照亮边缘"滤镜制作素描效果，如图14-28所示。

图14-28

操作步骤

01 打开素材文件1.jpg，如图14-29所示。然后置入照片素材2.jpg。选中置入的图层，执行"图层>栅格化>智能对象"命令。如图14-30所示。

图14-29

图14-30

02 复制人像照片素材置于图层蒙版顶部，为其命名为"滤镜库"，执行"滤镜>滤镜库"命令，选择"风格化"滤镜组中的"照亮边缘"滤镜，设置"边缘宽度"为1，"边缘亮度"为20，"平滑度"为7，如图14-31所示。效果如图14-32所示。

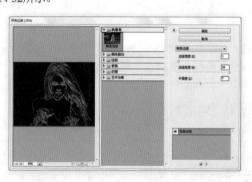
图14-31

图14-32

03 按Ctrl+I快捷键执行"反相"命令，此时画面的颜色发生了反相，如图14-33所示。再次按Shift+Ctrl+U组合键执行"去色"命令，效果如图14-34所示。

图14-33

Photoshop CS6中文版从入门到精通（微课视频实例版）

图14-34

04 为图像添加图层蒙版，使用黑色画笔在蒙版中适当涂抹，设置其混合模式为"正片叠底"，如图14-35所示，效果如图14-36所示。

图14-35

图14-36

05 执行"图层>新建调整图层>色阶"命令，设置数值分别为75、1.21、222，如图14-37所示。为图层创建剪贴蒙版，使用黑色画笔在蒙版中绘制合适的部分，如图14-38所示。最终效果如图14-39所示。

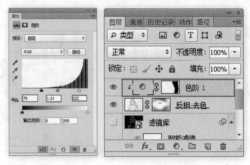

图14-37　　　　　　图14-38

图14-39

14.2.2　详解"自适应广角"滤镜

扫码看视频

93. 自适应广角滤镜

○ 视频精讲：超值赠送\视频精讲\93.自适应广角滤镜.flv

○ 技术速查："自适应广角"滤镜可以对广角、超广角及鱼眼效果进行变形校正。

执行"滤镜>自适应广角"命令，打开滤镜对话框。在"校正"下拉列表框中可以选择校正的类型，包括"鱼眼""透视""自动""完整球面"，如图14-40所示。

○ "约束工具" ：单击图像或拖动端点可添加或编辑约束。按住Shift键单击可添加水平/垂直约束。按住Alt键单击可删除约束。

○ "多边形约束工具" ：单击图像或拖动端点可添加或编辑约束。按住Shift键单击可添加水平/垂直约束。按住Alt键单击可删除约束。

○ "移动工具" ：拖动以在画布中移动内容。

○ "抓手工具" ：放大窗口的显示比例后，可以使用该工具移动画面。

○ "缩放工具" ：单击即可放大窗口的显示比例，按住Alt键单击即可缩小显示比例。

图14-40

14.2.3　详解"镜头校正"滤镜

扫码看视频

94.镜头校正
滤镜

○ 视频精讲：超值赠送\视频精讲\94.镜头校正滤镜.flv

○ 技术速查："镜头校正"滤镜可以快速修复常见的镜头瑕疵，也可以用来旋转图像，或修复由于相机在垂直/水平方向上倾斜而导致的图像透视错误现象。

　　执行"滤镜>镜头校正"命令，打开"镜头校正"对话框，该滤镜只能处理 8位/通道和16位/通道的图像，如图14-41所示。

图14-41

○ "移去扭曲工具" 🔲：使用该工具可以校正镜头桶形失真或枕形失真。

○ "拉直工具" 📷：绘制一条直线，以将图像拉直到新的横轴或纵轴。

○ "移动网格工具" 🔳：使用该工具可以移动网格，以将其与图像对齐。

○ "抓手工具" ✋ / "缩放工具" 🔍：这两个工具的使用方法与工具箱中的相应工具完全相同。

　　下面讲解"自定"面板中的参数选项，如图14-42所示。

○ 几何扭曲："移去扭曲"选项主要用来校正镜头桶形失真或枕形失真。数值为正时，图像将向外扭曲；数值为负时，图像将向中心扭曲，如图14-43和图14-44所示。

图14-42

图14-43

图14-44

○ 色差：用于校正色边。在进行校正时，放大预览窗口的图像，可以清楚地查看色边校正情况。

○ 晕影：校正由于镜头缺陷或镜头遮光处理不当而导致的图像边缘较暗的情况。"数量"选项用于设置沿图像边缘变亮或变暗的程度，如图14-45和图14-46所示；"中点"选项用来指定受"数量"数值影响的区域的宽度。

图14-45

图14-46

○ 变换："垂直透视"选项用于校正由于相机向上或向下倾斜而导致的图像透视错误；"水平透视"用于校正图像在水平方向上的透视效果；"角度"用于旋转图像，以针对相机歪斜加以校正；"比例"选项用来控制镜头校正的比例。

第14章
滤镜

14.2.4 详解"液化"滤镜

95.液化滤镜
的使用

液化工具详解

扫码看视频

○ 视频精讲：超值赠送\视频精讲\95.液化滤镜的使用.flv

○ 技术速查："液化"滤镜是修饰图像和创建艺术效果的强大工具，常用于数码照片的修饰，如人像身型调整、面部结构调整等。

"液化"滤镜的使用方法比较简单，但其功能相当强大，可以创建推、拉、旋转、扭曲和收缩等变形效果。执行"滤镜>液化"命令，打开"液化"对话框，默认情况下，"液化"对话框以简洁的基础模式显示，很多功能处于隐藏状态，如图14-47所示。选中面板右侧的"高级模式"复选框可以显示出完整的功能，如图14-48所示。

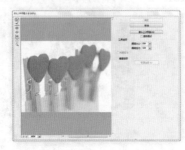

图14-47

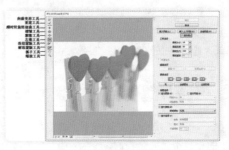

图14-48

★ 案例实战——使用液化滤镜为美女瘦身

案例文件	案例文件\第14章\使用液化滤镜为美女瘦身.psd
视频教学	视频文件\第14章\使用液化滤镜为美女瘦身.flv
难易指数	★★★★★
技术要点	"液化"滤镜

扫码看视频

案例效果

本例使用"液化"滤镜中的工具对画面进行变形，从而达到为人像瘦身的目的，原图与效果图如图14-49和图14-50所示。

图14-49

图14-50

操作步骤

01 打开本书资源包中的素材文件1.jpg，如图14-51所示。

02 复制背景图层，并对其执行"滤镜>液化"命令，选中"高级模式"复选框，使用"向前变形工具"，设置"画笔大小"为450，由外向内涂抹，为人物瘦身，如图14-52所示。

图14-51   图14-52

03 更改"画笔大小"为150，调整人像肩颈处、手臂与上身之间的区域，如图14-53所示。

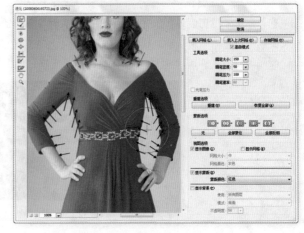

图14-53

Photoshop CS6中文版从入门到精通（微课视频实例版）

04 开始对人像面部进行调整。设置"画笔大小"为80，在人像下颌处向上进行调整，达到瘦脸的目的。单击"确定"按钮完成液化操作，如图14-54所示。

05 回到图层中，对液化完成的效果执行"自由变换"操作，右击，在弹出的快捷菜单中执行"透视"命令，调整照片透视角度，使人像显得更加高挑，如图14-55所示。

06 最终效果如图14-56所示。

图14-54

图14-55　　　　图14-56

14.2.5 详解"油画"滤镜

扫码学知识

油画参数详解

扫码看视频

96.油画滤镜的使用

○ 视频精讲：超值赠送\视频精讲\96.油画滤镜的使用.flv

○ 技术速查：使用"油画"滤镜可以为普通照片添加油画效果。"油画"滤镜最大的特点就是笔触鲜明，整体感觉厚重，有质感。

执行"滤镜>油画"命令，打开"油画"对话框，在这里可以对参数进行调整，如图14-57和图14-58所示。

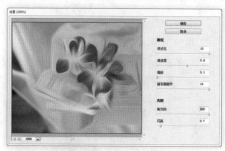

图14-57　　　　　　　图14-58

14.2.6 详解"消失点"滤镜

扫码看视频

97.消失点滤镜

○ 视频精讲：超值赠送\视频精讲\97.消失点滤镜.flv

○ 技术速查：使用"消失点"滤镜可以在包含透视平面（如建筑物的侧面、墙壁、地面或任何矩形对象）的图像中进行透视校正操作。

执行"滤镜>消失点"命令，打开"消失点"对话框，如图14-59所示。在修饰、仿制、复制、粘贴或移去图像内容时，Photoshop可以准确确定这些操作的方向。

○ "编辑平面工具" ：用于选择、编辑、移动平面的节点以及调整平面的大小，如图14-60所示是一个创建的透视平面，如图14-61所示是使用该工具修改过后的透视平面。

图14-59

Photoshop CS6中文版从入门到精通（微课视频实例版）

"创建平面工具" ：用于定义透视平面的4个角节点。创建好4个角节点以后，可以使用该工具对节点进行移动、缩放等操作。如果按住Ctrl键拖曳边节点，可以拉出一个垂直平面。另外，如果节点的位置不正确，可以按Backspace键删除该节点。

图14-60

图14-61

技巧提示

如果要结束对角节点的创建，不能按Esc键，否则会直接关闭"消失点"对话框，这样所做的一切操作都将丢失。另外，删除节点也不能按Delete键（不起任何作用），只能按Backspace键。

"选框工具" ：使用该工具可以在创建好的透视平面上绘制选区，以选中平面上的某个区域，如图14-62所示。建立选区以后，将光标放置在选区内，按住Alt键拖曳选区，可以复制图像，如图14-63所示。如果按住Ctrl键拖曳选区，则可以用源图像填充该区域。

"图章工具" ：使用该工具时，按住Alt键在透视平面内单击，可以设置取样点，如图14-64所示，然后在其他区域拖曳鼠标即可进行仿制操作，如图14-65所示。

图14-62

图14-63

图14-64

图14-65

技巧提示

选择"图章工具" 后，在对话框的顶部可以设置该工具修复图像的"模式"。如果要绘画的区域不需要与周围的颜色、光照和阴影混合，可以选择"关"选项；如果要绘画的区域需要与周围的光照混合，同时又需要保留样本像素的颜色，可以选择"明亮度"选项；如果要绘画的区域需要保留样本像素的纹理，同时又要与周围像素的颜色、光照和阴影混合，可以选择"开"选项。

"画笔工具" ：该工具主要用来在透视平面上绘制选定的颜色。

"变换工具" ：该工具主要用来变换选区，其作用相当于执行"编辑>自由变换"命令。如图14-66所示是利用"选框工具" 复制的图像，如图14-67所示是利用"变换工具" 对选区进行变换以后的效果。

"吸管工具" ：可以使用该工具在图像上拾取颜色，以用作"画笔工具" 的绘画颜色。

"测量工具" ：使用该工具可以在透视平面中测量项目的距离和角度。

图14—66 图14—67

🖐 "抓手工具" 🖐：在预览窗口中移动图像。

🔍 "缩放工具" 🔍：在预览窗口中放大或缩小图像的视图。

14.3 "风格化" 滤镜组

扫码看视频

99.风格化滤镜组

🎬 视频精讲：超值赠送\视频精讲\99.风格化滤镜组.flv

14.3.1 查找边缘

🔘 技术速查：使用"查找边缘"滤镜可以自动查找图像像素对比度变换强烈的边界。

对图像使用"查找边缘"滤镜，可以将高反差区变亮，将低反差区变暗，而其他区域则介于两者之间，同时硬边会变成线条，柔边会变粗，从而形成一个清晰的轮廓。如图14-68和图14-69所示为原始图像与使用"查找边缘"滤镜后的效果。

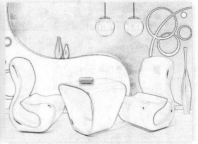

图14—68 图14—69

14.3.2 等高线

🔘 技术速查："等高线"滤镜用于查找主要亮度区域，并为每个颜色通道勾勒主要亮度区域，以获得与等高线图中的线条类似的效果。

如图14-70和图14-71所示是原始图像以及"等高线"对话框。

🔘 色阶：用来设置区分图像边缘亮度的级别。

🔘 边缘：用来设置处理图像边缘的位置，以及便捷的产生方法。选中"较低"单选按钮时，可以在基准亮度等级以下的轮廓上生成等高线；选中"较高"单选按钮时，可以在基准亮度等级以上生成等高线。

图14—70 图14—71

14.3.3 风

○ 技术速查："风"滤镜在图像中放置一些细小的水平线条来模拟风吹效果。

如图14-72和图14-73所示为原始图像与"风"对话框。

○ 方法：包括"风""大风""飓风"3种等级，如图14-74~图14-76所示分别是这3种等级的效果。

Photoshop CS6中文版从入门到精通（微课视频实例版）

图14-72　　　　　　　　　图14-73

○ 方向：用来设置风源的方向，包括"从右"和"从左"两种。

图14-74　　　　　　　图14-75　　　　　　　图14-76

14.3.4 浮雕效果

○ 技术速查："浮雕效果"滤镜可以通过勾勒图像或选区的轮廓和降低周围颜色值来生成凹陷或凸起的浮雕效果。

如图14-77和图14-78所示为原始图像以及"浮雕效果"对话框。

○ 角度：用于设置浮雕效果的光线方向。光线方向会影响浮雕的凸起位置。

○ 高度：用于设置浮雕效果的凸起高度。

○ 数量：用于设置"浮雕"滤镜的作用范围。数值越大，边界越清晰（小于40%时，图像会变灰）。

 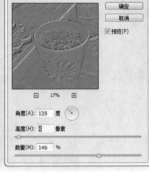

图14-77　　　　　　　　　　　　图14-78

★ **案例实战——使用浮雕滤镜制作流淌文字**

案例文件	案例文件\第14章\使用浮雕滤镜制作流淌文字.psd
视频教学	视频教学\第14章\使用浮雕滤镜制作流淌文字.flv
难度级别	★★★★★
技术要点	"浮雕效果"滤镜

案例效果

本例主要使用"浮雕效果"滤镜制作流淌质感的文字，效果如图14-79所示。

扫码看视频

制作步骤

01 打开本书资源包中的素材文件1.jpg，如图14-80所示。使用文字工具在画面中输入文字，使用黑色画笔工具在文字周围绘制一些不规则的水滴图案。选中文字图层与水底图层，并按Ctrl+E快捷键合并图层，如图14-87所示。

图14—79　　　　　　　　　　　图14—80　　　　　　　　　　　图14—81

02 在合并图层下方新建图层，为其填充白色，选中文字图层以及白色背景图层，合并所有图层，如图14-82所示。

03 执行菜单栏中的"滤镜>模糊>高斯模糊"命令，在弹出的"高斯模糊"对话框中设置"半径"为6像素，如图14-83所示，效果如图14-84所示。

图14—82　　　　　　　　　　　图14—83　　　　　　　　　　　图14—84

04 再次复制合并的文字图层，对其执行"滤镜>风格化>浮雕效果"命令，设置"角度"为100度，"高度"为14像素，"数量"为70%，如图14-85所示。效果如图14-86所示。

05 按Ctrl键单击文字图层，载入黑色流淌文字图层选区，如图14-87所示。为浮雕效果添加图层蒙版，如图14-88所示。

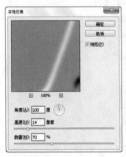

图14—85　　　　　　　　　　　图14—86　　　　　　　　　　　图14—87

06 设置浮雕图层的混合模式为"强光"，如图14-89所示。置入光效素材2.png，选中置入的图层，执行"图层>栅格化>智能对象"命令。效果如图14-90所示。

图14—88　　　　　　　　　　　图14—89　　　　　　　　　　　图14—90

14.3.5 扩散

- 技术速查："扩散"滤镜可以通过使图像中相邻的像素按指定的方式移动，让图像形成一种类似于透过磨砂玻璃观察物体时的分离模糊效果。

  如图14-91和图14-92所示为原始图像以及"扩散"对话框。

- 正常：使图像的所有区域都进行扩散处理，与图像的颜色值没有任何关系。

- 变暗优先：用较暗的像素替换亮部区域的像素，并且只有暗部像素产生扩散。

- 变亮优先：用较亮的像素替换暗部区域的像素，并且只有亮部像素产生扩散。

- 各向异性：使用图像中较暗和较亮的像素产生扩散效果，即在颜色变化最小的方向上搅乱像素。

图14-91　　　　　　　　　　　图14-92

14.3.6 拼贴

- 技术速查："拼贴"滤镜可以将图像分解为一系列块状，并使其偏离原来的位置，以产生不规则拼砖的图像效果。

  如图14-93～图14-95所示为原始图像、应用"拼贴"滤镜以后的效果以及"拼贴"对话框。

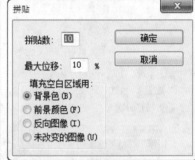

图14-93　　　　　　图14-94　　　　　　　　图14-95

- 拼贴数：用来设置在图像每行和每列中要显示的贴块数。

- 最大位移：用来设置拼贴偏移原始位置的最大距离。

- 填充空白区域：用来设置填充空白区域使用的方法。

14.3.7 曝光过度

- 技术速查："曝光过度"滤镜可以混合负片和正片图像，产生类似于显影过程中将摄影照片短暂曝光的效果。

  如图14-96和图14-97所示为原始图像及应用"曝光过度"滤镜以后的效果。

图14-96　　　　　　　　　　　图14-97

Photoshop CS6中文版从入门到精通（微课视频实例版）

14.3.8 凸出

◎ **技术速查**："凸出"滤镜可以将图像分解成一系列大小相同且有机重叠放置的立方体或锥体，以生成特殊的3D效果。

如图14-98～图14-100所示为原始图像、应用"凸出"滤镜以后的效果以及"凸出"对话框。

◎ **类型**：用来设置三维方块的形状，包括"块"和"金字塔"两种，效果如图14-101和图14-102所示。

◎ **大小**：用来设置立方体或金字塔底面的大小。

图14-98　　　　　　　　　　图14-99

◎ **深度**：用来设置凸出对象的深度。

"随机"选项表示为每个块或金字塔设置一个随机的任意深度；"基于色阶"选项表示使每个对象的深度与其亮度相对应，亮度越高，图像越凸出。

◎ **立方体正面**：选中该复选框，将失去图像的整体轮廓，生成的立方体上只显示单一的颜色，如图14-103所示。

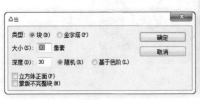

图14-100　　　　　　　图14-101　　　　　　　图14-102　　　　　　　图14-103

◎ **蒙版不完整块**：选中该复选框，可使所有图像都包含在凸出的范围之内。

☆ 视频课堂——使用滤镜制作冰美人

扫码看视频

案例文件\第14章\视频课堂——使用滤镜制作冰美人.psd
视频文件\第14章\视频课堂——使用滤镜制作冰美人.flv
思路解析：

01 使用"钢笔工具"将人像从背景中分离出来。同样将人像皮肤部分复制为单独的图层。

02 复制皮肤部分，使用"水彩"滤镜，并进行混合颜色带的调整。

03 复制皮肤部分，使用"照亮边缘"滤镜，设置混合模式，制作出发光效果。

04 复制皮肤部分，使用"铬黄渐变"滤镜，制作出银灰色质感效果，并设置混合模式。

05 进行一系列的颜色调整，并添加裂痕效果。

14.4 "模糊"滤镜组

视频精讲：超值赠送\视频精讲\98.模糊滤镜与锐化滤镜.flv

14.4.1 场景模糊

技术速查：使用"场景模糊"滤镜可以使画面呈现出不同区域模糊程度不同的效果。

执行"滤镜>模糊>场景模糊"命令，在画面中单击放置多个"图钉"，选中每个图钉并通过调整模糊数值即可使画面产生渐变的模糊效果。调整完成后，在"模糊效果"面板中还可以针对模糊区域的"光源散景""散景颜色""光照范围"进行调整，如图14-104所示。

光源散景：用于控制光照亮度，数值越大，高光区域的亮度就越高。

散景颜色：通过调整数值控制散景区域颜色的程度。

光照范围：通过调整滑块，用色阶来控制散景的范围。

图14-104

14.4.2 光圈模糊

技术速查：使用"光圈模糊"滤镜可将一个或多个焦点添加到图像中。

使用"光圈模糊"滤镜，可以根据不同的要求而对焦点的大小与形状、图像其余部分的模糊数量以及清晰区域与模糊区域之间的过渡效果进行相应的设置。执行"滤镜>模糊>光圈模糊"命令，在"模糊工具"面板中可以对"光圈模糊"的数值进行设置，数值越大，模糊程度也越大。在"模糊效果"面板中还可以针对模糊区域的"光源散景""散景颜色""光照范围"进行调整，如图14-105所示。也可以将光标定位到控制框上，调整控制框的大小以及圆度，调整完成后单击选项栏中的"确定"按钮即可，如图14-106所示。

图14-105

图14-106

Photoshop CS6中文版从入门到精通（微课视频实例版）

14.4.3 倾斜偏移

⊙ 技术速查：使用"倾斜偏移"滤镜可以轻松地模拟"移轴摄影"效果。

移轴摄影，即移轴镜摄影，泛指利用移轴镜头创作的作品，所拍摄的照片效果就像是缩微模型一样，非常特别，如图14-107和图14-108所示。执行"滤镜>模糊>倾斜偏移"命令，通过调整中心点的位置可以调整清晰区域的位置，调整控制框可以调整清晰区域的大小，如图14-109所示。

图14-107   图14-108   图14-109

★ 案例实战——倾斜偏移滤镜制作移轴摄影

案例文件	案例文件\第14章\倾斜偏移滤镜制作移轴摄影.psd
视频教学	视频文件\第14章\倾斜偏移滤镜制作移轴摄影.flv
难易指数	★★★★★
技术要点	"倾斜偏移"滤镜

扫码看视频

案例效果

本例主要是通过使用"倾斜偏移"滤镜制作移轴摄影效果，如图14-110所示。

图14-110

操作步骤

01 打开素材文件1.jpg，如图14-111所示。

图14-111

02 对其执行"滤镜>模糊>倾斜偏移"命令，设置"模糊"为"50像素"，调整好光圈位置，使清晰的区域位于画面的下半部分，如图14-112所示。调整完成后单击顶部的"确定"按钮，最终效果如图14-113所示。

图14-112

图14-113

14.4.4 表面模糊

○ 技术速查："表面模糊"滤镜可以在保留边缘的同时模糊图像，可以用该滤镜创建特殊效果并消除杂色或粒度。

如图14-114和图14-115所示为原始图像以及"表面模糊"对话框。

○ 半径：用于设置模糊取样区域的大小。

○ 阈值：控制相邻像素色调值与中心像素值相差多大时才能成为模糊的一部分。色调值差小于阈值的像素将被排除在模糊之外。

 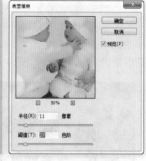

图14-114　　　　　　　　图14-115

14.4.5 动感模糊

○ 技术速查："动感模糊"滤镜可以沿指定的方向（-360°～360°），以指定的距离（1～999）进行模糊，所产生的效果类似于在固定的曝光时间拍摄一个高速运动的对象。

如图14-116和图14-117所示为原始图像以及"动感模糊"对话框。

○ 角度：用来设置模糊的方向。

○ 距离：用来设置像素模糊的程度。

图14-116　　　　　　　　图14-117

★ 案例实战——动感模糊滤镜制作动感光效人像

案例文件	案例文件\第14章\动感模糊滤镜制作动感光效人像.psd
视频教学	视频文件\第14章\动感模糊滤镜制作动感光效人像.flv
难易指数	★★★★★
技术要点	"动感模糊"滤镜、调整图层

扫码看视频

案例效果

本例主要是通过使用"动感模糊"滤镜以及调整图层制作动感光效人像，如图14-118所示。

图14-118

操作步骤

01 打开素材文件1.jpg，如图14-119所示。使用"快速选择工具"绘制人像选区，并将人像部分复制出"人像1"图层与"人像2"图层，如图14-120所示。

图14-119　　　　　　　　图14-120

02 选中"人像1"图层，对其执行"滤镜>模糊>动感模糊"命令，设置"角度"为0度，"距离"为800像素，如图14-121所示。效果如图14-122所示。

Photoshop CS6中文版从入门到精通（微课视频实例版）

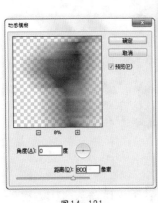

图14-121　　　　图14-122

03 为该图层添加图层蒙版。使用黑色画笔在蒙版中绘制人像部分，设置"人像1"图层的"不透明度"为80%，如图14-123所示。效果如图14-124所示。

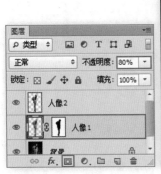

图14-123　　　　图14-124

04 选择"人像2"图层，执行"滤镜>模糊>动感模糊"命令，设置"角度"为55度，"距离"为600像素，如图14-125所示。效果如图14-126所示。

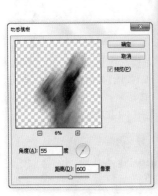

图14-125　　　　图14-126

05 同样为其添加图层蒙版，使用黑色画笔在蒙版中绘制人像部分，设置图层的"不透明度"为35%，如图14-127所示。效果如图14-128所示。

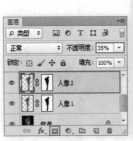

图14-127　　　　图14-128

06 置入光效素材2.jpg，选中置入的图层，执行"图层>栅格化>智能对象"命令。设置其混合模式为"滤色"，如图14-129所示。效果如图14-130所示。

图14-129　　　　图14-130

07 执行"图层>新建调整图层>曲线"命令，调整曲线形状，增强画面对比度，如图14-131所示。最终效果如图14-132所示。

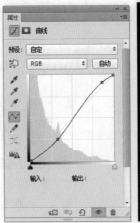

图14-131　　　　图14-132

14.4.6 方框模糊

🔘 技术速查:"方框模糊"滤镜可以基于相邻像素的平均颜色值来模糊图像,生成的模糊效果类似于方块模糊。

如图14-133和图14-134所示为原始图像以及"方框模糊"对话框。

图14-133　　　　　　图14-134

🔘 半径:调整用于计算指定像素平均值的区域大小。数值越大,产生的模糊效果越好。

14.4.7 高斯模糊

🔘 技术速查:"高斯模糊"滤镜可以向图像中添加低频细节,使图像产生一种朦胧的模糊效果。

如图14-135和图14-136所示为原始图像以及"高斯模糊"对话框。

图14-135　　　　　　图14-136

🔘 半径:调整用于计算指定像素平均值的区域大小。数值越大,产生的模糊效果越好。

★ 案例实战——使用高斯模糊降噪

案例文件	案例文件\第14章\使用高斯模糊降噪.psd
视频教学	视频文件\第14章\使用高斯模糊降噪.flv
难易指数	★★★★★
技术要点	"高斯模糊"滤镜、历史记录画笔工具

案例效果　　　　　　　　　　扫码看视频

本例主要使用"高斯模糊"滤镜和"历史记录画笔工具"制作画面降噪效果,如图14-137所示。

图14-137

操作步骤

01 打开本书资源包中的素材文件1.jpg,通过观察发现人物皮肤过于粗糙,如图14-138所示,下面将对其进行磨皮处理。

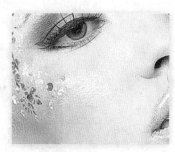

图14-138

02 执行"滤镜>模糊>高斯模糊"命令,在弹出的"高斯模糊"对话框中设置"半径"为8像素,单击"确定"按钮结束操作,如图14-139所示。效果如图14-140所示。

图14-139　　　　　　图14-140

03 进入"历史记录"面板,标记最后一项"高斯模糊",并回到上一步骤状态下,如图14-141所示。单击工具箱中的"历史记录画笔工具"按钮 ✐,适当调整画笔大小,对裸露皮肤进行适当涂抹,如图14-142所示。

图14-141

04 再次执行"滤镜>模糊>高斯模糊"命令，设置"半径"为4像素，如图14-143所示。同样进入"历史记录"面板，使用"历史记录画笔工具"，在人像颈部进行涂抹，如图14-144所示。

05 单击工具箱中的"横排文字工具"按钮T，设置合适的字体及大小，在右上角输入英文。最终效果如图14-145所示。

图14-142　　　　图14-143　　　　图14-144　　　　图14-145

14.4.8　进一步模糊

技术速查："进一步模糊"滤镜可以平衡已定义的线条和遮蔽区域清晰边缘旁边的像素，使变化显得柔和（该滤镜属于轻微模糊滤镜，并且没有参数设置对话框）。

如图14-146所示为原始图像，应用"进一步模糊"滤镜以后的效果如图14-147所示。

图14-146　　　图14-147

14.4.9　径向模糊

技术速查："径向模糊"滤镜用于模拟缩放或旋转相机时所产生的模糊，产生的是一种柔化的模糊效果。

如图14-148～图14-150所示为原始图像、应用"径向模糊"滤镜以后的效果以及"径向模糊"对话框。

数量：用于设置模糊的强度。数值越大，模糊效果越明显。

模糊方法：选中"旋转"单选按钮时，图像可以沿同心圆环线产生旋转的模糊效果，如图14-151所示；选中"缩放"单选按钮时，可以从中心向外产生反射模糊效果，如图14-152所示。

  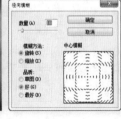 

图14-148　　　　图14-149　　　　图14-150　　　　图14-151

中心模糊：将光标放置在设置框中，使用鼠标左键拖曳可以定位模糊的原点，原点位置不同，模糊中心也不同，如图14-153和图14-154所示。

 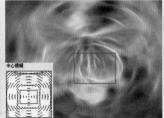 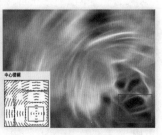

图14-152　　　　图14-153　　　　图14-154

品质：用来设置模糊效果的质量。"草图"的处理速度较快，但会产生颗粒效果；"好"和"最好"的处理速度较慢，但是生成的效果比较平滑。

14.4.10 镜头模糊

◐ **技术速查**：使用"镜头模糊"滤镜可以向图像中添加模糊，模糊效果取决于模糊的"源"设置。

如果图像中存在Alpha通道或图层蒙版，则可以为图像中的特定对象创建景深效果，使该对象在焦点内，而使另外的区域变得模糊。例如，如图14-155所示是一张普通人物照片，图像中没有景深效果。如果要模糊背景区域，就可以将该区域存储为选区蒙版或Alpha通道，如图14-156和图14-157所示。这样在应用"镜头模糊"滤镜时，将"源"设置为"图层蒙版"或Alpha1通道，就可以模糊选区中的图像，即模糊背景区域，如图14-158所示。

图14-155　　　　　　图14-156　　　　　　图14-157　　　　　　图14-158

执行"滤镜>模糊>镜头模糊"命令，可以打开"镜头模糊"对话框，如图14-159所示。

◐ **预览**：用来设置预览模糊效果的方式。选中"更快"单选按钮，可以提高预览速度；选中"更加准确"单选按钮，可以查看模糊的最终效果，但生成的预览时间更长。

◐ **深度映射**：从"源"下拉列表框中可以选择使用Alpha通道或图层蒙版来创建景深效果（前提是图像中存在Alpha通道或图层蒙版），其中通道或蒙版中的白色区域将被模糊，而黑色区域则保持原样；"模糊焦距"选项用来设置位于角点内的像素的深度；"反相"选项用来反转Alpha通道或图层蒙版。

◐ **光圈**：该选项组用来设置模糊的显示方式。"形状"选项用来选择光圈的形状；"半径"选项用来设置模糊的数量；"叶片弯度"选项用来设置对光圈边缘进行平滑处理的程度；"旋转"选项用来旋转光圈。

图14-159

◐ **镜面高光**：该选项组用来设置镜面高光的范围。"亮度"选项用来设置高光的亮度；"阈值"选项用来设置亮度的停止点，比停止点值亮的所有像素都被视为镜面高光。

◐ **杂色**："数量"选项用来在图像中添加或减少杂色；"分布"选项用来设置杂色的分布方式，包括"平均"和"高斯分布"两种；如果选中"单色"复选框，则添加的杂色为单一颜色。

14.4.11 模糊

◐ **技术速查**："模糊"滤镜用于在图像中有显著颜色变化的地方消除杂色。

"模糊"滤镜可以通过平衡已定义的线条和遮蔽区域清晰边缘旁边的像素来使图像变得柔和（该滤镜没有参数设置对话框）。如图14-160所示为原始图像，如图14-161所示为应用"模糊"滤镜以后的效果。

图14-160　　　　　　　图14-161

Photoshop CS6中文版从入门到精通（微课视频实例版）

技巧提示

　　"模糊"滤镜与"进一步模糊"滤镜都属于轻微模糊滤镜。相比于"进一步模糊"滤镜,"模糊"滤镜的模糊效果要低3~4倍。

14.4.12　平均

　　技术速查:"平均"滤镜可以查找图像或选区的平均颜色,并使用该颜色填充图像或选区,以创建平滑的外观效果。

　　如图14-162所示为原始图像,框选其中一部分区域,执行"滤镜>模糊>平均"命令,该区域变为平均色效果,如图14-163所示。

图14-162　　　　　　　　图14-163

14.4.13　特殊模糊

　　技术速查:"特殊模糊"滤镜可以精确地模糊图像。

　　如图14-164和图14-165所示为原始图像以及"特殊模糊"对话框。

　　半径:用来设置要应用模糊的范围。

　　阈值:用来设置像素具有多大差异才会被模糊处理。

　　品质:设置模糊效果的质量,包括"低""中等""高"3种。

图14-164　　　　　　　　图14-165

　　模式:选择"正常"选项,不会在图像中添加任何特殊效果,如图14-166所示;选择"仅限边缘"选项,将以黑色显示图像,以白色描绘出图像边缘像素亮度值变化强烈的区域,如图14-167所示;选择"叠加边缘"选项,将以白色描绘图像边缘像素亮度值变化强烈的区域,如图14-168所示。

图14-166　　　　　　　图14-167　　　　　　　图14-168

14.4.14　形状模糊

　　技术速查:"形状模糊"滤镜可以用设置的形状来创建特殊的模糊效果。

　　如图14-169和图14-170所示为原始图像以及"形状模糊"对话框。

　　半径:用来调整形状的大小。数值越大,模糊效果越好。

　　形状列表:在形状列表中选择一个形状,可以使用该形状来模糊图像。单击形状列表右侧的三角形图标 ▶ ,可以载入预设的形状或外部的形状。

图14-169　　　　　　　　图14-170

14.5 "扭曲"滤镜组

视频精讲：超值赠送\视频精讲\100.扭曲滤镜组.flv

14.5.1 波浪

技术速查："波浪"滤镜可以在图像上创建类似于波浪起伏的效果。

如图14-171和图14-172所示为原始图像以及"波浪"对话框。

生成器数：用来设置波浪的强度。

波长：用来设置相邻两个波峰之间的水平距离，包括"最小"和"最大"两个选项，其中"最小"数值不能超过"最大"数值。

图14-171　　　　　　　　　　　　　　图14-172

波幅：设置波浪的宽度（最小）和高度（最大）。

比例：设置波浪在水平方向和垂直方向上的波动幅度。

类型：选择波浪的形态，包括"正弦""三角形""方形"3种形态，如图14-173～图14-175所示。

图14-173　　　　　　　　　　图14-174　　　　　　　　　　图14-175

随机化：如果对波浪效果不满意，可以单击该按钮，以重新生成波浪效果。

未定义区域：用来设置空白区域的填充方式。选中"折回"单选按钮，可以在空白区域填充溢出的内容；选中"重复边缘像素"单选按钮，可以填充扭曲边缘的像素颜色。

14.5.2 波纹

技术速查："波纹"滤镜与"波浪"滤镜类似，但只能控制波纹的数量和大小。

如图14-176和图14-177所示为原始图像以及"波纹"对话框。

数量：用于设置产生波纹的数量。

大小：选择所产生的波纹的大小。

图14-176　　　　　　　　　　　图14-177

14.5.3 极坐标

技术速查："极坐标"滤镜可以将图像从平面坐标转换到极坐标，或从极坐标转换到平面坐标。

如图14-178和图14-179所示为原始图像以及"极坐标"对话框。

平面坐标到极坐标：使矩形图像变为圆形图像，如图14-180所示。

Photoshop CS6中文版从入门到精通（微课视频实例版）

图14-178

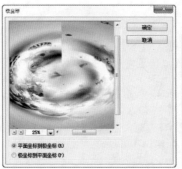

图14-179

图14-180

极坐标到平面坐标：使圆形图像变为矩形图像，如图14-181所示。

图14-181

★ 案例实战——极坐标滤镜制作极地星球

案例文件	案例文件\第14章\极坐标滤镜制作极地星球.psd
视频教学	视频文件\第14章\极坐标滤镜制作极地星球.flv
难易指数	★★★★★
知识掌握	掌握"极坐标"滤镜的使用方法

扫码看视频

案例效果

本例通过对宽幅全景图使用"极坐标"滤镜，将其转换为鱼眼镜头拍摄的极地星球效果，如图14-182所示。

操作步骤

01 打开素材文件，按住Alt键双击背景图层，将其转换为普通图层，如图14-183所示。

图14-182

图14-183

02 执行"滤镜>扭曲>极坐标"命令，在弹出的"极坐标"对话框中选中"平面坐标到极坐标"单选按钮，单击"确定"按钮结束操作，如图14-184所示。效果如图14-185所示。

03 使用"自由变换"快捷键Ctrl+T，将当前图层进行横向缩放，按Ctrl+Enter快捷键结束操作。最终效果如图14-186所示。

图14-184

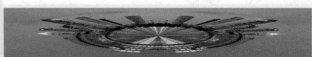

图14-185

图14-186

14.5.4 挤压

图14-187

○ 技术速查："挤压"滤镜可以将选区内的图像或整个图像向外或向内挤压。
  如图14-187和图14-188所示为原始图像以及"挤压"对话框。

○ 数量：用来控制挤压图像的程度。当数值为负值时，图像会向外挤压，如图14-189所示；当数值为正值时，图像会向内挤压，如图14-190所示。

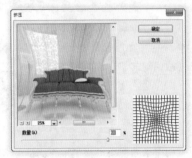

图14-188

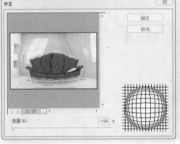

图14-189

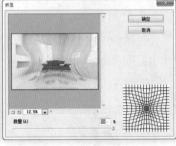

图14-190

14.5.5 切变

○ 技术速查："切变"滤镜可以沿一条曲线扭曲图像，通过拖曳调整框中的曲线可以应用相应的扭曲效果。
  如图14-191和图14-192所示为原始图像以及"切变"对话框。

○ 曲线调整框：可以通过控制曲线的弧度来控制图像的变形效果，如图14-193和图14-194所示为不同的变形效果。

图14-191

图14-192

图14-193

图14-194

○ 折回：在图像的空白区域中填充溢出图像之外的图像内容。

○ 重复边缘像素：在图像边界不完整的空白区域填充扭曲边缘的像素颜色。

14.5.6 球面化

图14-195

○ 技术速查："球面化"滤镜可以将选区内的图像或整个图像扭曲为球形。
  如图14-195和图14-196所示为原始图像以及"球面化"对话框。

○ 数量：用来设置图像球面化的程度。当设置为正值时，图像会向外凸起，如图14-197所示；当设置为负值时，图像会向内收缩，如图14-198所示。

○ 模式：用来选择图像的挤压方式，包括"正常""水平优先"和"垂直优先"3种方式。

Photoshop CS6中文版从入门到精通（微课视频实例版）

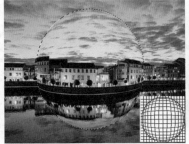

图14-196 图14-197 图14-198

14.5.7 水波

- 技术速查："水波"滤镜可以使图像产生真实的水波波纹效果。

  为原图创建一个选区，如图14-199所示。执行"滤镜>扭曲>水波"命令，打开"水波"对话框，如图14-200所示。

- 数量：用来设置波纹的凹凸程度。当设置为负值时，将产生下凹的波纹，如图14-201所示；当设置为正值时，将产生上凸的波纹，如图14-202所示。

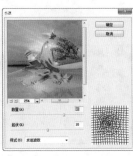

图14-199 图14-200 图14-201

- 起伏：用来设置波纹的圈数。数值越大，波纹越多。
- 样式：用来选择生成波纹的方式。选择"围绕中心"选项时，可以围绕图像或选区的中心产生波纹，如图14-203所示；选择"从中心向外"选项时，波纹将从中心向外扩散，如图14-204所示；选择"水池波纹"选项时，可以产生同心圆形状的波纹，如图14-205所示。

图14-202 图14-203 图14-204 图14-205

14.5.8 旋转扭曲

- 技术速查："旋转扭曲"滤镜可以沿顺时针或逆时针旋转图像，旋转会围绕图像的中心进行处理。

  如图14-206所示为原始图像，如图14-207所示为"旋转扭曲"对话框。

- 角度：用来设置旋转扭曲的方向。当设置为正值时，会沿顺时针方向进行扭曲，如图14-208所示；当设置为负值时，会沿逆时针方向进行扭曲，如图14-209所示。

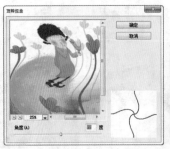

图14-206 　　　　　　图14-207 　　　　　　图14-208 　　　　　　图14-209

14.5.9 　置换

🔘 **技术速查：** "置换"滤镜可以用另外一张图像（必须为PSD文件）的亮度值使当前图像的像素重新排列，并产生位移效果。

　　打开一个素材文件，如图14-210所示。执行"滤镜>扭曲>置换"命令，弹出"置换"对话框，如图14-211所示。在对话框中设置合适的参数，单击"确定"按钮后选择用于置换的PSD格式的文件，如图14-212所示。通过Photoshop的自动运算即可得到置换效果，如图14-213所示。

图14-210 　　　　　　图14-211 　　　　　　图14-212 　　　　　　图14-213

🔘 **水平比例/垂直比例：** 可以用来设置水平方向和垂直方向所移动的距离。单击"确定"按钮可以载入PSD文件，然后用该文件扭曲图像。

🔘 **置换图：** 用来设置置换图像的方式，包括"伸展以适合"和"拼贴"两种方式。

14.6 　"锐化"滤镜组

扫码看视频

98.模糊滤镜与锐化滤镜

🔘 **视频精讲：** 超值赠送\视频精讲\98.模糊滤镜与锐化滤镜.flv

　　"锐化"滤镜组可以通过增强相邻像素之间的对比度来聚集模糊的图像。"锐化"滤镜组包括5种滤镜，分别是"USM锐化""进一步锐化""锐化""锐化边缘"和"智能锐化"滤镜。

14.6.1 　USM锐化

🔘 **技术速查：** "USM锐化"滤镜可以查找图像颜色发生明显变化的区域，然后将其锐化。

　　如图14-214和图14-215所示为原始图像以及"USM锐化"对话框。

🔘 **数量：** 用来设置锐化效果的精细程度。

🔘 **半径：** 用来设置图像锐化的半径范围大小。

🔘 **阈值：** 只有相邻像素之间的差值达到所设置的"阈值"数值时才会被锐化。该值越大，被锐化的像素就越少。

图14-214 　　　　　　图14-215

14.6.2 进一步锐化

○ 技术速查："进一步锐化"滤镜可以通过增加像
　素之间的对比度使图像变得清晰，但锐化效果不
　是很明显（该滤镜没有参数设置对话框）。
　　如图14-216和图14-217所示为原始图像与应用两次
"进一步锐化"滤镜以后的效果。

图14-216　　　　　　　　　图14-217

14.6.3 锐化

○ 技术速查："锐化"滤镜与"进一步锐化"滤镜一样，都可以通过增加像素之间的对比度使图像变得清晰（该滤镜也没
　有参数设置对话框）。
　　"锐化"滤镜的锐化效果没有"进一步锐化"滤镜的锐化效果明显，应用一次"进一步锐化"滤镜，相当于应用了3次
"锐化"滤镜。

14.6.4 锐化边缘

○ 技术速查："锐化边缘"滤镜只锐化图像的边
　缘，同时会保留图像整体的平滑度（该滤镜没有
　参数设置对话框）。
　　如图14-218和图14-219所示为原始图像及应用"锐
化边缘"滤镜以后的效果。

图14-218　　　　　　　　　图14-219

14.6.5 智能锐化

扫码学知识

智能锐化选项

○ 技术速查："智能锐化"滤镜的功能比较强大，它具有独特的锐化选项，可以设置锐化算法、控制阴影和
　高光区域的锐化量。
　　在"智能锐化"对话框中选中"基本"单选按钮，可以设置"智能锐化"滤镜的基本锐化功能。如图14-220
和图14-221所示为原始图像以及"智能锐化"对话框。在"智能锐化"对话框中选中"高级"单选按钮，可
以设置"智能锐化"滤镜的高级锐化功能。高级锐化功能包含"锐化""阴影""高光"3个选项卡。

图14-220　　　　　　　　　图14-221

★ 案例实战——智能锐化打造质感HDR人像

案例文件	案例文件\第14章\智能锐化打造质感HDR人像.psd
视频教学	视频文件\第14章\智能锐化打造质感HDR人像.flv
难易指数	★★★★★
技术要点	"智能锐化"滤镜

扫码看视频

案例效果

本例主要是通过使用"智能锐化"滤镜打造质感HDR人像，对比效果如图14-222和图14-223所示。

图14-222　　　　　图14-223

操作步骤

`01` 打开素材文件1.jpg，如图14-224所示。

`02` 执行"滤镜>锐化>智能锐化"命令，设置"数量"为40%，"半径"为10像素，如图14-225所示。效果如图14-226所示。

`03` 执行"图层>新建调整图层>曲线"命令，调整RGB曲线的形状，如图14-227所示。效果如图14-228所示。

图14-224　　　　　图14-225　　　　　图14-226　　　　　图14-227　　　　　图14-228

14.7 "视频"滤镜组

"视频"滤镜组包含两种滤镜："NTSC颜色"和"逐行"滤镜，如图14-229所示。这两个滤镜可以处理从以隔行扫描方式的设备中提取的图像。

图14-229

14.7.1 NTSC颜色

"NTSC颜色"滤镜可以将色域限制在电视机重现可接受的范围内，以防止过饱和颜色渗到电视扫描行中。

14.7.2 逐行

"逐行"滤镜可以移去视频图像中的奇数或偶数隔行线，使在视频上捕捉的运动图像变得平滑。如图14-230所示是"逐行"对话框。

- 消除：用来控制消除逐行的方式，包括"奇数行"和"偶数行"两种。
- 创建新场方式：用来设置消除场以后用何种方式来填充空白区域。选中"复制"单选按钮，可以复制被删除部分周围的像素来填充空白区域；选中"插值"单选按钮，可以利用被删除部分周围的像素，通过插值的方法进行填充。

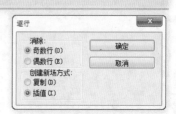

图14-230

Photoshop CS6中文版从入门到精通（微课视频实例版）

14.8 "像素化"滤镜组

视频精讲：超值赠送\视频精讲\101.像素化滤镜组.flv

　　"像素化"滤镜组可以将图像进行分块或平面化处理。"像素化"滤镜组包含7种滤镜："彩块化""彩色半调""点状化""晶格化""马赛克""碎片""铜版雕刻"滤镜，如图14-231所示。

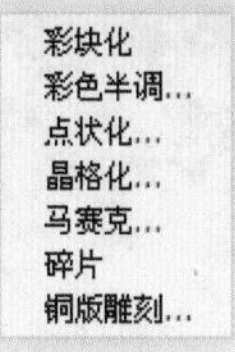

彩块化
彩色半调…
点状化…
晶格化…
马赛克…
碎片
铜版雕刻…

图14-231

14.8.1 彩块化

技术速查："彩块化"滤镜可以将纯色或相近色的像素结成相近颜色的像素块（该滤镜没有参数设置对话框）。

　　"彩块化"滤镜常用来制作手绘图像、抽象派绘画等艺术效果，如图14-232和图14-233所示为原始图像以及应用"彩块化"滤镜以后的效果。

图14-232

图14-233

14.8.2 彩色半调

技术速查："彩色半调"滤镜可以模拟在图像的每个通道上使用放大的半调网屏的效果。

　　如图14-234～图14-236所示为原始图像、应用"彩色半调"滤镜以后的效果以及"彩色半调"对话框。

图14-234

图14-235

图14-236

◐ 最大半径：用来设置生成的最大网点的半径。

◐ 网角（度）：用来设置图像各个原色通道的网点角度。

14.8.3 点状化

技术速查："点状化"滤镜可以将图像中的颜色分解成随机分布的网点，并使用背景色作为网点之间的画布区域。

　　如图14-237～图14-239所示为原始图像、应用"点状化"滤镜以后的效果以及"点状化"对话框。

图14-237　　　　　　　　　　图14-238　　　　　　　　　　图14-239

○ 单元格大小：用来设置每个多边形色块的大小。

14.8.4　晶格化

○ 技术速查："晶格化"滤镜可以使图像中颜色相近的像素结块形成多边形纯色。

如图14-240和图14-241所示为原始图像以及"晶格化"对话框。

图14-240　　　　　　　　　　图14-241

○ 单元格大小：用来设置每个多边形色块的大小。

14.8.5　马赛克

○ 技术速查："马赛克"滤镜可以使像素结为方形色块，创建出类似于马赛克的效果。

如图14-242和图14-243所示为原始图像以及"马赛克"对话框。

图14-242　　　　　　　　　　图14-243

○ 单元格大小：用来设置方形色块的大小。

14.8.6　碎片

○ 技术速查："碎片"滤镜可以将图像中的像素复制4次，然后将复制的像素平均分布，并使其相互偏移（该滤镜没有参数设置对话框）。

如图14-244和图14-245所示为原始图像以及应用"碎片"滤镜以后的效果。

图14-244　　　　　　　　　　图14-245

14.8.7　铜版雕刻

○ 技术速查："铜版雕刻"滤镜可以将图像转换为黑白区域的随机图案或彩色图像中完全饱和颜色的随机图案。

如图14-246和图14-247所示为原始图像以及"铜版雕刻"对话框。

○ 类型：选择铜版雕刻的类型，包括"精细点""中等点""粒状点""粗网点""短直线""中长直线""长直线""短描边""中长描边""长描边"10种类型。

图14-246　　　　　　　　　　图14-247

思维点拨：铜版雕刻概述

　　铜版雕刻是雕、刻、塑3种创制方法的总称，指用各种可塑材料（如石膏、树脂、黏土等）或可雕、可刻的硬质材料（如木材、石头、金属、玉块、玛瑙等）创造出具有一定空间的可视、可触的艺术形象，借以反映社会生活，表达艺术家的审美感受、审美情感、审美理想的艺术。雕、刻通过减少可雕性物质材料，塑则通过堆增可塑性物质材料来达到艺术创造的目的。

 14.9 "渲染"滤镜组

扫码看视频

102.渲染滤
镜组

　　视频精讲：超值赠送\视频精讲\102.渲染滤镜组.flv

　　"渲染"滤镜组包含"分层云彩""光照效果""镜头光晕""纤维""云彩"几种滤镜，使用这些滤镜可以模拟发光以及云朵等效果。

14.9.1 分层云彩

　　技术速查："分层云彩"滤镜可以将云彩数据与现有的像素以"差值"方式进行混合（该滤镜没有参数设置对话框）。

　　打开一张图片，如图14-248所示。首次应用该滤镜时，图像的某些部分会被反相成云彩图案，如图14-249所示。

图14-248　　　　　　　　图14-249

14.9.2 光照效果

扫码学知识

光照滤镜详解

　　技术速查："光照效果"滤镜的功能相当强大，不仅可以在 RGB 图像上产生多种光照效果，也可以使用灰度文件的凹凸纹理图产生类似 3D 的效果，并存储为自定样式，以在其他图像中使用。

　　执行"滤镜>渲染>光照效果"命令，打开"光照效果"对话框，如图14-250所示。在选项栏的"预设"下拉列表中包含多种预设的光照效果，如图14-251所示。选中某一项即可更改当前画面效果，如图14-252所示。

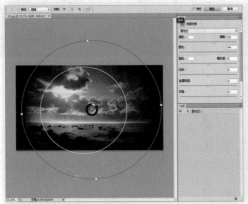

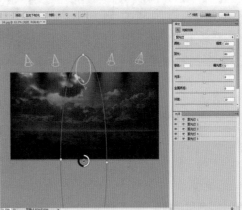

图14-250　　　　　　　　图14-251　　　　　　　　图14-252

14.9.3 镜头光晕

Photoshop CS6中文版从入门到精通（微课视频实例版）

技术速查：“镜头光晕”滤镜可以模拟亮光照射到相机镜头所产生的折射效果。

如图14-253和图14-254所示为原始图像以及“镜头光晕”对话框。

图14-253　　　　　　　　　图14-254

预览窗口：在该窗口中可以通过拖曳十字线来调节光晕的位置，如图14-255所示。

亮度：用来控制镜头光晕的亮度，其取值范围为10%～300%。如图14-256和图14-257所示分别是设置“亮度”为100%和200%时的效果。

图14-255　　　　　　　　　图14-256　　　　　　　　　图14-257

镜头类型：用来选择镜头光晕的类型，包括“50-300毫米变焦”“35毫米聚焦”“105毫米聚焦”和“电影镜头”4种类型，如图14-258～图14-261所示。

图14-258　　　　　　　图14-259　　　　　　　图14-260　　　　　　　图14-261

★ 案例实战——制作镜头光晕效果

案例文件	案例文件\第14章\制作镜头光晕效果.psd
视频教学	视频文件\第14章\制作镜头光晕效果.flv
难易指数	★★★★★
知识掌握	掌握“镜头光晕”滤镜的使用方法

扫码看视频

案例效果

本例主要使用“镜头光晕”滤镜制作阳光下的效果，如图14-262所示。

操作步骤

01 打开素材文件，如图14-263所示。

02 新建图层并填充为黑色，执行“滤镜>渲染>镜头光晕”命令，设置合适的光晕位置，调整“亮度”为130%，选择“镜头类型”为“50-300毫米变焦”，单击“确定”按钮结束操作，如图14-264所示。

图14-262　　　　　　　　　图14-263　　　　　　　　　图14-264

答疑解惑——为什么要新建黑色图层？

"镜头光晕"滤镜会直接在所选图层上添加光效，所以完成滤镜操作之后不能方便地修改光效的位置或亮度等属性。但是，如果新建空白图层又不能够进行"镜头光晕"滤镜操作。所以需要新建黑色图层，并通过调整混合模式来滤去黑色部分。

03 在"图层"面板中设置其混合模式为"滤色"，如图14-265所示。效果如图14-266所示。

04 置入前景素材文件，选中置入的图层，执行"图层>栅格化>智能对象"命令。最终效果如图14-267所示。

图14-265　　　　　　　　　图14-266　　　　　　　　　图14-367

14.9.4　纤维

技术速查："纤维"滤镜可以根据前景色和背景色来创建类似编织的纤维效果。

如图14-268所示为当前前/背景色，如图14-269所示为应用"纤维"滤镜以后的效果，如图14-270所示为"纤维"对话框。

差异：用来设置颜色变化的方式。较小的数值可以生成较长的颜色条纹，如图14-271所示；较大的数值可以生成较短且颜色分布变化更大的纤维，如图14-272所示。

图14-268　　　　图14-269　　　　　　　图14-270　　　　　　　图14-171　　　　　　　图14-272

强度：用来设置纤维外观的明显程度。

随机化：单击该按钮，可以随机生成新的纤维。

14.9.5 云彩

⊙ 技术速查："云彩"滤镜可以根据前景色和背景色随机生成云彩图案（该滤镜没有参数设置对话框）。

设置合适的前景色与背景色，如图14-273所示。执行"滤镜>渲染>云彩"命令，效果如图14-274所示。

图14-273　　　　　　图14-274

14.10 "杂色"滤镜组

扫码看视频

103.杂色滤镜组

⊙ 视频精讲：超值赠送\视频精讲\103.杂色滤镜组.flv

"杂色"滤镜组中的滤镜可以添加或移去图像中的杂色，这样有助于将选择的像素混合到周围的像素中。"杂色"滤镜组包含5种滤镜："减少杂色""蒙尘与划痕""去斑""添加杂色""中间值"滤镜。

14.10.1 减少杂色

⊙ 技术速查："减少杂色"滤镜可以基于影响整个图像或各个通道的参数设置来保留边缘并减少图像中的杂色。

执行"滤镜>杂色>减少杂色"命令，可以打开"减少杂色"对话框，如图14-275所示。

📷 设置基本选项

在"减少杂色"对话框中选中"基本"单选按钮，可以设置"减少杂色"滤镜的基本参数。

◇ 强度：用来设置应用于所有图像通道的明亮度杂色的减少量。

◇ 保留细节：用来控制保留图像的边缘和细节（如头发）的程度。数值为100%时，可以保留图像的大部分细节，但是会将明亮度杂色减到最低。

图14-275

◇ 减少杂色：移去随机的颜色像素。数值越大，减少的颜色杂色越多。

◇ 锐化细节：用来设置移去图像杂色时锐化图像的程度。

◇ 移去JPEG不自然感：选中该复选框，可以移去因JPEG压缩而产生的不自然块。

📷 设置高级选项

在"减少杂色"对话框中选中"高级"单选按钮，可以设置"减少杂色"滤镜的高级参数。其中"整体"选项卡与基本参数完全相同，如图14-276所示；"每通道"选项卡可以基于红、绿、蓝通道来减少通道中的杂色，如图14-277～图14-279所示。

图14-276　　　　图14-277　　　　图14-278　　　　图14-279

14.10.2 蒙尘与划痕

技术速查："蒙尘与划痕"滤镜可以通过修改具有差异化的像素来减少杂色，可以有效地去除图像中的杂点和划痕。

如图14-280和图14-281所示为原始图像以及"蒙尘与划痕"对话框。

半径：用来设置柔化图像边缘的范围。

阈值：用来定义像素的差异有多大才被视为杂点。数值越大，消除杂点的能力越弱。

图14-280　　　　　　图14-281

14.10.3 去斑

技术速查："去斑"滤镜可以检测图像的边缘（颜色发生显著变化的区域），并模糊边缘外的所有区域，同时会保留图像的细节（该滤镜没有参数设置对话框）。

如图14-282和图14-283所示为原始图像以及应用"去斑"滤镜以后的效果。

图14-282　　　　　　图14-283

14.10.4 添加杂色

技术速查："添加杂色"滤镜可以在图像中添加随机像素，也可以用来修缮图像中经过重大编辑的区域。

如图14-284和图14-285所示为原始图像以及"添加杂色"对话框。

数量：用来设置添加到图像中的杂点的数量。

分布：选中"平均分布"单选按钮，可以随机向图像中添加杂点，杂点效果比较柔和；选中"高斯分布"单选按钮，可以沿一条钟形曲线分布杂色的颜色值，以获得斑点状的杂色效果。

单色：选中该复选框，杂点只影响原有像素的亮度，并且像素的颜色不会发生改变。

图14-284　　　　　　图14-285

14.10.5 中间值

技术速查："中间值"滤镜可以混合选区中像素的亮度来减少图像的杂色。

"中间值"滤镜会搜索像素选区的半径范围以查找亮度相近的像素，并且会扔掉与相邻像素差异太大的像素，然后用搜索到的像素的中间亮度值来替换中心像素。如图14-286和图14-287所示为原始图像以及"中间值"对话框。

半径：用于设置搜索像素选区的半径范围。

图14-286　　　　　　图14-287

★ 综合实战——使用滤镜库制作插画效果

案例文件	案例文件\第14章\使用滤镜库制作插画效果.psd
视频教学	视频文件\第14章\使用滤镜库制作插画效果.flv
难易指数	★★★★★
技术要点	"海报边缘"滤镜、混合模式

扫码看视频

案例效果

本例主要是通过使用"海报边缘"滤镜以及设置混合模式制作插画效果，如图14-288所示。

操作步骤

01 打开素材文件1.jpg，如图14-289所示。

02 执行"滤镜>滤镜库"命令，打开"艺术效果"列表，选择"海报边缘"滤镜，设置"边缘厚度"为0，"边缘强度"为1，"海报化"为0，如图14-290所示。效果如图14-291所示。

图14-288

图14-289

图14-290

03 置入纸张素材2.jpg，选中置入的图层，执行"图层>栅格化>智能对象"命令。并设置其混合模式为"正片叠底"，如图14-292所示。最终效果如图14-293所示。

图14-291

图14-292

图14-293

课后练习

【课后练习——利用查找边缘滤镜制作彩色速写】

思路解析：本案例通过对数码照片添加"查找边缘"滤镜并与源图像进行混合，模拟出彩色速写效果。

扫码看视频

本 章 小 结

Photoshop中的滤镜可以用来实现各种各样的特殊效果，而且操作方法非常简单，效果明显。但是想要真正发挥滤镜的强大功能，需要混合使用多种滤镜，并且配合图层、通道、蒙版等操作。

第15章

数码照片处理

★ 15.1　写真精修——打造金发美人

案例文件	案例文件\第15章\写真精修——打造金发美人.psd
视频教学	视频教学\第15章\写真精修——打造金发美人.flv
难易指数	★★★★★
技术要点	调整图层、混合模式、图层蒙版

扫码看视频

案例效果

本例是通过使用调整图层、混合模式和图层蒙版等工具

打造金发美人，对比效果如图15-1和图15-2所示。

操作步骤

01 执行"文件>打开"命令，打开素材图片1.jpg，如图15-3所示。

02 执行"图层>新建调整图层>曲线"命令，调整曲线的形状，如图15-4所示。效果如图15-5所示。

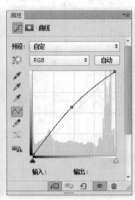

图15-1　　　　　图15-2　　　　　　　图15-3　　　　　　　图15-4　　　　　　　图15-5

03 执行"图层>新建调整图层>色相/饱和度"命令，设置"饱和度"为-11，"明度"为36，如图15-6所示。使用黑色画笔在调整图层蒙版中绘制人物皮肤以外的部分，如图15-7所示。皮肤部分变亮，如图15-8所示。

04 执行"图层>新建调整图层>可选颜色"命令，设置"颜色"为"红色"，"青色"为-46%，"洋红"为17%，"黄色"为-27%，"黑色"为-29%，如图15-9所示。使用黑色画笔在调整图层蒙版中绘制皮肤以外的部分，如图15-10所示。效果如图15-11所示。

图15-6　　　　　　　　　图15-7　　　　　　　　　图15-8

05 载入之前调整图层的选区，并执行"图层>新建调整图层>曲线"命令，调整曲线的形状，如图15-12所示。效果如图15-13所示。

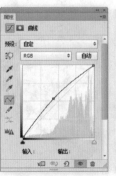

图15-9　　　　　　　　图15-10　　　　　　　图15-11　　　　　　　图15-12　　　　　　　图15-13

06 下面需要为人像进行适当的磨皮操作。盖印当前画面效果，执行"滤镜>模糊>高斯模糊"命令，设置"半径"为3像素，如图15-14所示。为复制的人像图层添加图层蒙版，使用黑色画笔在调整蒙版中绘制人物头发以及衣服部分，如图15-15所示。效果如图15-16所示。

图15-14

图15-15

图15-16

 技巧提示

盖印当前效果的组合键为Shift+Ctrl+Alt+E。

07 新建图层，设置前景色为棕色，使用"画笔工具"绘制头发的形状，如图15-17所示。设置图层的混合模式为"柔光"，如图15-18所示。此时头发的颜色发生了变化，效果如图15-19所示。

图15-17

图15-18

图15-19

 思维点拨：发色

与服饰色彩搭配不同，发色搭配是一种以色调和亮度为主的理论。基于这个原理，最合理的发色亮度一般为瞳孔亮度±2度。人们往往会无意识地被明亮、浓烈的色彩所吸引。当头发为金色或色彩饱和度很高的颜色时，发色的印象就会得到突出。如果本人的气质与发色之间有很好的平衡，那么就能获得颇具个性的表现效果，如图15-20和图15-21所示。

图15-20

图15-21

08 按Shift+Ctrl+Alt+E组合键盖印所有图层，如图15-22所示。

09 新建图层，设置前景色为深蓝色，使用"画笔工具"绘制眼睛部分，如图15-23所示。设置眼睛图层的混合模式为"色相"，如图15-24所示。效果如图15-25所示。

图15-22

图15-23

图15-24

图15-25

10 新建图层，设置前景色为粉红色，使用"画笔工具"在画面中绘制人物嘴唇的部分，如图15-26所示。设置图层的混合模式为"柔光"，如图15-27所示。此时嘴唇的颜色也发生了变化，效果如图15-28所示。

11 最终效果如图15-29所示。

图15-26

图15-27

图15-28

图15-29

☆ 视频课堂——炫彩动感妆容

扫码看视频

案例文件\第15章\视频课堂——炫彩动感妆容.psd
视频文件\第15章\视频课堂——炫彩动感妆容.flv
思路解析：

01 在人物嘴唇的位置绘制色块并设置合适的混合模式，使嘴唇上产生不同的颜色。

02 在上下眼睑的位置绘制黄色以及紫色，并设置混合模式，制作出眼妆。

03 在人物周围添加一些装饰元素，丰富画面。

★ 15.2 人像精修——老年人像还原年轻态

案例文件	案例文件\第15章\人像精修——老年人像还原年轻态.psd
视频教学	视频文件\第15章\人像精修——老年人像还原年轻态.flv
难易指数	★★★★★
技术要点	调整图层、色彩范围、混合模式、修补工具、仿制图章、"液化"滤镜

扫码看视频

案例效果

本例主要是使用调整图层、色彩范围、混合模式、修补工具、仿制图章、"液化"滤镜将老年人像还原为年轻态，如图15-30所示。

操作步骤

01 打开背景素材文件1.jpg，如图15-31所示。新建图层组，复制人像图层，将其置于调整图层组中，单击"图层"面板底部的"添加图层蒙版"按钮，为调整图层组添加图层蒙版，使用"矩形选框工具"在蒙版中绘制矩形选框，并为其填充黑色，如图15-32所示。

图15-30

图15-31

图15-32

技巧提示

　　在这里将人像精修的图层放置在一个图层组中，并为其添加图层蒙版，使其只显示出左半部分。这样可以随时与右半边没有进行修饰的照片进行对比，便于观察对比效果。

02 执行"图层>新建调整图层>曲线"命令，创建"曲线"调整图层，调整曲线的形状，如图15-33所示。画面提亮，如图15-34所示。

03 按Shift+Ctrl+Alt+E组合键盖印图层，使用"仿制图章工具"，在画面中按住Alt键在较光滑的皮肤处单击设置取样点，松开Alt键在皱纹的部分进行涂抹绘制，如图15-35所示。效果如图15-36所示。

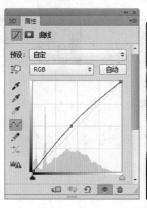　　　　　　

图15-33　　　　　　　　图15-34　　　　　　　图15-35　　　　　　　图15-36

04 使用外挂滤镜对人像进行磨皮，使用"吸管工具"在面部单击，单击OK按钮完成操作，如图15-37所示。为其添加图层蒙版，使用黑色画笔涂抹，去除人像皮肤以外的影响，如图15-38所示。

图15-37　　　　　　　　　　　　　　图15-38

05 执行"滤镜>液化"命令，使用"向前变形工具"，设置"画笔大小"为240，在画面中调整面部的形状以及眼部形态，如图15-39所示。单击"确定"按钮结束操作，效果如图15-40所示。

06 下面需要对人像的肤色进行调整。再次盖印图层，执行"选择>色彩范围"命令，使用"吸管工具"，单击人像颧骨下方偏暗的区域，然后设置"颜色容差"为40，如图15-41所示。单击"确定"按钮得到面部偏暗的选区，如图15-42所示。

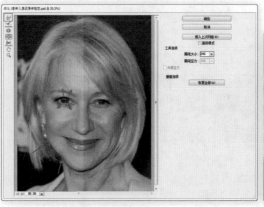　　

图15-39　　　　　　　　　　　　　　图15-40

07 创建"曲线"调整图层，调整曲线的形状，如图15-43所示。将选区以内部分提亮，效果如图15-44所示。

图15-41　　　　　　　图15-42　　　　　　　图15-43　　　　　　　图15-44

08 选中调整图层蒙版，执行"滤镜>模糊>高斯模糊"命令，设置"半径"为30像素，如图15-45所示。单击"确定"按钮结束操作，使调整的边缘处尽量柔和一些，如图15-46所示。

09 下面需要使用"修补工具"，在画面中绘制刘海部分选区，在画面中向光滑的部分拖曳，如图15-47所示。效果如图15-48所示。使用同样的方法调整其他部分的皱纹，效果如图15-49所示。

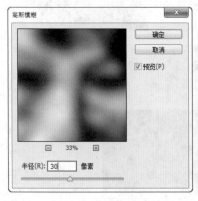

图15-45　　　　　　　图15-46　　　　　　　图15-47　　　　　　　图15-48

10 使用"矩形选框工具"，框选眼睛的部分，并将其复制到新图层，并继续使用"仿制图章工具"去除下眼睑处的细纹，如图15-50所示。

11 执行"编辑>预设>预设管理器"命令，单击"载入"按钮，在弹出的对话框中选择睫毛笔刷素材文件2.abr，单击"载入"按钮，返回"预设管理器"窗口，单击"完成"按钮，如图15-51所示。

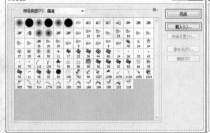

图15-49　　　　　　　图15-50　　　　　　　　　　　　图15-51

12 单击工具箱中的"画笔工具"按钮，在选项栏中选择合适的睫毛笔刷，如图15-52所示。设置前景色为黑色，使用画笔在画面中单击绘制睫毛，如图15-53所示。

13 按Ctrl+T快捷键执行"自由变换"命令，右击，在弹出的快捷菜单中执行"变形"命令，调整睫毛的形状，使其与眼睛形状吻合，如图15-54所示。调整完毕后按Enter键，完成调整，效果如图15-55所示。

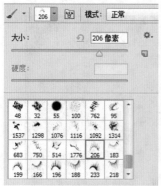

图15-52   图15-53   图15-54   图15-55

14 执行"图层>图层样式>颜色叠加"命令，设置颜色为棕色，"不透明度"为42%，如图15-56所示。单击"确定"按钮结束操作，如图15-57所示。用同样的方法制作底部的睫毛效果，如图15-58所示。

图15-56   图15-57   图15-58

15 使用"套索工具"绘制眼白的选区。执行"图层>新建调整图层>色相/饱和度"命令，设置"饱和度"为-59，如图15-59所示。效果如图15-60所示。

16 载入"色相/饱和度"调整图层蒙版选区，继续创建"曲线"调整图层，调整曲线的形状，如图15-61所示。将眼白部分提亮，效果如图15-62所示。

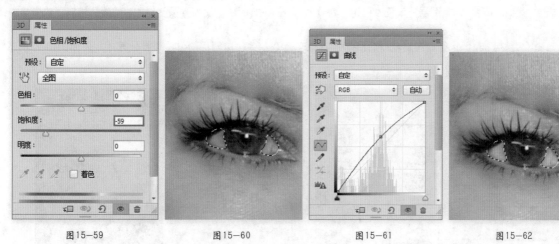

图15-59   图15-60   图15-61   图15-62

17 新建图层，设置前景色为蓝色，绘制瞳孔形状，如图15-63所示。设置其混合模式为"柔光"，"不透明度"为65%，如图15-64所示。

18 创建"可选颜色"调整图层，设置"颜色"为"红色"，"黄色"为-34%，如图15-65所示。使用黑色画笔在可选颜色调整图层蒙版中绘制嘴部以及眼睛部分，如图15-66所示。

图15-63　　　　　　　图15-64　　　　　　　图15-65　　　　　　　图15-66

19 创建"曲线"调整图层，调整曲线形状，如图15-67所示。将画面提亮，效果如图15-68所示。

20 置入嘴部素材3.png，执行"图层>栅格化>智能对象"命令。置于画面中合适的位置，如图15-69所示。为其添加图层蒙版，使用黑色画笔擦除多余的部分，如图15-70所示。

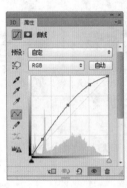

图15-67　　　　　　　图15-68　　　　　　　图15-69　　　　　　　图15-70

21 创建"色相/饱和度"调整图层，设置"色相"为-10，如图15-71所示。使嘴唇颜色与之前的颜色相似，效果如图15-72所示。

22 置入眉毛素材4.png，执行"图层>栅格化>智能对象"命令。并使用同样的方法进行处理，效果如图15-73所示。最终效果如图15-74所示。

图15-71　　　　　　　图15-72　　　　　　　图15-73　　　　　　　图15-74

★ 15.3 人像造型设计——花仙子

案例文件	案例文件\第15章\人像造型设计——花仙子.psd
视频教学	视频文件\第15章\人像造型设计——花仙子.flv
难易指数	★★★★★
技术要点	图层蒙版、图层样式、调整图层、钢笔工具、画笔工具

扫码看视频

案例效果

本例是通过使用图层蒙版、图层样式、调整图层、钢笔工具、画笔工具制作花仙子的效果，如图15-75所示。

操作步骤

01 打开背景素材文件1.jpg，如图15-76所示。

02 置入人像照片素材2.jpg，执行"图层>栅格化>智能对象"命令。使用"磁性钢笔工具"在人像边缘绘制闭合的路径，如图15-77所示。按Ctrl+Enter快捷键将路径快速转换为选区，并按Shift+Ctrl+I组合键选择反向选区，按Delete键删除选区内的部分，如图15-78所示。

图15-75   图15-76

图15-77

03 置入翅膀素材3.png，执行"图层>栅格化>智能对象"命令。置于人像图层下方，并对其执行"图层>图层样式>外发光"命令，设置颜色为白色，"方法"为"柔和"，"大小"为106像素，如图15-79所示。效果如图15-80所示。

图15-78

图15-79   图15-80

04 在"图层"面板顶部创建"曲线"调整图层，执行"图层>新建调整图层>曲线"命令，调整曲线的形状，如图15-81所示。在"图层"面板中选择"曲线"调整图层，右击，在弹出的快捷菜单中执行"创建剪贴蒙版"命令，如图15-82所示。使曲线只对人像图层起作用，效果如图15-83所示。

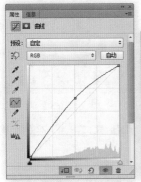

图15-81

图15-82

图15-83

05 置入花朵素材4.png，执行"图层>栅格化>智能对象"命令。置于人像的头部作为帽子，如图15-84所示。继续置入花朵素材并将其变换到合适的大小，摆放在画面中合适的位置，如图15-85所示。

图15-84　　　　　　　　图15-85

 思维点拨：色彩的运用

　　本案例画面主要以红色为主，搭配相近色和白色进行画面结构的设计。红色的识别性强、感觉华丽，它与纯度高的类似色搭配，可展现出更华丽、更有动感的效果。使用补色和对照色，可以制造出鲜明刺激的效果。这种华丽的颜色常在陶瓷中使用，使釉色中闪烁出红宝石一样的色泽，也充满了富贵的感觉，如图15-86和图15-87所示。

图15-86　　　　　　　　图15-87

06 在工具箱中选择"钢笔工具"，在选项栏中设置绘制模式为"形状"，"填充"为无，"描边"颜色为绿色，描边数值为1.5点，样式为直线，如图15-88所示。在画面中合适的位置绘制曲线，如图15-89所示。

07 继续使用"钢笔工具"，绘制其他的曲线形状，如图15-90所示。

08 置入花朵素材，执行"图层>栅格化>智能对象"命令。将其置于"图层"面板顶部，如图15-91所示。为其添加图层蒙版，使用黑色画笔在蒙版中绘制手臂外的部分，并设置其混合模式为"线性加深"，如图15-92所示。效果如图15-93所示。

图15-88

图15-89　　　　图15-90　　　　图15-91　　　　图15-92

09 下面需要为人像制作妆容部分。新建图层，使用半透明的画笔在人像眼睛处进行绘制涂抹，作为人像的眼影，如图15-94所示。

10 执行"编辑>预设>预设管理器"命令，在弹出的窗口中单击"载入"按钮，在弹出的"载入"对话框中选择笔刷素材，单击"载入"按钮，可以看到睫毛笔刷成功载入预设管理器中，如图15-95所示。使用"画笔工具"，在选项栏中选择载入的笔刷，如图15-96所示。

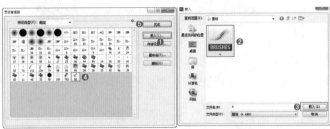

图15-93　　　　　　图15-94　　　　　　　　　　图15-95

11 设置前景色为黑色，新建图层，使用"画笔工具"在画面中绘制出睫毛效果，如图15-97所示。复制左侧的睫毛，并将其水平翻转到右侧，摆放在人物的右眼上，效果如图15-98所示。

12 使用圆角画笔配合涂抹工具制作出眼线部分，效果如图15-99所示。

13 继续在"图层"面板顶部创建"曲线"调整图层，调整曲线形状，如图15-100所示。使用黑色画笔在调整图层蒙版中绘制嘴唇以外的部分，使其只对嘴唇部分起作用，如图15-101所示。

14 置入前景装饰素材6.png，执行"图层>栅格化>智能对象"命令。设置其混合模式为"滤色"，如图15-102所示。效果如图15-103所示。

图15-96　　　　　　　　图15-97

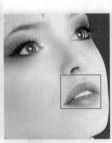

图15-98　　　　图15-99　　　　图15-100　　　　图15-101　　　　图15-102

15 执行"图层>新建调整图层>曲线"命令，调整曲线的形状，如图15-104所示。压暗画面，使用黑色柔角画笔在调整图层蒙版中绘制画面中心部分，如图15-105所示。制作出压暗画面四角的部分，如图15-106所示。

图15-103　　　　图15-104　　　　图15-105　　　　　图15-106

★ 15.4 婚纱照处理——梦幻国度

案例文件	案例文件\第15章\婚纱照处理——梦幻国度.psd
视频教学	视频文件\第15章\婚纱照处理——梦幻国度.flv
难易指数	★★★★★
技术要点	调整图层、图层蒙版、混合模式

扫码看视频

案例效果

本例是通过使用调整图层、图层蒙版和混合模式等制作

梦幻国度婚纱照效果，如图15-107和图15-108所示。

操作步骤

01 打开背景素材1.jpg，如图15-109所示。

02 复制背景图层，对其执行"滤镜>模糊>特殊模糊"命令，设置"半径"为5像素，"阈值"为15色阶，如图15-110所示。效果如图15-111所示。

图15-107　　　　　　图15-108　　　　　　图15-109　　　　　　图15-110　　　　　　图15-111

03 为表面模糊图层添加图层蒙版，使用黑色画笔在蒙版中绘制皮肤以外的部分，如图15-112所示。效果如图15-113所示。

04 置入素材风景2.jpg，执行"图层>栅格化>智能对象"命令。如图15-114所示。同样为其添加图层蒙版，使用黑色画笔绘制天空以外的部分，如图15-115所示。效果如图15-116所示。

图15-112　　　　　　图15-113　　　　　　图15-114　　　　　　图15-115

05 选择"渐变工具"，在选项栏中设置渐变类型为线性，如图15-117所示，在渐变编辑器中编辑一种彩色渐变，如图15-118所示。新建图层，在画面中拖曳填充，如图15-119所示。

图15-116　　　　　　图15-117　　　　　　　　　　　图15-118　　　　　　图15-119

06 为渐变图层添加图层蒙版，使用黑色画笔在蒙版中绘制人物皮肤部分，设置混合模式为"色相"，"不透明度"为55%，如图15-120所示。效果如图15-121所示。

07 新建图层，再次绘制渐变色，设置混合模式为"色相"，"不透明度"为65%，如图15-122所示。增强画面色彩感，效果如图15-123所示。

08 执行"图层>新建调整图层>曲线"命令，调整曲线的形状，如图15-124所示。使用黑色画笔在"曲线"调整图层蒙版中绘制人物皮肤以外的部分，如图15-125所示。效果如图15-126所示。

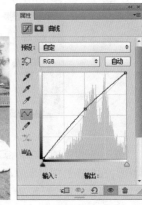

图15-120　　　　　图15-121　　　　　图15-122　　　　　图15-123　　　　　图15-124

09 执行"图层>新建调整图层>可选颜色"命令，设置"颜色"为"红色"，"洋红"为20%，"黄色"为-20%，如图15-127所示。设置"颜色"为"绿色"，"青色"为-30%，"洋红"为79%，"黄色"为-30%，如图15-128所示。使用黑色画笔在调整图层蒙版中绘制皮肤以外的部分，如图15-129所示。效果如图15-130所示。

图15-125　　　　　图15-126　　　　　图15-127　　　　　图15-128　　　　　图15-129

10 使用"横排文字工具"，设置合适的字体以及字号，在画面中输入白色文字，如图15-131所示。执行"图层>图层样式>外发光"命令，设置"混合模式"为"滤色"，颜色为白色，"方法"为柔和，"大小"为139像素，如图15-132所示。最后置入花纹素材3.png，执行"图层>栅格化>智能对象"命令。置于画面中合适的位置，效果如图15-133所示。

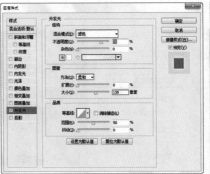

图15-130　　　　　图15-131　　　　　图15-132　　　　　图15-133

★ 15.5 风景特效——怀旧质感画卷

案例文件	案例文件\第15章\风景特效——怀旧质感画卷.psd
视频教学	视频教学\第15章\风景特效——怀旧质感画卷.flv
难易指数	★★★★★
技术要点	混合模式、图层蒙版、调整图层

案例效果

扫码看视频

本案例主要是使用图层蒙版、混合模式、调整图层制作

怀旧质感画卷，效果如图15-134所示。

操作步骤

01 打开本书资源包中的素材文件1.jpg，如图15-135所示。置入前景照片素材2.jpg，执行"图层>栅格化>智能对象"命令。置于画面中合适的位置，如图15-136所示。

图15-134　　　　　图15-135　　　　　图15-136

02 单击"图层"面板底部的"添加图层蒙版"按钮，为照片图层添加图层蒙版，使用黑色柔角画笔在蒙版中绘制合适的部分，并设置其混合模式为"正片叠底"，如图15-137所示。制作出照片溶于背景的效果，如图15-138所示。

03 执行"图层>新建调整图层>色相/饱和度"命令，选中"着色"复选框，设置"色相"为41，"饱和度"为25，如图15-139所示。效果如图15-140所示。

图15-137　　　　　　　　　　　图15-138

04 执行"图层>新建调整图层>曲线"命令，调整曲线的形状，如图15-141所示。增大画面的对比度，如图15-142所示。

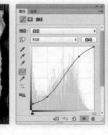

图15-139　　　　图15-140　　　　图15-141　　　　图15-142

05 在"图层"面板中选中两个调整图层，右击，在弹出的快捷菜单中执行"创建剪贴蒙版"命令，如图15-143所示。此时两个调整图层只针对风景照片起作用，如图15-144所示。

06 最后置入前景艺术字素材3.png，执行"图层>栅格化>智能对象"命令。置于画面中合适的位置。最终效果如图15-145所示。

图15-143　　　　　　　　图15-144　　　　　　　　图15-145

☆ 视频课堂——意境山水

案例文件\第15章\视频课堂——意境山水.psd
视频文件\第15章\视频课堂——意境山水.flv
思路解析：

01 打开风景素材，并置入另外一张素材，通过图层蒙版的使用将两部分风景融合在一起。

02 利用可选颜色、色相/饱和度等多种调色命令对画面进行调色。

扫码看视频

★ 15.6 创意风景合成——照片中的风景

案例文件	案例文件\第15章\创意风景合成——照片中的风景.psd
视频教学	视频教学\第15章\创意风景合成——照片中的风景.flv
难易指数	★★★★★
技术要点	图层蒙版、调整图层、混合模式

扫码看视频

案例效果

本案例主要是使用图层蒙版、调整图层、混合模式制作照片中的风景，如图15-146所示。

操作步骤

01 打开本书资源包中的素材文件1.jpg，如图15-147所示。

02 执行"图层>图层样式>自然饱和度"命令，设置"自然饱和度"为91，如图15-148所示。效果如图15-149所示。

图15-146　　　　图15-147

03 执行"图层>新建调整图层>曲线"命令，调整曲线的形状，如图15-150所示。效果如图15-151所示。

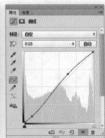

图15-148　　　　图15-149　　　　图15-150　　　　图15-151

04 置入手的照片素材2.jpg，执行"图层>栅格化>智能对象"命令。置于画面中合适的位置，使用"魔棒工具"，在选项栏中取消选中"连续"复选框，如图15-152所示。在白色背景部分单击，得到选区，如图15-153所示。按Delete键删除选区内的部分，如图15-154所示。

图15-152

05 置入旧纸张素材3.jpg，执行"图层>栅格化>智能对象"命令。置于画面中合适的位置。单击"图层"面板底部的"添加图层蒙版"按钮 ，为其添加图层蒙版，使用黑色画笔在蒙版中绘制大拇指的形状，如图15-155和图15-156所示。

图15-153

图15-154

图15-155

图15-156

06 复制背景图层置于"图层"面板顶部，按Shift+Ctrl+U组合键为其去色，效果如图15-157所示。

07 按住Ctrl键单击"旧纸张"图层缩览图，载入旧纸张的选区。选择去色图层，单击"图层"面板底部的"添加图层蒙版"按钮 ，为其添加图层蒙版，并设置其混合模式为"正片叠底"，如图15-158所示。效果如图15-159所示。

08 置入签名素材4.png，执行"图层>栅格化>智能对象"命令。置于画面中合适的位置。最终效果如图15-160所示。

图15-157

图15-158

图15-159

图15-160

★ 15.7 影楼版式——古典中式写真

案例文件	案例文件\第15章\影楼版式——古典中式写真.psd
视频教学	视频教学\第15章\影楼版式——古典中式写真.flv
难易指数	★★★★★
技术要点	图层蒙版、图层样式

案例效果

扫码看视频

本案例是通过使用图层蒙版和图层样式等制作古典中式写真，效果如图15-161所示。

操作步骤

01 打开本书资源包中的素材文件1.jpg，如图15-162所示。

02 置入素材2.png，执行"图层>栅格化>智能对象"命令。如图15-163所示。设置其图层的"不透明度"为50%，如图15-164所示。

图15-161

图15-162

图15-163

03 置入素材3.png，执行"图层>栅格化>智能对象"命令。如图15-165所示。执行"图层>新建调整图层>照片滤镜"命令，创建"照片滤镜"调整图层，选中"颜色"单选按钮，设置颜色为黄色，"浓度"为100%。如图15-166所示。效果如图15-167所示。

图15-164

图15-165

图15-166

图15-167

图15-168

04 使用"椭圆选框工具",按住Shift键绘制一个正圆选区并填充黄色,如图15-168所示。执行"图层>图层样式>描边"命令,设置"大小"为27像素,"位置"为"内部","填充类型"为"颜色","颜色"为黄色,如图15-169所示。

05 选择"图案叠加"选项,设置"混合模式"为"柔光","不透明度"为23%,并设置合适的图案,如图15-170所示。选择"外发光"选项,设置"混合模式"为"正常","不透明度"为75%,设置合适的颜色,设置"方法"为"柔和","扩展"为0%,"大小"为5像素,如图15-171所示。

图15-169　　　　　　　　　　　图15-170　　　　　　　　　　　图15-171

 技巧提示

如果Photoshop中没有合适的图案,可以执行"编辑>预设>预设管理器"命令,设置预设类型为"图案",单击"载入"按钮,载入素材文件夹中的7.pat文件。

06 选择"投影"选项,设置"混合模式"为"正片叠底",颜色为黑色,"不透明度"为75%,"角度"为30度,"距离"为6像素,"扩展"为0%,"大小"为46像素,单击"确定"按钮,如图15-172所示。效果如图15-173所示。

07 置入花朵素材4.png,执行"图层>栅格化>智能对象"命令。置于画面中合适的位置,并为其创建剪贴蒙版,如图15-174所示。效果如图15-175所示。

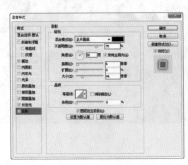

图15-172　　　　　　　　　图15-173　　　　　　　　　图15-174

08 按住Ctrl键单击花朵图层，载入选区，执行"图层>新建调整图层>可选颜色"命令，设置"颜色"为"红色"，"青色"为10%，"洋红"为4%，"黄色"为31%，"黑色"为20%。如图15-176所示。同样为其创建剪贴蒙版，效果如图15-177所示。

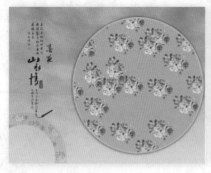 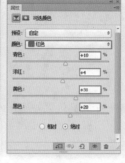 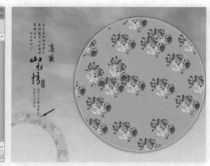

图15-175　　　　　　　　　　　图15-176　　　　　　　　　　　图15-177

09 置入照片素材5.jpg，执行"图层>栅格化>智能对象"命令。使用"椭圆选框工具"绘制正圆选区，为其添加图层蒙版，并为其添加与上面相同的描边样式，如图15-178所示。效果如图15-179所示。

10 置入前景素材6.png，执行"图层>栅格化>智能对象"命令。置于画面中合适的位置。最终效果如图15-180所示。

图15-178　　　　　　　　　　　图15-179　　　　　　　　　　　图15-180

★ 15.8　创意人像合成——精灵女王

案例文件	案例文件\第15章\创意人像合成——精灵女王.psd
视频教学	视频文件\第15章\创意人像合成——精灵女王.flv
难易指数	★★★★★
技术要点	混合模式、调整图层、定义画笔预设

案例效果

扫码看视频

本案例主要是使用混合模式、调整图层、定义画笔预设

命令绘制精灵光斑人物，效果如图15-181所示。

操作步骤

01 打开背景素材文件1.jpg，如图15-182所示。置入前景人像素材2.png，执行"图层>栅格化>智能对象"命令。置于画面右侧，如图15-183所示。

图15-181　　　　　　　　　　　图15-182　　　　　　　　　　　图15-183

02 执行"图层>新建调整图层>可选颜色"命令，设置"颜色"为"红色"，"青色"为57%，"洋红"为49%，"黄色"为-100%，如图15-184所示。设置"颜色"为"中性色"，"黄色"为-22%，如图15-185所示。

03 使用黑色画笔在调整图层蒙版中涂抹人物的皮肤部分，如图15-186所示。继续创建"可选颜色"调整图层，设置"颜色"为"红色"，"洋红"为19%，"黄色"为43%，"黑色"为-33%，如图15-187所示。

图15-184　　　　　图15-185　　　　　图15-186　　　　　图15-187

04 设置"颜色"为"黄色"，"青色"为-20%，"黄色"为15%，"黑色"为-40%，如图15-188所示。继续使用黑色画笔涂抹人像皮肤以外的部分，如图15-189所示。

05 执行"图层>新建调整图层>色相饱和度"命令，调整"色相"为-5，如图15-190所示。效果如图15-191所示。

图15-188　　　　　图15-189　　　　　图15-190　　　　　图15-191

06 执行"图层>新建调整图层>曲线"命令，调整曲线的形状，如图15-192所示。使用黑色画笔在调整图层蒙版中绘制人像暗部以外的区域，效果如图15-193所示。

07 继续创建"曲线"调整图层，调整曲线的形状，如图15-194所示。使用黑色画笔在蒙版中绘制选区以外的部分，如图15-195所示。

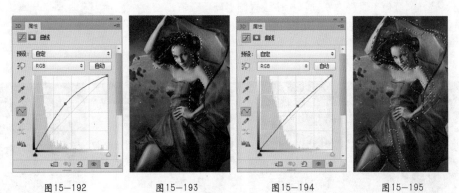

图15-192　　　　　图15-193　　　　　图15-194　　　　　图15-195

08 再次创建"曲线"调整图层，调整曲线的形状，如图15-196所示。提亮如图15-197所示的选区部分。

09 选中所有调整图层，右击，在弹出的快捷菜单中执行"创建剪贴蒙版"命令，如图15-198所示。使其只对人像起作用，如图15-199所示。

图15-196　　　　　　　　图15-197　　　　　　　　图15-198　　　　　　　　图15-199

10　置入发丝素材3.png，执行"图层>栅格化>智能对象"命令。置于画面中合适的位置，如图15-200所示。置入瞳孔素材4.png并栅格化，置于人像瞳孔处，设置其混合模式为"叠加"，为其添加图层蒙版，隐藏眼睛以外的部分，如图15-201所示。

11　复制瞳孔图层置于其上方，设置其"不透明度"为75%，如图15-202所示。使用同样的方法制作右眼的瞳孔效果，如图15-203所示。

12　新建图层，设置合适的前景色，使用"画笔工具"绘制唇彩效果，设置其混合模式为"正片叠底"，如图15-204所示。

图15-200　　　　图15-201　　　　图15-202　　　　图15-203　　　　图15-204

13　置入前景装饰素材，执行"图层>栅格化>智能对象"命令。置于画面中合适的位置。为了增加立体感，执行"图层>图层样式>投影"命令，设置"颜色"为黑色，"不透明度"为100%，"角度"为30度，"距离"为1像素，"大小"为1像素，如图15-205所示。效果如图15-206所示。

14　新建图层，选择"画笔工具"，在选项栏中设置圆形硬角画笔，设置"大小"为10像素，使用"钢笔工具"，在画面中绘制闭合路径，如图15-207所示。右击，在弹出的快捷菜单中执行"描边路径"命令，设置"工具"为"画笔"，如图15-208所示。单击"确定"按钮结束操作，如图15-209所示。

图15-205

图15-206　　　　图15-207　　　　图15-208　　　　图15-209

15 按Ctrl+Enter快捷键将路径快速转换为选区，使用"渐变工具"，在选项栏中设置由蓝色到透明的渐变，设置绘制模式为线性。在选区内拖曳蓝色系渐变，如图15-210所示。

16 为其添加图层蒙版，使用黑色画笔在蒙版中涂抹多余的部分，效果如图15-211所示。执行"图层>图层样式>颜色叠加"命令，设置"颜色"为蓝色，如图15-212所示。效果如图15-213所示。

17 选择"投影"选项，设置颜色为紫色，隐藏除画笔绘制以外的图层。执行"编辑>定义画笔预设"命令，在"画笔名称"对话框中单击"确定"按钮，如图15-214所示。使用"画笔工具"，在选项栏中选择定义的画笔，设置合适的前景色，在画面中绘制，如图15-215所示。

图15-210

图15-211

图15-212

图15-213

图15-214

18 新建图层，设置前景色为白色，使用较小的圆形硬角画笔工具在画面中绘制光效，如图15-216所示。对其执行"图层>图层样式>外发光"命令，设置"混合模式"为"叠加"，"不透明度"为100%，"颜色"为橘黄色，"方法"为"柔和"，"大小"为4像素，如图15-217所示。效果如图15-218所示。

19 执行"图层>新建调整图层>曲线"命令，调整曲线的形状，如图15-219所示。使用黑色画笔在调整图层蒙版中涂抹画面中心的部分，制作暗角效果，如图15-220所示。

图15-215

图15-216

图15-217

图15-218

图15-219

图15-220

20 继续创建"曲线"调整图层，调整RGB通道以及蓝通道曲线形状，如图15-221所示。效果如图15-222所示。

21 置入光效素材3.png，执行"图层>栅格化>智能对象"命令。置于画面中合适的位置，并设置其混合模式为"滤色"，如图15-223所示。最终效果如图15-224所示。

图15-221

图15-222

图15-223

图15-224

第16章

平面设计

★ 16.1 创意运动鞋招贴

案例文件	案例文件\第16章\创意运动鞋招贴.psd
视频教学	视频文件\第16章\创意运动鞋招贴.flv
难易指数	★★★★★
技术要点	钢笔工具、混合模式、图层蒙版

案例效果

本案例主要通过使用"钢笔工具""混合模式""图层蒙版"等命令制作创意运动鞋招贴，如图16-1所示。

扫码看视频

操作步骤

01 打开背景素材1.jpg，如图16-2所示。置入鞋子素材2.jpg，执行"图层>栅格化>智能对象"命令。执行"编辑>自由变换"命令，将鞋子素材旋转至合适角度，并调整其大小，如图16-3所示。

02 单击工具箱中的"钢笔工具"按钮 ✐ ，沿着鞋子边界绘制鞋子的闭合路径，如图16-4所示。单击右键，执行"建立选区"命令，将路径转换为选区，如图16-5所示。

图16-1

图16-2

图16-3

图16-4

图16-5

03 单击"图层"面板中的"添加图层蒙版"按钮 ▢ ，隐藏白色背景部分，如图16-6所示。单击工具箱中的"画笔工具"按钮 ✐ ，设置前景色为紫色，新建图层，使用柔角画笔在鞋上合适的位置进行绘制，如图16-7所示。

04 设置紫色图层的混合模式为"叠加"，如图 16-8所示。设置前景色为黄色，新建图层，使用柔角画笔在鞋跟位置进行绘制，如图 16-9所示。

图16-6

图16-7

图16-8

图16-9

05 设置黄色图层的混合模式为"颜色加深"，如图16-10所示。设置前景色为蓝色，新建图层，使用柔角画笔在鞋侧面位置进行绘制，如图16-11所示。

06 设置蓝色图层的混合模式为"叠加"，如图16-12所示。设置前景色为绿色，新建图层，使用柔角画笔在鞋尖位置进行绘制，如图16-13所示。

07 设置绿色图层的混合模式为"正片叠底"，"不透明度"为80%，如图16-14所示。

图16-10

图16-11

图16-12

图16-13

图16-14

08 置入人像素材3.jpg，执行"图层>栅格化>智能对象"命令。使用"钢笔工具"沿着人像绘制一个闭合路径，如图16-15所示。右击，在弹出的快捷菜单中执行"转换为选区"命令，添加图层蒙版，隐藏背景多余部分，如图16-16所示。

09 单击"图层"面板中的"添加调整图层"按钮 ⊙ ，执行"曲线"命令，调整曲线形状，如图16-17所示。在"图层"面板上选择曲线图层，右击，在弹出的快捷菜单中执行"创建剪贴蒙版"命令，使其只对人像起作用，如图16-18所示。

图16-15

图16-16

图16-17

图16-18

10 复制鞋子素材，放置在人物胸部位置，将该图层放置在最顶层，设置混合模式为"柔光"，"不透明度"为60%，如图16-19所示。复制该图层，设置混合模式为"颜色减淡"，"不透明度"为64%，如图16-20所示。

11 置入光效素材4.jpg，执行"图层>栅格化>智能对象"命令。设置混合模式为"滤色"，如图16-21所示。置入前景素材5.png，执行"图层>栅格化>智能对象"命令。如图16-22所示。

图16-19

图16-20

图16-21

图16-22

★ 16.2　清爽汽车宣传招贴

案例文件	案例文件\第16章\清爽汽车宣传招贴.psd
视频教学	视频文件\第16章\清爽汽车宣传招贴.flv
难易指数	★★★★★
技术要点	图层样式、创建剪贴蒙版、钢笔工具、椭圆选框工具

扫码看视频

操作步骤

案例效果

本案例主要通过使用"图层样式""创建剪贴蒙版"命令和"钢笔工具""椭圆选框工具"等制作汽车招贴海报，效果如图16-23所示。

01 执行"文件>新建"命令，设置"宽度"为3500像素，"高度"为1970像素，如图16-24所示。

02 单击工具箱中的"渐变工具"按钮，在选项栏中单击"径向渐变"按钮，打开渐变编辑器，在编辑器中编辑一种蓝色系渐变，如图16-25所示。在画面中拖曳填充，如图16-26所示。

图16-23

图16-24

图16-25

03 置入云彩素材1.jpg并栅格化，调整至合适大小并将其放置在画面中间位置，如图16-27所示。单击"图层"面板中的"添加图层蒙版"按钮 ，使用黑色柔角画笔在四周进行涂抹，使云彩与背景融合得更加自然，如图16-28所示。

04 设置前景色为绿色，使用柔角画笔在天空上绘制一个半圆形，如图16-29所示。设置其混合模式为"柔光"，"不透明度"为65%，如图16-30所示。

图16-26

图16-27

图16-28

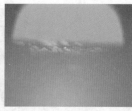
图16-29

05 为绿色半圆添加一个图层蒙版，使用黑色柔角画笔在圆边缘涂抹，使其更加融合，如图16-31所示。置入楼房素材2.png，执行"图层>栅格化>智能对象"命令。调整至合适大小及位置，如图16-32所示。

06 单击工具箱中的"钢笔工具"按钮 ，在画面中绘制一个矩形的闭合路径，如图16-33所示。右击，在弹出的快捷菜单中执行"转换为选区"命令，新建图层并填充为蓝色，如图16-34所示。

图16-30

图16-31

图16-32

图16-33

07 执行"图层>图层样式>内发光"命令，设置"混合模式"为"正常"，"不透明度"为10%，调整颜色为黑色，"大小"为21像素，如图16-35所示。选择"渐变叠加"选项，设置"不透明度"为20%，调整一种从黑色到白色的渐变，如图16-36所示。效果如图16-37所示。

图16-34

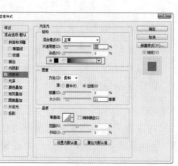
图16-35

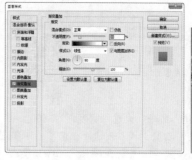
图16-36

图16-37

08 单击工具箱中的"椭圆工具"按钮 ，在矩形下方绘制一个合适大小的椭圆，如图16-38所示。执行"选择>修改>羽化"命令，在弹出的对话框中设置"羽化半径"为10像素，新建图层并填充为黑色，如图16-39所示。

09 适当调整大小，将阴影图层放在矩形图层下，如图16-40所示。在阴影图层下新建图层，设置前景色为绿色，使用柔角画笔绘制出半圆形状，设置"不透明度"为50%，如图16-41所示。

图16-38

图16-39

图16-40

图16-41

思维点拨：蓝色的特质

　　纯净的蓝色能够表现出一种美丽、冷静、理智、安详与广阔的意境。由于蓝色具有沉稳的特性，理智、准确的意象，在商业设计中，强调科技、效率的商品或企业形象，大多选用蓝色作为标准色或企业色，如电脑、汽车、影印机、摄影器材广告等，如图16-42和图16-43所示。

 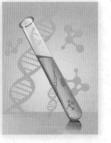

图16-42　　　　　图16-43

　　⑩　在顶层新建图层，使用"钢笔工具"绘制一个合适大小的圆角矩形形状，建立选区并填充为白色，如图16-44所示。执行"图层>图层样式>外发光"命令，设置"不透明度"为80%，调整颜色为黑色，"大小"为15像素，如图16-45和图16-46所示。

 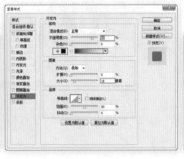 

图16-44　　　　　　　　图16-45　　　　　　　　图16-46

　　⑪　置入素材3.jpg，执行"图层>栅格化>智能对象"命令。调整大小及位置，如图16-47所示。选择素材图层，右击，在弹出的快捷菜单中执行"创建剪贴蒙版"命令，如图16-48所示。

　　⑫　置入树素材4.png，执行"图层>栅格化>智能对象"命令。调整大小及位置，如图16-49所示。同样使用"椭圆选框工具"和"羽化"命令制作阴影部分，如图16-50所示。

图16-47　　　　　　图16-48　　　　　　图16-49　　　　　　图16-50

　　⑬　置入车素材文件5.png，执行"图层>栅格化>智能对象"命令。调整至合适大小，放置在画面右侧，如图16-51所示。使用"多边形套索工具"在车子下绘制合适的选区，进行适当的羽化，制作阴影效果，如图16-52所示。

　　⑭　单击工具箱中的"文字工具"按钮T，设置合适字体及大小，输入文字，如图16-53所示。执行"图层>图层样式>渐变叠加"命令，设置一种灰色系渐变，如图16-54所示。

  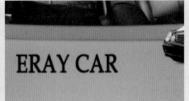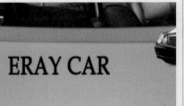 

图16-51　　　　　　图16-52　　　　　　图16-53　　　　　　图16-54

15　选择"外发光"选项，设置"不透明度"为20%，调整颜色为黑色，"大小"为5像素，如图16-55和图16-56所示。使用画笔工具绘制文字阴影效果，如图16-57所示。

16　使用工具箱中的"仿制图章工具"，按Alt键单击路标下面的草进行取样，如图16-58所示。在文字附近区域涂抹，绘制出文字上的草，如图16-59所示。

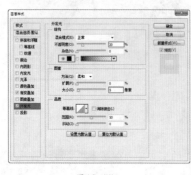

图16-55　　　　　　　　　　图16-56　　　　　　　　　　图16-57　　　　　　　　　　图16-58

17　使用"钢笔工具"在画面左上角绘制一个牌子的形状，转换为选区并填充任意颜色，如图16-60所示。

18　执行"图层>图层样式>颜色叠加"命令，设置"混合模式"为"正常"，颜色为黑色，"不透明度"为15%，如图16-61所示。选择"外发光"选项，设置"不透明度"为60%，调整颜色为黑色，"大小"为15像素，如图16-62和图16-63所示。

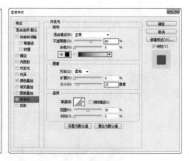

图16-59　　　　　　　　　图16-60　　　　　　　　　图16-61　　　　　　　　　图16-62

19　置入木板素材6.jpg，执行"图层>栅格化>智能对象"命令。放置在牌子图层的上方，如图16-64所示。右击，在弹出的快捷菜单中执行"创建剪贴蒙版"命令，使其只对牌子形状产生影响，如图16-65所示。

20　在木板上输入合适大小的文字，执行"图层>图层样式>渐变叠加"命令，设置一种灰色系渐变，如图16-66所示。选择"外发光"选项，设置"不透明度"为40%，颜色为黑色，"大小"为5像素，如图16-67和图16-68所示。

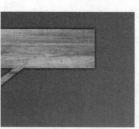

图16-63　　　　　　　　图16-64　　　　　　　　图16-65　　　　　　　　图16-66

21　使用"矩形选框工具"，在画面右上角绘制一个合适大小的矩形选区，为其填充红色，如图16-69所示。执行"图层>图层样式>渐变叠加"命令，设置"不透明度"为15%，调整从黑色到白色的渐变颜色，如图16-70所示。

22　选择"外发光"选项，设置颜色为黑色，"大小"为21像素，如图16-71和图16-72所示。

23 使用文字工具在红色矩形上输入合适文字，复制左侧文字的图层样式，并粘贴给当前文字，如图16-73所示。使用"椭圆选框工具"绘制合适大小的椭圆，如图16-74所示。

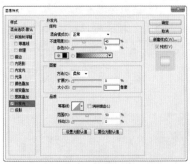
图16-67

图16-68

图16-69

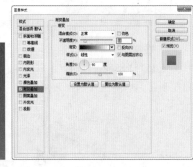
图16-70

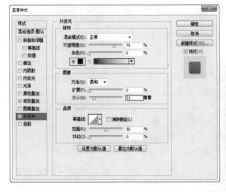
图16-71

图16-72

图16-73

图16-74

24 单击选项栏中的"从选区减去"按钮，绘制一个小一点的椭圆，如图16-75所示。填充任意颜色，按Ctrl+D快捷键取消选区，如图16-76所示。

25 复制文字上的图层样式，粘贴到圆环图层上。最终效果如图16-77所示。

图16-75

图16-76

图16-77

☆ 视频课堂——房地产宣传四折页

案例文件\第16章\视频课堂——房地产宣传四折页.psd
视频文件\第16章\视频课堂——房地产宣传四折页.flv
思路解析：

01 首先利用选框工具、填色、文字工具以及图像素材制作四折页的平面图。

02 将制作好的平面图分别复制合并为独立图层，并依次进行自由变换，得到折页的立体效果。

扫码看视频

★ 16.3 书籍装帧设计

案例文件	案例文件\第16章\书籍装帧设计.psd
视频教学	视频文件\第16章\书籍装帧设计.flv
难易指数	★★★★★
技术要点	矩形选框工具、圆角矩形工具、钢笔工具

扫码看视频

案例效果

本案例主要通过使用"矩形选框工具""钢笔工具""圆角矩形工具"等进行书籍装帧设计，如图16-78所示。

操作步骤

01 打开背景素材1.jpg，如图16-79所示。

02 制作书脊部分。使用"矩形选框工具"，在画面中绘制合适的矩形选区。新建图层，填充橙色，如图16-80所示。用同样的方法在橙色的下半部分绘制白色的矩形，如图16-81所示。

图16-78   图16-79   图16-80   图16-81

03 使用"直排文字工具"在画面中输入文字，单击选项栏中的"创建文字变形"按钮，设置"样式"为"波浪"，选中"垂直"单选按钮，设置"弯曲"为88%，"水平扭曲"为2%，"垂直扭曲"为-2%，如图16-82所示。效果如图16-83所示。

04 选择文字图层，执行"图层>图层样式>描边"命令，设置描边"大小"为5像素，"位置"为"外部"，"填充类型"为"颜色"，"颜色"为黄色，如图16-84所示。选择"渐变叠加"选项，编辑合适的渐变颜色，设置"样式"为"线性"，如图16-85所示。效果如图16-86所示。

05 置入卡通云素材2.png并栅格化，置于画面中合适的位置，继续使用"直排文字工具"在画面中输入文字，如图16-87所示。

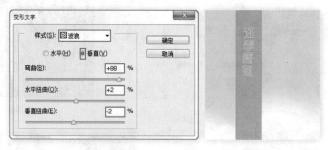

图16-82   图16-83

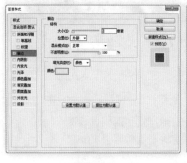

图16-84   图16-85   图16-86   图16-87

06 新建图层，继续使用"矩形选框工具"在画面中绘制合适的矩形，为其填充黄色，如图16-88所示。新建图层，用同样的方法制作白色的矩形，如图16-89所示。

07 使用"钢笔工具"，在选项栏中设置绘制模式为"形状"，"填充"为无，"描边"颜色为黑色，大小为"3.8点"，描边类型为直线，在画面中合适的位置进行绘制，如图16-90所示。

08 使用"钢笔工具"，在选项栏中设置绘制模式为"形状"，"填充"为无，"描边"颜色为黑色，大小为"6.11点"，描边类型为"圆点"，效果如图16-91所示。

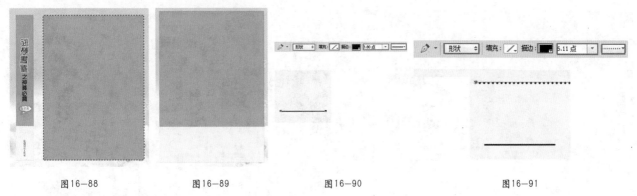

图16-88　　　　　　图16-89　　　　　　图16-90　　　　　　图16-91

09 用同样的方法制作其他的直线效果，如图16-92所示。

10 新建图层，使用"圆角矩形工具"，在选项栏中设置绘制模式为"像素"，"半径"为"20像素"。在合适的位置绘制一个粉色圆角矩形，如图16-93所示。

11 使用"横排文字工具"，设置相应的前景色，设置合适的字号以及字体，在画面中输入文字，如图16-94所示。

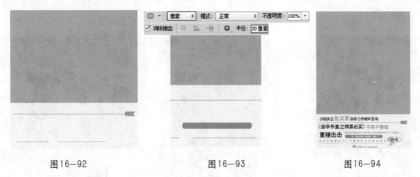

图16-92　　　　　　　图16-93　　　　　　　图16-94

12 置入卡通云彩素材3.png并栅格化。新建图层，设置前景色为黄色，使用"画笔工具"，设置画笔"大小"为"70像素"，"硬度"为100%，"不透明度"为100%，"流量"为100%，如图16-95所示。在画面中涂抹绘制，如图16-96所示。

13 新建图层，继续使用"画笔工具"，设置画笔"大小"为"3像素"，"硬度"为100%，如图16-97所示。在画面中绘制线条，如图16-98所示。

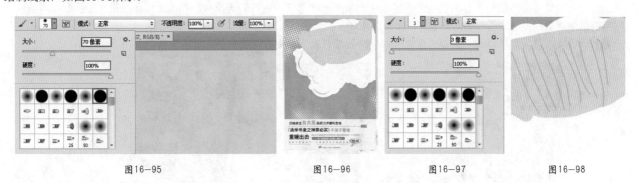

图16-95　　　　　　图16-96　　　　　　图16-97　　　　　　图16-98

14 用同样的方法绘制其他线条，使这一部分呈现出手绘的书卷效果，如图16-99所示。

15 继续置入前景素材3.png，执行"图层>栅格化>智能对象"命令。置于画面中合适位置，并使用同样的方法制作其他的文字，效果如图16-100和图16-101所示。

16 合并所有正面图层，按Ctrl+T快捷键，对其执行"自由变换"命令。右击，在弹出的快捷菜单中执行"斜切"命令，如图16-102所示。将其适当旋转后，按Enter键结束操作，如图16-103所示。

图16-99

图16-100

图16-101

图16-102

图16-103

⑰ 使用同样的方法制作书籍的侧面部分，如图16-104所示。

⑱ 选择书籍正面部分，使用"减淡工具"，在选项栏中选择圆角画笔，设置"范围"为"高光"，"曝光度"为50%。在书籍正面左上角进行涂抹，制造书籍的高光效果，如图16-105所示。

⑲ 使用"加深工具"，在选项栏中设置柔角画笔，"范围"为"中间调"，"曝光度"为50%。在书脊上涂抹，制作侧面阴影效果，如图16-106所示。

图16-104

图16-105

图16-106

⑳ 新建图层，载入侧面书籍的选区，使用黑色柔角画笔在选区中进行适当涂抹，制作出立体效果，如图16-107所示。使用黑色柔角画笔在书籍底部绘制阴影效果，如图16-108所示。

㉑ 最后置入前景素材5.png，执行"图层>栅格化>智能对象"命令。置于底部。最终效果如图16-109所示。

图16-107

图16-108

图16-109

☆ 视频课堂——盒装牛奶包装设计

案例文件\第16章\视频课堂——盒装牛奶包装设计.psd
视频文件\第16章\视频课堂——盒装牛奶包装设计.flv
扫码看视频
思路解析：

01 首先使用选框工具、钢笔工具、文字工具、图层样式等功能制作牛奶包装盒正面和侧面部分。

02 对正面和侧面分别合成并依次进行变形，使之产生立体的包装盒效果

03 在立体包装盒上添加阴影与高光，强化立体感。

★ 16.4 冰爽啤酒广告

案例文件	案例文件\第16章\冰爽啤酒广告.psd
视频教学	视频文件\第16章\冰爽啤酒广告.flv
难易指数	★★★★★
技术要点	渐变工具、笔刷工具、混合模式

扫码看视频

案例效果

本案例主要通过使用"渐变工具""笔刷工具"和"混合模式"命令等来制作冰爽啤酒广告海报，效果如图16-110所示。

操作步骤

01 执行"文件>新建"命令，设置"宽度"为3000像素，"高度"为2050像素，如图16-111所示。

02 单击工具箱中的"渐变工具"按钮，单击选项栏中的渐变编辑器，在编辑器中编辑一种蓝色系渐变，如图16-112所示。在画面中由上到下进行渐变填充，如图16-113所示。

图16-110

图16-111

图16-112

03 置入素材1.png，执行"图层>栅格化>智能对象"命令。设置云朵图层的"不透明度"为55%，如图16-114所示。

04 使用"渐变工具"，编辑一种从白色到蓝色的渐变，如图16-115所示。单击选项栏中的"径向渐变"按钮，新建图层，在画面中由中心向四周进行拖曳填充，如图16-116所示。设置混合模式为"正片叠底"，"不透明度"为60%，效果如图16-117所示。

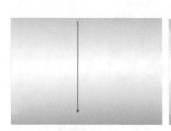

图16-113

图16-114

图16-115

图16-116

05 置入土地素材2.jpg并栅格化，将其放置在画面下方，如图16-118所示。设置混合模式为"线性光"，"不透明度"为65%，效果如图16-119所示。

 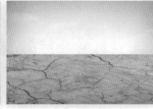 

图16-117　　　　　　　　　图16-118　　　　　　　　　图16-119

06 单击"图层"面板中的"添加图层蒙版"按钮 ，使用黑色柔角画笔，在蒙版四周进行涂抹，如图16-120所示。再次置入土地素材并栅格化，执行"图像>调整>去色"命令，如图16-121所示。

07 设置混合模式为"柔光"，如图16-122所示。添加图层蒙版，使用黑色柔角画笔在边界上进行涂抹，使其更加融合，如图16-123所示。

图16-120　　　　　　图16-121　　　　　　图16-122　　　　　　图16-123

08 载入裂痕画笔素材3.abr，新建图层，使用"画笔工具"，选择合适的裂痕笔刷，在画面中绘制出裂痕效果，如图16-124所示。多次单击并绘制裂痕效果，如图16-125所示。

09 置入前景素材4.png，执行"图层>栅格化>智能对象"命令。调整至合适大小，如图16-126所示。置入酒瓶素材5.png，执行"图层>栅格化>智能对象"命令。调整至合适大小及位置，如图16-127所示。

图16-124　　　　　　图16-125　　　　　　图16-126　　　　　　图16-127

10 执行"图层>新建填充图层>纯色"命令，在弹出的对话框中单击"确定"按钮，如图16-128所示。在拾色器中设置RGB数值分别为35、137和223，单击"确定"按钮结束操作，如图16-129所示。

图16-128　　　　　　　　　　　　　　图16-129

11 设置该图层的混合模式为"浅色"，"不透明度"为8%，如图16-130所示。执行"图层>新建调整图层>曲线"命

388

令，调整曲线形状，如图16-131所示。

⑫ 使用柔角画笔工具在图层蒙版四周进行涂抹，如图16-132所示。提亮画面中心位置，最终效果如图16-133所示。

图16-130

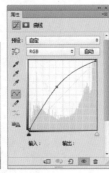
图16-131

图16-132

图16-133

思维点拨：青蓝色的使用

　　青蓝色搭配少量的醒目色彩，给人耳目一新的感觉，具有很强的宣传力。青蓝色的背景更能突显出主体物，充分展现产品的重要性，如图16-134和图16-135所示。

图16-134

图16-135

☆ 视频课堂——炫光手机广告

案例文件\第16章\视频课堂——炫光手机广告.psd
视频文件\第16章\视频课堂——炫光手机广告.flv
思路解析：

扫码看视频

01 首先使用通道抠图法将人像从背景中分离出来。

02 接着利用"曲线"对人像进行调色。

03 添加小照片素材，通过自由变换并为其添加外发光样式，使之环绕在人像周围。

04 最后添加产品、艺术字以及光效元素。

第17章

创意合成

★ 17.1 棋子创意海报

案例文件	案例文件\第17章\棋子创意海报.psd
视频教学	视频教学\第17章\棋子创意海报.flv
难易指数	★★★★★
技术要点	外挂笔刷、图层蒙版、混合模式

扫码看视频

案例效果

本案例主要是通过使用外挂笔刷、图层蒙版以及混合模式制作出逼真的合成效果，如图17-1所示。

图17-1　　　　　图17-2

操作步骤

01 新建空白文件，置入背景素材文件1.jpg，执行"图层>栅格化>智能对象"命令。如图17-2所示。

02 置入素材2.png，执行"图层>栅格化>智能对象"命令。如图17-3所示。为其添加图层蒙版，使用黑色柔角画笔绘制多余部分，如图17-4所示。设置图层的"不透明度"为73%。为了使过渡更加自然，在草地图层下新建图层，使用"仿制图章工具"按住Alt键单击吸取草地上的颜色，在画面中合适的位置进行绘制，如图17-5所示。

图17-3　　　　　　　　图17-4　　　　　　　　图17-5

03 执行"编辑>预设>预设管理器"命令，单击 载入(L)... 按钮，载入外挂裂痕笔刷3.abr，如图17-6所示。新建图层，选择"画笔工具"，选中刚刚载入的裂痕笔刷，设置前景色为黑色，在画面中进行绘制，如图17-7所示。

04 置入纸张素材3.jpg，执行"图层>栅格化>智能对象"命令。如图17-8所示。新建图层蒙版，使用黑色柔角画笔工具在蒙版中进行涂抹，设置图层的混合模式为"叠加"，"不透明度"为35%，如图17-9所示。效果如图17-10所示。

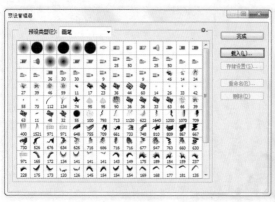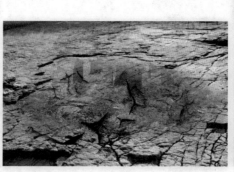

图17-6　　　　　　　　　　图17-7　　　　　　　　　　图17-8

05 置入棋子素材4.png，执行"图层>栅格化>智能对象"命令。置于画面中合适的位置，如图17-11所示。使用快速选择工具制作棋子部分的选区，并为其添加图层蒙版，隐藏背景部分，如图17-12所示。

06 为了增强棋子真实感，在棋子图层下方新建图层，使用黑色柔角画笔绘制棋子的投影效果，如图17-13所示。置入皇冠素材5.png，执行"图层>栅格化>智能对象"命令。置于棋子的顶部，如图17-14所示。

07 新建图层，为其填充黑色，执行"滤镜>渲染>镜头光晕"命令，设置"亮度"为109%，单击"确定"按钮，如图17-15所示。设置该图层的混合模式为"滤色"，如图17-16所示。

图17-9　　　　　图17-10　　　　　图17-11　　　　　图17-12　　　　　图17-13

08 执行"图层>新建调整图层>曲线"命令，创建"曲线"调整图层，调整曲线形状，如图17-17所示。效果如图17-18所示。

图17-14　　　　　图17-15　　　　　图17-16　　　　　图17-17　　　　　图17-18

09 再次创建"曲线"调整图层，调整曲线形状，如图17-19所示。使用黑色柔角画笔在调整蒙版中进行适当涂抹，如图17-20所示。制作出压暗画面四角的效果，如图17-21所示。

10 使用"横排文字工具"，设置合适的前景色、字体以及字号，在画面中输入文字，如图17-22所示。

11 将除背景外的所有图层置于同一图层组中，并为其添加蒙版，如图17-23所示。在蒙版中使用不规则黑色画笔涂抹画面四周，如图17-24所示。最终效果如图17-25所示。

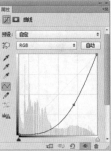

图17-19　　　　　　　　　图17-20　　　　　　　　　图17-21

图17-22　　　　　　图17-23　　　　　　图17-24　　　　　　图17-25

Photoshop CS6中文版从入门到精通（微课视频实例版）

思维点拨：巧用比例

如果想制作特殊画面效果，那么一定不要忘了巧用比例。超大的球鞋、超小的海洋，都为画面增强了对比感，打破常规、善用比例，会让观者过目不忘，这不仅仅是科幻电影中常用的技巧，也广泛应用于广告中，如图17-26和图17-27所示。

图17-26　　　　图17-27

★ 17.2　绚丽的3D喷溅文字

案例文件	案例文件\第17章\绚丽的3D喷溅文字.psd
视频教学	视频教学\第17章\绚丽的3D喷溅文字.flv
难易指数	★★★★★
技术要点	调整图层、不透明度、图层蒙版、画笔工具、3D

扫码看视频

案例效果

本案例主要通过使用"调整图层""不透明度""图层蒙版""画笔工具"、3D技术等来制作绚丽的3D喷溅文字，效果如图17-28所示。

操作步骤

`01` 新建文件，使用"渐变工具"，在选项栏中编辑合适的渐变颜色，设置绘制模式为径向，如图17-29所示。在画面中拖曳绘制径向渐变，如图17-30所示。

图17-28　　　　　　　图17-29　　　　　　　图17-30

`02` 置入云朵素材1.png，执行"图层>栅格化>智能对象"命令。置于画面中合适的位置，如图17-31所示。

`03` 置入瓶子素材2.jpg，执行"图层>栅格化>智能对象"命令。置于画面中，如图17-32所示。单击"图层"面板底部的"添加图层蒙版"按钮，使用黑色画笔在图层蒙版中涂抹瓶子以外的部分，隐藏背景，如图17-33所示。

图17-31　　　　图17-32　　　　　图17-33

技巧提示

为了制作出半透明效果，可以使用灰色画笔在蒙版中的玻璃区域部分进行涂抹。

`04` 新建图层，设置前景色为淡粉色，使用半透明的柔角画笔，在瓶子上绘制出淡粉色的雾状效果，制作瓶身反射出背景色的效果，如图17-34所示。置入泡泡素材3.png，执行"图层>栅格化>智能对象"命令。置于画面上部，如图17-35所示。

`05` 执行"编辑>预设>预设管理器"命令，在弹出的窗口中设置"预设类型"为"画笔"，单击"载入"按钮，如图17-36所示。选择笔刷素材4.abr，单击"载入"按钮，然后单击"完成"按钮，载入裂痕笔刷，如图17-37所示。

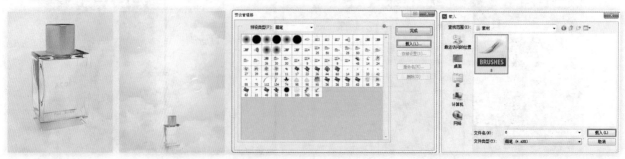

图17-34　　　　图17-35　　　　　　　图17-36　　　　　　　图17-37

06 新建图层,设置前景色为黑色,使用"画笔工具",在选项栏中选择新载入的裂痕笔刷,如图17-38所示。在瓶身上单击绘制裂痕效果,如图17-39所示。

07 用同样的方法制作其他的裂痕效果,如图17-40所示。置入喷溅素材5.png,置于画面中合适的位置,如图17-41所示。

08 新建图层,使用"多边形套索工具"在画面中绘制多边形选区,为其填充灰色,如图17-42所示。新建图层,载入多边形选区,将选区向右上移动,如图17-43所示。

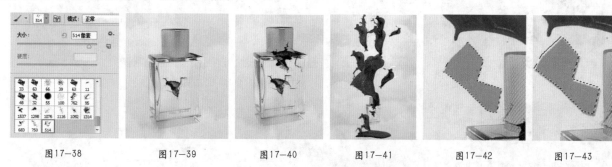

图17-38　　　　　图17-39　　　　　图17-40　　　　　图17-41　　　　　图17-42　　　　　图17-43

09 使用"渐变工具",在选项栏中编辑合适的渐变颜色,设置绘制模式为线性,如图17-44所示。在选区中单击绘制渐变,如图17-45所示。

图17-44

10 使用同样的方法制作其他的破碎效果,如图17-46所示。置入水果素材6.png,执行"图层>栅格化>智能对象"命令。放置在画面中合适的位置,如图17-47所示。

11 使用"横排文字工具",设置合适的字号以及字体,在画面中输入字母,如图17-48所示。对其执行"3D>从所选图层新建3D凸出"命令,如图17-49所示。

图17-45　　　　　图17-46　　　　　图17-47　　　　　图17-48　　　　　图17-49

技巧提示

如果用户使用的是Adobe Photoshop CS6(标准版)而非Adobe Photoshop CS6 Extended(扩展版),则无法使用3D功能,在菜单栏中也没有3D菜单。

12 在选项栏中单击"旋转3D对象"按钮,将其适当旋转,如图17-50所示。打开3D面板,单击3D面板中该文字的"S凸出材质"条目,如图17-51所示。

13 在"属性"面板中单击"漫射"的下拉菜单按钮,执行"新建纹理"命令,如图17-52所示。在新建文档中拖曳绘制灰色系的径向渐变,如图17-53所示。回到3D编辑文件中,效果如图17-54所示。

14 用同样的方法编辑"s后膨胀材质",如图17-55所示。在新文档中载入文字选区,绘制渐变,如图17-56所示。效果如图17-57所示。

15 用同样的方法制作其他的文字效果,如图17-58所示。最后置入前景装饰素材7.png,执行"图层>栅格化>智能对象"命令。置于画面中合适的位置。最终效果如图17-59所示。

图17-50

图17-51

图17-52　图17-53

图17-54

图17-55

图17-56

图17-57

图17-58

图17-59

☆ 视频课堂——创意动感海报

扫码看视频

案例文件\第17章\视频课堂——创意动感海报.psd
视频文件\第17章\视频课堂——创意动感海报.flv

思路解析：

01 通过使用旧纸张素材、绘画感素材、光效素材等元素制作背景部分。

02 在画面中添加人物素材并进行抠图，通过一系列的调色操作使人物与画面色调相符。

03 添加人物周边的素材以及艺术字，丰富画面效果。

★ 17.3　炙热的火焰人像

案例文件	案例文件\第17章\炙热的火焰人像.psd
视频教学	视频教学\第17章\炙热的火焰人像.flv
难易指数	★★★★★
技术要点	自由变换、曲线调整、图层蒙版

扫码看视频

案例效果

本案例主要通过使用"自由变换""曲线调整""图层蒙版""混合模式"等命令来完成炙热的火焰人像，效果如图17-60所示。

操作步骤

01 打开背景素材1.jpg，如图17-61所示。

02 置入火素材2.jpg，执行"图层>栅格化>智能对象"命令。置于画面中合适的位置，设置其混合模式为"滤色"，"不透明度"为45%，如图17-62所示。按Ctrl+T快捷键执行"自由变换"命令，将图像旋转到合适的角度，如图17-63所示。按Enter键完成变换，效果如图17-64所示。

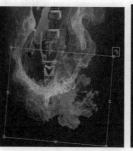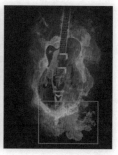

图17-60　　　　　　图17-61　　　　　　　　图17-62　　　　　　　图17-63　　　　　　图17-64

03　复制火素材，使用同样的方法将其分别旋转到合适的角度，如图17-65所示。

04　复制背景图层，将其置于"图层"面板顶部，使用"橡皮擦工具"擦除合适的部分，并将其旋转到合适的角度，如图17-66所示。

05　置入人物素材3.jpg并栅格化，置于画面中合适的位置，如图17-67所示。为其添加图层蒙版，在蒙版中使用黑色画笔涂抹背景部分使之隐藏，如图17-68所示。

图17-65　　　　　　　图17-66　　　　　　　图17-67　　　　　　　图17-68

06　对人像图层执行"图层>图层样式>内发光"命令，设置"混合模式"为"滤色"，"不透明度"为12%，颜色为黄色，"方法"为"柔和"，"源"为"边缘"，"大小"为35像素，如图17-69所示。选择"外发光"选项，设置"混合模式"为"滤色"，"不透明度"为12%，颜色为黄色，"方法"为"柔和"，"大小"为215像素，如图17-70所示。效果如图17-71所示。

07　新建图层，使用柔角画笔，在人像服饰上涂抹绘制橙色，如图17-72所示。设置其混合模式为"柔光"，"不透明度"为25%，如图17-73所示。效果如图17-74所示。

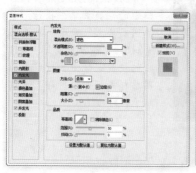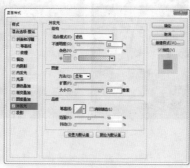

图17-69　　　　　　　　　图17-70　　　　　　　图17-71　　　　　　图17-72

08　执行"图层>新建调整图层>曲线"命令，调整曲线的形状，如图17-75所示。使用黑色画笔在蒙版中绘制人物的头发边缘以外部分，如图17-76所示。效果如图17-77所示。

   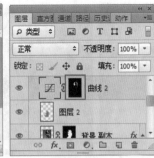

图17-73　　　　　　　　图17-74　　　　　　　　图17-75　　　　　　　　图17-76

09　继续创建"曲线"调整图层，调整曲线的形状，如图17-78所示。增强画面的对比度，效果如图17-79所示。

10　置入火素材4.png，执行"图层>栅格化>智能对象"命令。置于画面中合适的位置，如图17-80所示。复制素材后按Ctrl+T快捷键对其执行"自由变换"命令，右击，在弹出的快捷菜单中执行"水平翻转"命令，如图17-81所示。

 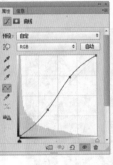   

图17-77　　　　　　　图17-78　　　　　　　图17-79　　　　　　　图17-80　　　　　　　图17-81

11　右击，在弹出的快捷菜单中执行"变形"命令，对其进行适当的变形，如图17-82所示。按Enter键完成变换，单击"图层"面板底部的"添加图层蒙版"按钮 ，为其添加图层蒙版，使用黑色画笔在蒙版中绘制遮挡住人像的部分，如图17-83所示。

12　使用同样的方法制作其他的火焰效果，如图17-84所示。置入素材5.png，执行"图层>栅格化>智能对象"命令。置于画面中合适的位置，并为其添加与人像图层相同的图层样式，如图17-85所示。

图17-82　　　　　　　图17-83　　　　　　　图17-84　　　　　　　图17-85

技巧提示

在人像图层上右击，在弹出的快捷菜单中执行"拷贝图层样式"命令，然后在素材5.png图层上右击，在弹出的快捷菜单中执行"粘贴图层样式"命令，即可为其赋予相同的样式。

13　置入前景字母素材6.jpg并栅格化，在"图层"面板中设置其混合模式为"滤色"，效果如图17-86所示。

14　执行"图层>新建调整图层>曲线"命令，调整曲线的形状，如图17-87所示。提亮画面，最终效果如图17-88所示。

图17-86　　　　　　　　　　　图17-87　　　　　　　　图17-88

☆　视频课堂——裂开的人像

扫码看视频

案例文件\第17章\视频课堂——裂开的人像.psd
视频文件\第17章\视频课堂——裂开的人像.flv
思路解析：

01　使用画笔工具以及素材制作斑驳的墙面背景。

02　添加人物素材并抠图。

03　使用图层蒙版制作人物身体上的裂开效果，并添加裂口中的素材。

04　添加人物周边的素材，丰富画面效果。

★ 17.4　绚丽红酒招贴

案例文件	案例文件\第17章\绚丽红酒招贴.psd
视频教学	视频教学\第17章\绚丽红酒招贴.flv
难易指数	★★★★★
技术要点	图层样式、混合模式

扫码看视频

案例效果

本案例主要使用"图层样式""混合模式"等命令制作绚丽红酒招贴，效果如图17-89所示。

操作步骤

01　打开背景素材1.jpg，如图17-90所示。置入前景瓶子素材2.png，执行"图层>栅格化>智能对象"命令。置于画面中合适的位置，如图17-91所示。

02　执行"图层>新建调整图层>亮度/对比度"命令，在瓶子图层上方创建调整图层，设置"对比度"为88，如图17-92所示。选择调整图层，右击，在弹出的快捷菜单中执行"创建剪贴蒙版"命令，如图17-93所示。使其只对瓶子素材起作用，如图17-94所示。

图17-89　　　　图17-90　　　　图17-91　　　　　图17-92　　　　　　　　图17-93

03　执行"图层>新建调整图层>可选颜色"命令，设置"颜色"为"黄色"，"青色"为42%，"洋红"为16%，"黄色"为25%，"黑色"为-24%，如图17-95所示。设置"颜色"为"绿色"，"青色"为-45%，"洋红"为-97%，"黄色"为11%，"黑色"为9%，如图17-96所示。

04 设置"颜色"为"中性色"，"青色"为12%，"洋红"为-1%，"黄色"为1%，"黑色"为-23%，如图17-97所示。在"图层"面板上选择调整图层，右击，在弹出的快捷菜单中执行"创建剪贴蒙版"命令，效果如图17-98所示。使用"横排文字工具"，设置合适的字号以及字体，在画面右下角输入文字，如图17-99所示。

图17-94　　　　　　图17-95　　　　　　图17-96　　　　　　图17-97　　　　　　图17-98

05 对文字图层执行"图层>图层样式>斜面和浮雕"命令，设置"深度"为351%，"方向"为"上"，"大小"为17像素，"软化"为0像素，"角度"为90度，"高度"为30度，设置合适的等高线形状，设置"高光模式"为"颜色减淡"，"不透明度"为50%，"阴影模式"为"颜色减淡"，"不透明度"为80%，并设置合适的阴影颜色，如图17-100所示。

06 选择"光泽"选项，设置"混合模式"为"颜色减淡"，"不透明度"为30%，"距离"为5像素，"大小"为5像素，设置合适的等高线形状，如图17-101所示。选择"渐变叠加"选项，编辑金色系的渐变颜色，设置"样式"为"线性"，如图17-102所示。

 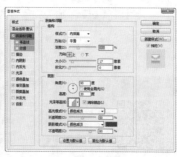 

图17-99　　　　　　　　　　图17-100　　　　　　　　　　图17-101

07 继续选择"投影"选项，设置"不透明度"为40%，"角度"为-80度，"距离"为1像素，"扩展"为60%，"大小"为2像素，如图17-103所示。

图17-102　　　　　　　　　　图17-103

08 置入logo素材3.png，执行"图层>栅格化>智能对象"命令。置于文字前方，在"图层"面板上选择文字图层，右击，在弹出的快捷菜单中执行"拷贝图层样式"命令，如图17-104所示。选择素材图层，右击，在弹出的快捷菜单中执行"粘贴图层样式"命令，如图17-105所示。效果如图17-106所示。

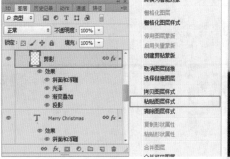

图17-104 图17-105 图17-106

09 再次使用文字工具在画面中输入合适的文字，打开"样式"面板，在面板菜单中执行"载入样式"命令，如图17-107所示。在弹出的对话框中选择样式素材4.asl，单击"载入"按钮，如图17-108所示。在"样式"面板中单击刚载入的样式，为文字添加样式，如图17-109所示。

图17-107 图17-108 图17-109

10 复制文字以及标志，将其自由变换到合适大小并摆放在合适位置，如图17-110所示。置入玫瑰素材5.png，执行"图层>栅格化>智能对象"命令。放置在瓶颈上，设置其混合模式为"变亮"，如图17-111所示。

11 置入前景丝带素材6.png，执行"图层>栅格化>智能对象"命令。置于画面中合适的位置，如图17-112所示。单击"图层"面板底部的"添加图层蒙版"按钮 ，为其添加图层蒙版，使用黑色画笔在蒙版中绘制，遮挡住瓶子的部分，如图17-113所示。

12 继续置入前景花朵素材7.png，执行"图层>栅格化>智能对象"命令。置于画面中合适的位置，如图17-114所示。置入光效素材文件8.jpg，设置其混合模式为"变亮"。最终效果如图17-115所示。

图17-110 图17-111 图17-112 图17-113 图17-114 图17-115

★ **17.5 唯美的古典手绘效果**

案例文件	案例文件\第17章\唯美的古典手绘效果.psd
视频教学	视频教学\第17章\唯美的古典手绘效果.flv
难易指数	★★★★★
技术要点	特殊模糊滤镜、涂抹工具、外挂画笔、描边路径、调整图层

扫码看视频

案例效果

本案例主要是通过使用"模糊"滤镜去除人像照片的细节，并通过"画笔工具""涂抹工具"等强化古典绘画感的效果，如图17-116所示。

操作步骤

01 打开本书资源包中的素材文件1.jpg，如图17-117所示。执行"编辑>预设>预设管理器"命令，在打开的"预设管理器"窗口中载入素材笔刷2.abr，如图17-118所示。用同样的方法载入其他笔刷，效果如图17-119所示。

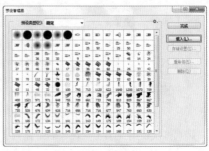

| 图17-116 | 图17-117 | 图17-118 |

02 置入人像素材5.png，执行"图层>栅格化>智能对象"命令。置于画面中的合适位置，如图17-120所示。复制人像图层，执行"滤镜>模糊>特殊模糊"命令，设置"半径"为5，"阈值"为7，如图17-121所示。

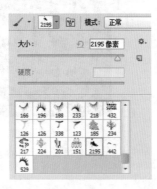

| 图17-119 | 图17-120 | 图17-121 |

03 在"历史记录"面板中标记"特殊模糊"步骤，并回到上一步的操作状态，如图17-122所示。使用历史记录画笔涂抹皮肤和花朵部分，使画面细节减少，如图17-123所示。

04 单击工具箱中的"涂抹工具"按钮，设置合适的画笔大小，调整人像面部结构。首先在发际线处涂抹，制作出圆润的发际线，然后适当涂抹眉毛和嘴唇部分，调整五官形态，如图17-124所示。

05 下面需要强化人像面部的立体感，这里主要使用"加深工具"和"减淡工具"。设置范围为"中间调"，调整合适的画笔大小，设置画笔硬度为零。在面部涂抹，减淡额头、两颊以及下颌，加深鼻翼两侧，如图17-125所示。

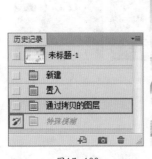

| 图17-122 | 图17-123 | 图17-124 | 图17-125 |

06 置入素材6.png，执行"图层>栅格化>智能对象"命令。如图17-126所示。为其添加图层蒙版，使用黑色柔角画笔绘制多余部分，设置图层的混合模式为"正片叠底"，"不透明度"为46%，如图17-127所示。

07 执行"图层>新建调整图层>曲线"命令，调整曲线形状，如图17-128所示。使用黑色画笔工具在调整图层蒙版中绘制人物衣服以外的部分，使其只提亮衣服部分，如图17-129所示。

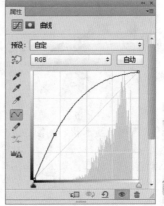

图17-126　　　　　　图17-127　　　　　　图17-128　　　　　　图17-129

08 使用"套索工具"，在选项栏中设置羽化半径为10px，在头顶处绘制头发选区，如图17-130所示。执行"图层>新建调整图层>黑白"命令，创建黑白图层，使这部分区域变为黑白效果，如图17-131所示。

09 新建图层，使用"吸管工具"吸取头发上较亮部分的颜色，在"画笔"面板中设置画笔为较小的直径，并在"形状动态"面板中选择"钢笔压力"选项，如图17-132所示。

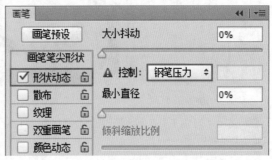

图17-130　　　　　　图17-131　　　　　　　　图17-132

10 使用"钢笔工具"沿着头发的走向绘制路径，绘制完毕后右击，在弹出的快捷菜单中执行"描边路径"命令，如图17-133所示。设置"工具"为"画笔"，选中"模拟压力"复选框，单击"确定"按钮后，画笔即可以当前路径进行描边，如图17-134所示。用同样的方法绘制其他发丝，效果如图17-135所示。

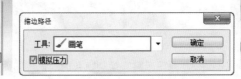

图17-133　　　　　　　　图17-134　　　　　　　　图17-135

11 在人像底部新建图层，单击工具箱中的"画笔工具"按钮，在画笔预设选取器中选择头发外挂笔刷，如图17-136所示。在画面中合适的位置绘制，并自由变换到合适的形状，如图17-137所示。继续在顶部新建图层，再次绘制头发，效果如图17-138所示。

12 新建图层，设置前景色为棕色，选择眉毛笔刷，在眉毛部分进行绘制，如图17-139所示。

图17-136　　　　　　　　图17-137　　　　　　　　图17-138　　　　　　　　图17-139

13　创建"曲线"调整图层，调整曲线形状，如图17-140所示。使用黑色柔角画笔在调整图层蒙版中涂抹眼睛以外区域，如图17-141所示。

14　创建"色相/饱和度"调整图层，设置通道为"全图"，"色相"为-39，如图17-142所示。设置通道为"红色"，"色相"为0，"饱和度"为2，"明度"为9，如图17-143所示。使用黑色填充蒙版，并使用白色画笔工具在调整图层蒙版中绘制眼睛部分，如图17-144所示。

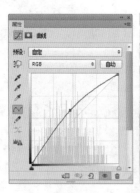

图17-140　　　　　　　　图17-141　　　　　　　　图17-142　　　　　　　　图17-143

15　使用"套索工具"绘制眼睛部分选区并为其填充灰白色，如图17-145所示。使用黑色柔角画笔绘制眼睛的黑色阴影，如图17-146所示。

16　设置画笔"大小"为2，"硬度"为100，设置前景色为白色，使用"钢笔工具"绘制眼睛的白色眼线路径，如图17-147所示。右击，在弹出的快捷菜单中执行"描边路径"命令，在弹出的对话框中设置"工具"为"画笔"，选中"模拟压力"复选框，如图17-148所示。效果如图17-149所示。

图17-144　　　　　　　　图17-145　　　　　　　　图17-146　　　　　　　　图17-147

17　新建图层，设置合适的前景色，使用"画笔工具"绘制瞳孔的底色，如图17-150所示。新建图层，使用画笔工具，设置合适的前景色，绘制瞳孔的细节，如图17-151所示。

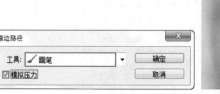

图17-148　　　　　　　图17-149　　　　　　　图17-150　　　　　　　图17-151

18 新建图层，使用黑色画笔工具绘制黑色的眼线部分，如图17-152所示。新建图层，载入睫毛画笔笔刷，在画面中绘制睫毛，并变形到合适形状，摆放在合适的位置，如图17-153所示。

19 用同样的方法制作人物的另一只眼睛，如图17-154所示。复制人物嘴部，置于"图层"面板顶部，使用"液化工具"调整嘴部形状，如图17-155所示。

图17-152　　　　　　　图17-153　　　　　　　图17-154　　　　　　　图17-155

20 创建"色相/饱和度"调整图层，设置"色相"为-17，"饱和度"为30，"明度"为0，如图17-156所示。为嘴部图层创建剪贴蒙版，如图17-157所示。

21 设置前景色为白色，使用柔角画笔工具绘制唇部高光，如图17-158所示。新建图层，结合使用"画笔工具"与"涂抹工具"绘制人物的唇线部分，如图17-159所示。

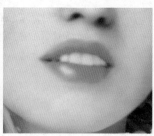

图17-156　　　　　　　图17-157　　　　　　　图17-158　　　　　　　图17-159

22 下面进行花朵部分的颜色调整。使用"套索工具"绘制花朵图案的选区，并将其复制，置于"图层"面板的顶层，如图17-160所示。创建"曲线"调整图层，调整曲线形状，如图17-161所示。创建剪贴蒙版，使其只对花朵图层起作用，如图17-162所示。

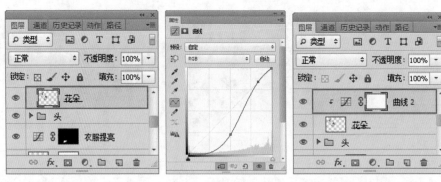

图17-160 图17-161 图17-162

23 新建图层，设置颜色为粉色，使用柔角画笔在画面中绘制花朵的形状。设置图层的混合模式为"色相"，同样为其创建剪贴蒙版，如图17-163所示。效果如图17-164所示。

24 创建"色相/饱和度"调整图层，设置通道为"红色"，"色相"为0，"饱和度"为-32，"明度"为0，如图17-165所示。同样为其创建剪贴蒙版，如图17-166所示。

图17-163 图17-164 图17-165

25 新建图层，设置前景色为绿色，使用柔角画笔工具绘制出叶子的形状，同样为其创建剪贴蒙版，设置图层的混合模式为"色相"，如图17-167所示。创建"自然饱和度"调整图层，设置"自然饱和度"为-42，如图17-168所示。

图17-166 图17-167 图17-168

26 创建"曲线"调整图层，调整曲线形状，如图17-169所示。使用黑色柔角画笔在曲线调整图层蒙版上绘制人物皮肤以外的区域，提亮肤色，如图17-170所示。

27 置入栏杆素材8.png，执行"图层>栅格化>智能对象"命令。置于画面底部。然后置入白纱素材7.png，执行"图层>栅格化>智能对象"命令。置于合适位置，作为人物的衣服，设置图层的混合模式为"滤色"。最终效果如图17-171所示。

Photoshop CS6中文版从入门到精通（微课视频实例版）

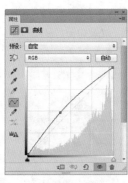

图17-169

图17-170

图17-171

★ 17.6 自然主题人像合成

案例文件	案例文件\第21章\自然主题人像合成.psd
视频教学	视频文件\第21章\自然主题人像合成.flv
难易指数	★★★★★
技术要点	混合模式、外挂笔刷、操控变形、图层蒙版、镜头光晕

扫码看视频

案例效果

本案例通过多次使用混合模式将草地、树皮素材融合到人像上，并通过使用操控变形，调整树藤的素材，将树藤缠绕在人像上，制作出自然主题的人像合成作品，如图17-172所示。

操作步骤

01 打开背景素材1.jpg，如图17-173所示。置入人物素材2.jpg，执行"图层>栅格化>智能对象"命令。单击工具箱中的"快速选择工具"按钮 ，调整合适的笔刷大小，在人物上单击并拖曳，得到人物的选区，如图17-174所示。

02 选择"人物"图层，单击"图层"面板底部的"添加图层蒙版"按钮 ，为该图层添加图层蒙版，使背景部分隐藏，如图17-175和图17-176所示。

图17-172

图17-173

图17-174

图17-175

图17-176

03 置入翅膀素材3.png并栅格化，摆放在"人物"图层的下方，如图17-177所示。效果如图17-178所示。

04 在"翅膀"图层上方新建图层，并命名为"阴影"，如图17-179所示。单击工具箱中的"画笔工具"按钮 ，在选项栏中设置笔尖"大小"为200像素，"硬度"为0，"不透明度"为60%，在人物腿的下方绘制出投影的效果，如图17-180所示。

图17-177

图17-178

图17-179

图17-180

05 置入眼妆素材4.jpg并栅格化，调整位置和角度后摆放到人物右眼的位置，设置该图层的混合模式为"强光"，如图17-181所示。为该图层添加图层蒙版，并使用黑色柔角画笔在图层蒙版中涂抹，隐藏多余部分，效果如图17-182所示。

06 新建图层，单击工具箱中的"画笔工具"按钮 ，设置前景色为绿色，将笔尖调整到合适大小，在头发区域进行涂抹，如图17-183所示。设置该图层的混合模式为"正片叠底"，效果如图17-184所示。

图17-181　　　　　　　　图17-182　　　　　　　　图17-183　　　　　　　　图17-184

07 设置前景色为黑色，单击工具箱中的"画笔工具"按钮 ，在页面中右击，打开画笔预设管理器，单击菜单按钮 ，执行"载入画笔"命令，如图17-272所示。载入睫毛笔刷素材5.abr，在画笔预设管理器中选择"睫毛"笔刷，设置合适的画笔大小，在画面中单击绘制出睫毛，适当旋转并将睫毛摆放在右眼处，如图17-273所示。

08 使用同样的方法制作另一只眼睛的睫毛和彩妆，如图17-274所示。

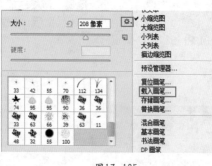  

图17-185　　　　　　　　　图17-186　　　　　　　　　图17-187

09 置入素材6.jpg，执行"图层>栅格化>智能对象"命令。摆放在人物左腿的位置，设置该图层的混合模式为"强光"，如图17-188所示。效果如图17-189所示。

10 选择"树皮"图层，单击"图层"面板底部的"添加图层蒙版"按钮 ，如图17-190所示。使用黑色画笔工具在图层蒙版中涂抹，将多余部分隐藏，效果如图17-191所示。

图17-188　　　　　　　　图17-189　　　　　　　　图17-190　　　　　　　　图17-191

11 用同样的方式制作其他皮肤及地面部分，效果如图17-192所示。置入草坪素材7.png，执行"图层>栅格化>智能对象"命令。摆放到画面右下方的合适位置，如图17-193所示。

12 将草地素材8.jpg置入文件中，执行"图层>栅格化>智能对象"命令。并摆放到右臂处，设置该图层的混合模式为"叠加"，如图17-194所示。同样为该图层添加图层蒙版，设置前景色为黑色，设置合适的画笔大小，在蒙版中涂抹，将多余部分隐藏，效果如图17-195所示。

Photoshop CS6中文版从入门到精通（微课视频实例版）

  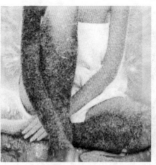 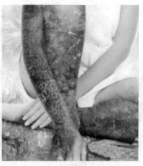

图17-192　　　　　　　　图17-193　　　　　　　　图17-194　　　　　　　　图17-195

13　置入蝴蝶素材9.png并栅格化，摆放在人物眼睛部分，如图17-196所示。设置该图层的混合模式为"颜色减淡"，为该图层添加图层蒙版，将多余的部分隐藏，如图17-197所示。效果如图17-198所示。

图17-196　　　　　　　　图17-197　　　　　　　　图17-198

14　执行"编辑>预设>预设管理器"命令，载入裂痕笔刷素材10.abr，设置前景色为黑色，单击工具箱中的"画笔工具"按钮，在页面中右击，在画笔预设管理器中选择合适的裂痕笔刷，设置笔尖"大小"为"1100像素"，如图17-199所示。在左腿处绘制出裂痕，如图17-200所示。

15　设置"裂痕"图层的混合模式为"柔光"，并为该图层添加图层蒙版，使用黑色画笔工具在蒙版中涂抹，将多余部分隐藏，如图17-201所示。效果如图17-202所示。

 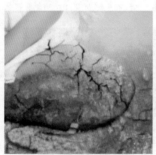  

图17-199　　　　　　　　图17-200　　　　　　　　图17-201　　　　　　　　图17-202

16　使用同样的方法制作其他裂痕效果，如图17-203所示。

17　打开树藤素材11.png，提取一部分树藤，摆放在右臂的位置，执行"编辑>操控变形"命令，如图17-204所示。在树藤上单击添加"图钉"，单击并拖曳"图钉"，即可改变树藤的形状，如图17-205所示。

18　继续插入"图钉"并拖曳，改变树藤形状，按Enter键完成变形操作，如图17-206所示。为该图层添加图层蒙版，使用黑色柔角画笔在蒙版中涂抹，制作出树藤缠绕的效果，如图17-207所示。

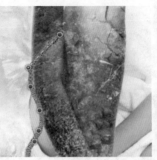

图17-203　　　　　　　图17-204　　　　　　　图17-205　　　　　　　图17-206

19　使用"画笔工具"，设置合适的画笔大小，降低画笔的不透明度，为树藤绘制阴影，效果如图17-208所示。继续制作其他部分，效果如图17-209所示。

20　置入装饰素材12.png，执行"图层>栅格化>智能对象"命令。如图17-210所示。置入云朵素材13.png，执行"图层>栅格化>智能对象"命令。摆放到相应位置，如图17-211所示。

图17-207　　　　　　　　图17-208　　　　　　　图17-209　　　　　　图17-210

21　新建图层，填充黑色。执行"滤镜>渲染>镜头光晕"命令，打开"镜头光晕"对话框，在缩览图中将镜头光晕调整到合适位置，设置"亮度"为100%，选中"50-300毫米变焦"单选按钮，单击"确定"按钮，如图17-212所示。效果如图17-213所示。

22　设置光晕图层的混合模式为"滤色"，完成本案的制作。最终效果如图17-214所示。

图17-211　　　　　　　图17-212　　　　　　　　图17-213　　　　　　图17-214